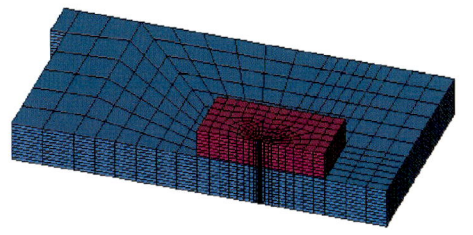 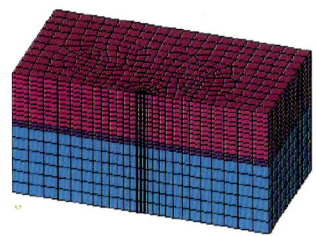

图 6-1　预针作用有限元网格图

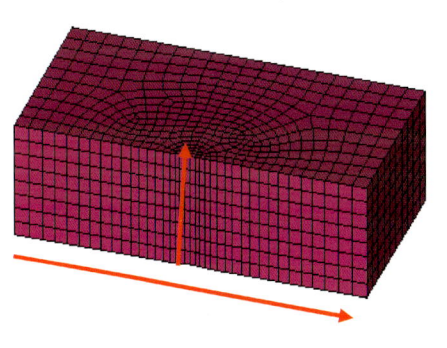 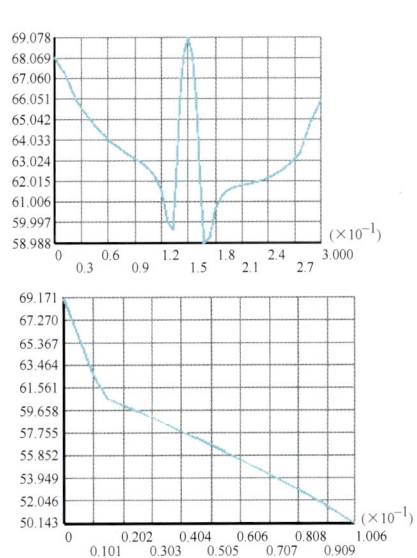

图 6-2　顶针作用芯片应力云图

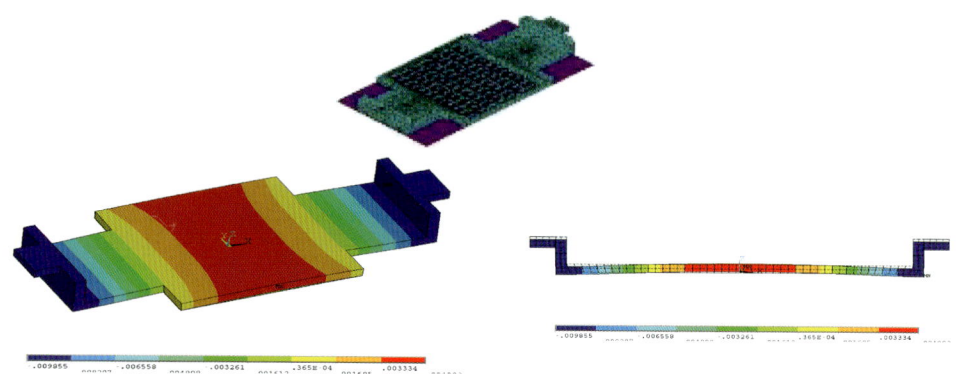

图 6-4 键合压板应力应变云图

图 6-8 双面散热 IGBT 模块温度分布云图

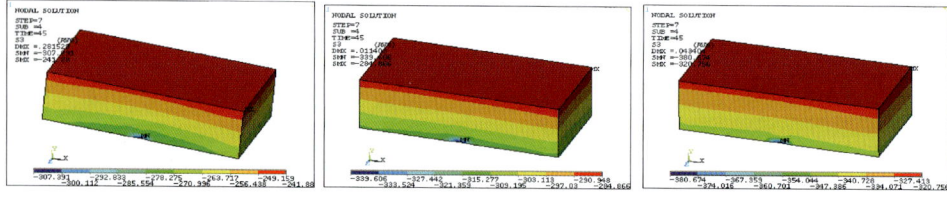

图 6-9 芯片顶针裂纹模拟高低温应力分布图

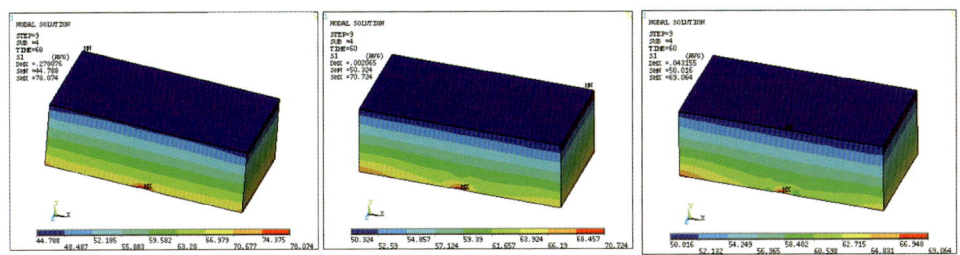

图 6-10　不同芯片尺寸下的受压应力（低温）计算云图

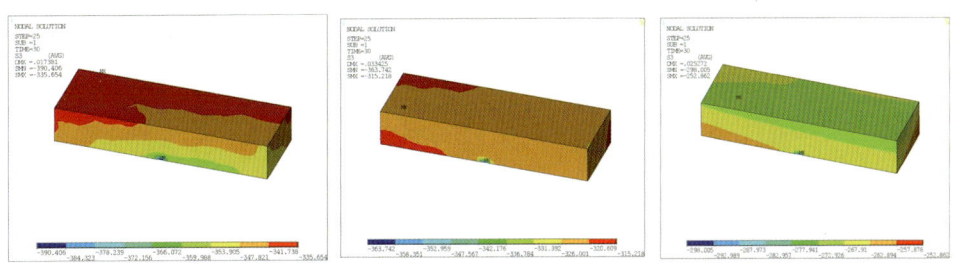

图 6-11　不同芯片尺寸下的受拉应力（高温）计算云图

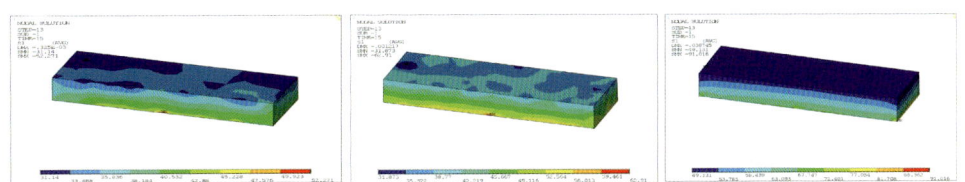

图 6-12　不同焊料厚度下的受压应力（低温）计算云图

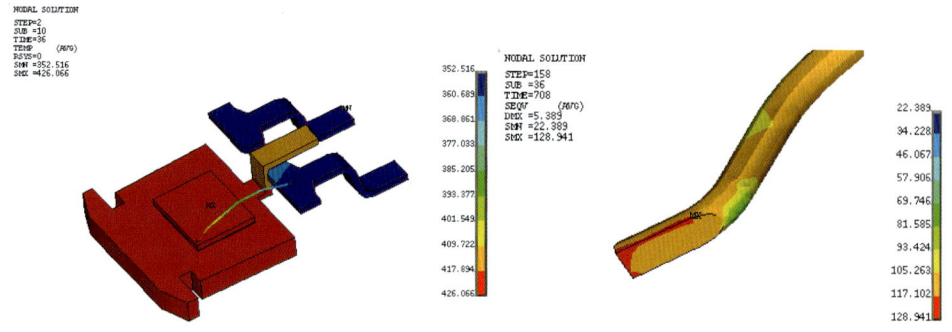

图 6-13 TO-263 焊点应力计算云图

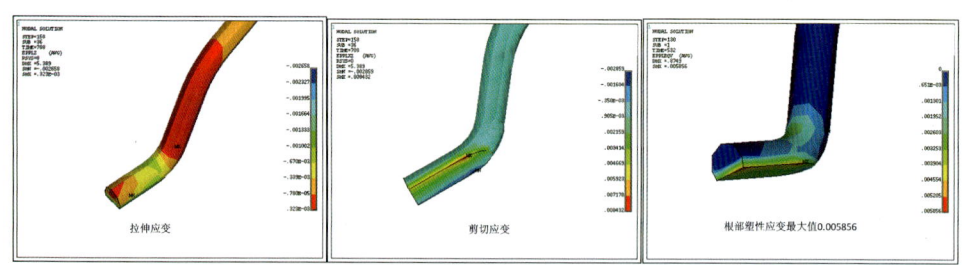

图 6-14 TO-263 焊点应变计算云图

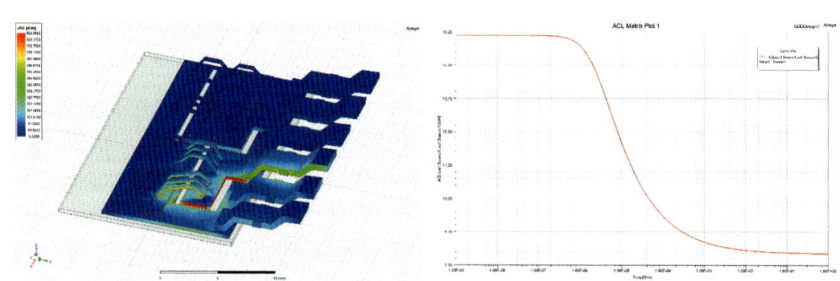

图 6-20 电磁场分布云图和寄生电感曲线图

"十四五"时期国家重点出版物出版专项规划项目
半导体与集成电路关键技术丛书

功率半导体器件封装技术

第2版

朱正宇 王 可 刘 璐 肖广源 编著

机械工业出版社

本书聚焦功率半导体器件封装技术，详细阐述了该领域的多方面知识。开篇介绍功率半导体封装的定义、分类，回顾其发展历程，并探讨半导体材料的演进。接着深入剖析功率半导体器件的封装特点，涵盖分立器件和功率模块的多种封装形式。随后，对典型功率封装过程进行细致讲解，包括划片、装片、内互联键合等关键环节及其工艺要点、常见问题。在测试与分析部分，介绍功率器件的各类电特性测试方法，以及失效分析和可靠性测试手段。此外，还涉及功率器件的封装设计，包括材料、结构、工艺和散热设计，以及封装的仿真技术。同时，对功率模块封装、车规级半导体器件封装、第三代宽禁带功率半导体封装和特种封装/宇航级封装分别展开论述，介绍各自的特点、工艺、应用和发展前景。书末附录提供了半导体术语的中英文对照，方便读者查阅。

本书可作为各大专院校微电子、集成电路及半导体封装专业开设封装课程的教材和教辅用书，也可供工程技术人员及半导体封装从业人员参考。

图书在版编目（CIP）数据

功率半导体器件封装技术/朱正宇等编著. --2版.
北京：机械工业出版社，2025.8. --（半导体与集成电路关键技术丛书）. -- ISBN 978-7-111-78770-9

Ⅰ. TN305.94
中国国家版本馆CIP数据核字第2025MW3258号

机械工业出版社（北京市百万庄大街22号　邮政编码100037）
策划编辑：江婧婧　　　　　　责任编辑：江婧婧　朱　林
责任校对：曹若菲　薄萌钰　　封面设计：鞠　杨
责任印制：张　博
北京机工印刷厂有限公司印刷
2025年9月第2版第1次印刷
169mm×239mm・17.75印张・2插页・363千字
标准书号：ISBN 978-7-111-78770-9
定价：99.00元

电话服务　　　　　　　　　网络服务
客服电话：010-88361066　　机　工　官　网：www.cmpbook.com
　　　　　010-88379833　　机　工　官　博：weibo.com/cmp1952
　　　　　010-68326294　　金　书　网：www.golden-book.com
封底无防伪标均为盗版　　　机工教育服务网：www.cmpedu.com

序

功率半导体器件是进行电能（功率）处理的半导体器件，是电力电子装备与节能减排的核心基础器件，在目前全球"双碳经济"中发挥着越来越重要的作用。

随着 20 世纪 70 年代中后期将集成电路工艺引入功率半导体器件制造中，以功率 MOS 器件为代表的场控型功率半导体器件逐渐成为功率半导体器件的主流，基于 BCD 多模工艺集成平台的功率集成电路市场不断扩大，功率半导体器件向高频、低功耗、高功率密度、更多功能集成和高性价比方向发展。近几年，以碳化硅、氮化镓为代表的宽禁带功率半导体器件的快速崛起，更进一步推动了功率半导体器件的发展。在市场的推动下，功率半导体器件正向着以持续推进器件结构、制造工艺和功能集成等领域创新的"More Devices"以及以系统牵引、先进封装和新型拓扑架构等多学科交叉的"More than Devices"两个维度融合发展。

在此大背景下，功率半导体封装已不再局限于传统的电连接和支撑保护功能，其在功率半导体器件电性能和可靠性中发挥着越来越重要的作用。银烧结、铜线键合等新材料和新工艺不断地被引入到功率半导体封装中，双面冷却封装、薄片压接式封装、多片式集成功率模块乃至异质多芯片功率模块等新型封装技术不断出现。

虽然功率半导体封装发展迅速，但介绍功率半导体封装的书籍却异常缺乏。感谢朱正宇先生等几位同仁，感谢他们以自身多年的功率半导体封装经验为基础，撰写了这本关于功率半导体器件封装的书籍，从功率半导体封装的定义和分类开始，介绍了功率半导体器件封装的特点、流程和封装设计技术。这本书不仅对功率半导体封测行业从业人员大有裨益，对功率半导体器件设计与应用人员也是一本极好的参考书籍。

电子科技大学　张波

第 2 版前言

在半导体产业蓬勃发展的浪潮中,功率半导体器件作为电能处理的关键器件,其重要性与日俱增。从工业制造到新能源汽车,从智能电网到航空航天,功率半导体的身影无处不在,深度影响着现代科技的走向。《功率半导体器件封装技术》自首次出版以来,承蒙读者厚爱,在教学、科研和产业实践中发挥了一定的参考作用。但半导体领域技术迭代迅速,新材料、新工艺和新的应用场景不断涌现,为了更好地满足读者需求,紧跟行业发展步伐,我们对本书第 1 版进行了精心修订,推出现今的第 2 版。

本次修订在内容上进行了深度拓展与更新。在功率半导体分类部分,新增了第三代宽禁带半导体物理特性的介绍,让读者更清晰地了解碳化硅(SiC)、氮化镓(GaN)等第三代宽禁带半导体的独特性能,以及这些特性如何改变功率半导体的应用格局。随着第三代宽禁带半导体在高频、高压、高温环境下展现出卓越的性能,其在新能源汽车、5G 通信等领域的应用日益广泛,理解它们的物理特性成为掌握相关封装技术的关键。

在封装工艺方面,纳入了瞬时液相扩散焊(Transient Liquid-Phase Diffusion Bonding,TLPDB,简称 TLP)等前沿技术内容。TLP 技术凭借其在实现高质量、低应力连接方面的优势,正逐渐在高端功率半导体封装中崭露头角。对于这一技术的详细阐述,能帮助读者接触到行业最先进的封装手段,为实际生产和研究提供有力支撑。同时,对银烧结、粗铜线键合等已有的关键工艺进行了补充完善,进一步明确其在不同应用场景下的优势、局限性及工艺要点,使读者对这些重要工艺有更全面、深入的认识。

在应用领域,对车规级半导体器件封装进行了细化,新增 SiC 汽车功率模块的品质认证相关内容。新能源汽车产业的爆发式增长,对车规级功率半导体器件的可靠性和安全性提出了严苛要求。SiC 汽车功率模块作为新能源汽车电力系统的核心部件,其品质认证至关重要。本书第 8 章详细介绍了相关认证标准和流程,能帮助企业更好地满足汽车行业的严格标准,提升产品竞争力。此外,对第三代宽禁带功率半导体器件的应用进行了拓展,并增加了对宽禁带和超宽禁带功率半导体器件的展望,引导读者关注行业未来发展趋势,激发创新思维。

参与本书修订的人员均在半导体封装领域深耕多年,积累了丰富的实践经验和深厚的理论功底。上海华友金裕微电子有限公司的肖广源先生撰写了关于芯片正背金工艺的内容;南京邮电大学的刘璐教授撰写了对电仿真部分以及功率模块的可靠性验证方法部分内容;中国科学院微电子研究所的王可教授撰写了对特种封装和高温封装的展望。在修订过程中，我们广泛调研了行业最新动态，参考了大量前沿研究成果和企业实际案例，力求使本书内容兼具科学性、实用性和前瞻性。但半导体行业发展日新月异，书中可能仍存在不足之处，恳请各位专家、学者和读者批评指正。

希望本书能为大专院校微电子、集成电路及半导体封装专业的师生提供更优质的教学资源，助力培养更多专业人才；也能为工程技术人员、半导体封装从业者在实际工作中提供有益参考，推动我国功率半导体封装技术不断进步，为我国半导体产业的发展贡献一份力量。

朱正宇
2025 年 4 月于苏州

第 1 版前言

半导体产业又称集成电路产业,是电子工业的心(芯)脏产业,集成电路是集多种高技术于一体的高科技产品,几乎存在于所有工业部门,决定着一个国家的装备水平和竞争实力。半导体产业是信息产业的核心,属于国家战略性基础产业。半导体产业是当今世界发展最为迅速和竞争最为激烈的产业之一。半导体产业链很复杂,设计、制造、封测、设备、材料、EDA、IP,直至芯片成品,其中每一个环节都需要非常专业的知识(见图 0-1)。

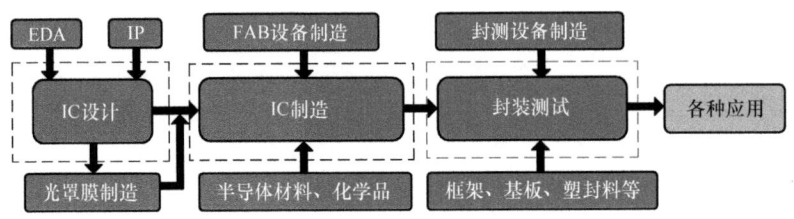

图 0-1 半导体产业链示意图

芯片的大体制备流程包括芯片设计→圆晶制造→封装测试。所谓半导体"封装(Packaging)",是芯片生产过程的最后一道工序,是将集成电路用绝缘的材料包封的技术。封装工艺主要有以下功能:功率分配(电源分配)、信号分配、散热通道、隔离保护和机械支持等。封装对于芯片来说是必需的,也是不可或缺的一个环节,因为芯片必须与外界隔离,以防止空气中的杂质对芯片电路的腐蚀而造成电气性能的下降。另外,封装后的芯片也更便于安装和运输。可以说封装是半导体集成电路与电路板的连接桥梁,封装技术的好坏还直接影响到芯片自身的性能和印制电路板(Print Circuit Board,PCB)的设计与制造。半导体封装和测试行业相比半导体芯片晶圆制造(前道)来说具有投资少、风险低、回报快、劳动力相对集中的特点,对技术设备等要求也没有前道工序复杂和高。二十世纪八九十年代以来,由于引进外资和开放力度的加强,长三角、珠三角,以及天津地区陆续投资了许多半导体封装和测试的外资公司,这些公司带来的技术和资金,以及先进的管理思维,再加上当地政府的扶持,各方资源的优化,发展很快。目前我国的半导体封装和测试行业在世界半导体产业链中已经形成一定的规模优势,成为许多著名半导体公司的重要加工基地,已经形成了一定的规模优势。

我国第一次走入芯片发展史是在轰轰烈烈的"一五"计划前后。我国的半导体技术和工业体系也是在此阶段建立起来的。1958 年起,上海元件五厂、上海电子管厂和上海无线电十四厂等先后成立。浙江和江苏也建立起一批半导体企业。上海的半导体工业在当时处于全国前列。1968 年，上海又组建无线电十九厂，与北京的东光电工厂并驾齐驱。1980 年，无锡江南无线电器材厂（742 厂）宣布从日本东芝公司引进彩色和黑白电视机集成电路 5μm 全套生产线。这是我国第一次从国外引进集成电路技术。1986 年，电子工业部在厦门召开集成电路发展战略研讨会，提出了"七五"（1986～1990 年）期间的"531"发展战略，并决定在上海和北京建设两个微电子基地。1988～1995 年，上海先后成立上海贝岭、上海飞利浦、上海松下等半导体公司。1988 年，871 厂绍兴分厂改名为华越微电子有限公司，建起了规模化、现代化的集成电路 IDM 模式，产量曾多年位居全国第二，并为浙江培养了大量的集成电路生产人才。1998 年，上海贝岭在上交所上市，成为我国集成电路行业的首家上市企业。

随着国家对集成电路产业的日益重视，更大规模的"908 工程"（1990 年）和"909 工程"（1995 年）也启动了。"908 工程"的重点是无锡华晶，目标是突破超大规模集成电路。然而实际情况是建设周期太长，待生产线建成投产时，技术水平已落后于国际主流。在一系列曲折探索后，1995 年出台的"909 工程"吸取之前的经验教训，确定了我国电子工业有史以来最大的一笔投资规模：100 亿元。1997 年，上海华虹与日本电气（NEC）合资组建华虹 NEC，不到两年时间就建成并投片 64MB 的 DRAM，"抓住了半导体高潮的尾巴"，当年实现盈利。2000 年创立的中芯国际，钉下了上海乃至我国造芯史上的关键节点。3 年时间，中芯国际就建立起 4 条 8in⊖生产线和 1 条 12in 生产线，到 2005 年就已成为全球第三大晶圆代工厂。这样的速度，全世界独此一家。在中芯国际落成后，世界芯片代工企业也纷纷落户上海。短短两三年时间，到 2003 年上半年，上海已拥有芯片代工企业 11 家，已建和在建的生产线 18 条，其中 10 条为 8in 生产线，占全国 70% 以上。江苏的苏州、无锡，也紧紧抓住了这一波外资和人才的浪潮。

2013 年，我国集成电路产业总产值达到 405 亿美元，占全球比重已经达到 13.3%。2014 年 9 月，被称为"大基金"的国家集成电路产业基金挂牌成立，规模上千亿。无锡长电成为"大基金"的支持企业之一，在 2015 年收购星科金朋，成为全球第三大芯片封测巨头；通富微电并购 AMD 封装厂成为国内唯一封装 CPU、GPU 的 OSAT 工厂；之前坐看省内"赛马"的南京也突然发力，短短几年时间，南京已经形成了一个芯片半导体产业集群，江苏的集成电路实力更是如虎添翼。上海在互联网发展最快的 2000 年之后，倾尽资源支持集成电路发展，在张江高科里聚集了各类芯片设计、制造、服务公司，曾经产值占全国一半。加上浙江士兰微、斯达等国内 IDM 公司的涌现，再结合长三角地区本来就领先的人文、人才教育资源，使得长三角地区成为了我国的"硅谷"区域的初步雏形。

半导体封装伴随着半导体的制造也是历经起伏，不过因为技术特点相对简单，

⊖ 1in = 0.0254m。

投资密度小，没有半导体制造波动那么大。但也经历了以下发展阶段：
- 第一阶段是在20世纪70年代以前，主要是通孔插装型封装。典型封装形式有：金属圆形（TO型）封装、陶瓷双列直插封装（CDIP）、塑料双列直插封装（PDIP）等。
- 第二阶段是在20世纪80年代以后，主要是表面贴装式封装。典型封装形式有：塑料有引线片式载体（PLCC）封装、塑料四边引线扁平封装（PQFP）、塑料小外形封装（PSOP）、无引线四边扁平封装（PQFN）。
- 第三阶段是在20世纪90年代以后，主要是焊球阵列（BGA）封装、晶圆级封装（WLP）、芯片尺寸封装（CSP）。典型封装形式有：塑料焊球阵列（PBGA）封装、陶瓷焊球阵列（CBGA）封装、载带焊球阵列（TBGA）封装、带散热器焊球阵列（EBGA）封装、倒装焊球阵列（FCBGA）封装、引线框架型芯片级封装（CSP）、柔性刚性线路封装（CSP）、晶圆级芯片规模封装（WLCSP）等。同时，这一阶段是我国改革开放吸引外资的经济腾飞阶段。90年代中期，许多外资IDM公司和芯片封测服务世界排名前列的头部企业纷纷在长三角和珠三角地区设立封测工厂，比较典型的如三星、超微、英特尔、仙童、瑞萨、英飞凌等IDM公司在苏州、上海、无锡建设自己的封测工厂，星科金鹏、日月光和安靠等在上海建立封测服务工厂等。这些外资工厂带动了我国半导体产业加速发展，并为我国半导体封测行业培养了一大批技术管理人才。
- 第四阶段是从20世纪末开始，主要是多芯片组件（MCM）、系统级封装（SIP）、三维立体（3D）封装。典型封装形式有：多层陶瓷基板（MCMC）、多层薄膜基板（MCMD）、多层印制板（MCML）。
- 第五阶段是从2010年左右开始，主要是系统级单芯片（SoC）封装、小芯片封装、微机电系统（MEMS）封装等。

作者于1997年进入半导体封装行业，服务过的公司有三星、仙童、霍尼韦尔和通富微电，基本见证了我国半导体封装的高速发展历程。因为长期从事功率半导体封装有关的技术工作，所以积累了一些经验和心得，值此半导体行业大发展时期，做些整理、总结和归纳的工作，希望在此基础上与业界专家和学者共同探讨激发创新，并给有志于加入我国半导体封装队伍的新一代半导体封装工作者做个技术入门和参考。

本书主要阐述功率半导体封装技术发展的历程及其涉及的材料、工艺、结构设计及质量控制和认证等方面的基本原理、方法及经验，限于水平，书中难免会有错误和遗漏的地方，希望各位专家学者给予批评指正。本书可以作为各大专院校微电子、集成电路及半导体封装专业开设封装课程的教材和辅助用书，也可供半导体封装从业者参考。

朱正宇
2022年1月于南通

致 谢

  本书主要由朱正宇编写，电子科技大学的张波老师作序，中国科学院微电子研究所的王可教授编写了功率器件封装和特种封装/宇航级封装相关的章节，南京邮电大学的蔡志匡教授和刘璐教授编写了功率器件的测试相关的章节，上海华友金裕微电子有限公司的肖广源先生编写了芯片、框架、外引脚表面处理相关的章节，邢卫兵、王睿帮助绘制了封装设计部分的插图，中国科学院微电子研究所的高见头、张宏儒、程磊、张一诺、刘征、王培金帮助提供了部分封装工艺的细节。安徽大学的胡海波、黎柏志帮助提供了部分文献的检索和整理。成书的过程中得到了机械工业出版社编辑江婧婧的指导，在此一并表示衷心的感谢！

朱正宇
2025 年 5 月

目 录

序
第 2 版前言
第 1 版前言
致谢

第 1 章 功率半导体封装的定义和分类 ⋯⋯⋯⋯⋯⋯⋯⋯⋯⋯⋯⋯⋯⋯⋯⋯⋯⋯⋯⋯ 1
1.1 半导体的封装 ⋯⋯⋯⋯⋯⋯⋯⋯⋯⋯⋯⋯⋯⋯⋯⋯⋯⋯⋯⋯⋯⋯⋯⋯⋯⋯⋯⋯ 1
1.2 功率半导体器件的定义 ⋯⋯⋯⋯⋯⋯⋯⋯⋯⋯⋯⋯⋯⋯⋯⋯⋯⋯⋯⋯⋯⋯⋯⋯ 3
1.3 功率半导体发展简史 ⋯⋯⋯⋯⋯⋯⋯⋯⋯⋯⋯⋯⋯⋯⋯⋯⋯⋯⋯⋯⋯⋯⋯⋯⋯ 4
1.4 半导体材料的发展 ⋯⋯⋯⋯⋯⋯⋯⋯⋯⋯⋯⋯⋯⋯⋯⋯⋯⋯⋯⋯⋯⋯⋯⋯⋯⋯ 6
参考文献 ⋯⋯⋯⋯⋯⋯⋯⋯⋯⋯⋯⋯⋯⋯⋯⋯⋯⋯⋯⋯⋯⋯⋯⋯⋯⋯⋯⋯⋯⋯⋯⋯ 8

第 2 章 功率半导体器件的封装特点 ⋯⋯⋯⋯⋯⋯⋯⋯⋯⋯⋯⋯⋯⋯⋯⋯⋯⋯⋯⋯ 9
2.1 分立器件的封装 ⋯⋯⋯⋯⋯⋯⋯⋯⋯⋯⋯⋯⋯⋯⋯⋯⋯⋯⋯⋯⋯⋯⋯⋯⋯⋯⋯ 9
2.2 功率模块的封装 ⋯⋯⋯⋯⋯⋯⋯⋯⋯⋯⋯⋯⋯⋯⋯⋯⋯⋯⋯⋯⋯⋯⋯⋯⋯⋯⋯ 12
 2.2.1 功率模块封装结构 ⋯⋯⋯⋯⋯⋯⋯⋯⋯⋯⋯⋯⋯⋯⋯⋯⋯⋯⋯⋯⋯⋯⋯ 13
 2.2.2 智能功率模块 ⋯⋯⋯⋯⋯⋯⋯⋯⋯⋯⋯⋯⋯⋯⋯⋯⋯⋯⋯⋯⋯⋯⋯⋯⋯ 14
 2.2.3 功率电子模块 ⋯⋯⋯⋯⋯⋯⋯⋯⋯⋯⋯⋯⋯⋯⋯⋯⋯⋯⋯⋯⋯⋯⋯⋯⋯ 15
 2.2.4 大功率灌胶类模块 ⋯⋯⋯⋯⋯⋯⋯⋯⋯⋯⋯⋯⋯⋯⋯⋯⋯⋯⋯⋯⋯⋯⋯ 16
 2.2.5 双面散热功率模块 ⋯⋯⋯⋯⋯⋯⋯⋯⋯⋯⋯⋯⋯⋯⋯⋯⋯⋯⋯⋯⋯⋯⋯ 16
 2.2.6 功率模块封装相关技术 ⋯⋯⋯⋯⋯⋯⋯⋯⋯⋯⋯⋯⋯⋯⋯⋯⋯⋯⋯⋯⋯ 17
参考文献 ⋯⋯⋯⋯⋯⋯⋯⋯⋯⋯⋯⋯⋯⋯⋯⋯⋯⋯⋯⋯⋯⋯⋯⋯⋯⋯⋯⋯⋯⋯⋯⋯ 18

第 3 章 典型的功率封装过程 ⋯⋯⋯⋯⋯⋯⋯⋯⋯⋯⋯⋯⋯⋯⋯⋯⋯⋯⋯⋯⋯⋯⋯ 19
3.1 基本流程 ⋯⋯⋯⋯⋯⋯⋯⋯⋯⋯⋯⋯⋯⋯⋯⋯⋯⋯⋯⋯⋯⋯⋯⋯⋯⋯⋯⋯⋯⋯ 19
3.2 划片 ⋯⋯⋯⋯⋯⋯⋯⋯⋯⋯⋯⋯⋯⋯⋯⋯⋯⋯⋯⋯⋯⋯⋯⋯⋯⋯⋯⋯⋯⋯⋯⋯ 19
 3.2.1 贴膜 ⋯⋯⋯⋯⋯⋯⋯⋯⋯⋯⋯⋯⋯⋯⋯⋯⋯⋯⋯⋯⋯⋯⋯⋯⋯⋯⋯⋯⋯ 20
 3.2.2 胶膜选择 ⋯⋯⋯⋯⋯⋯⋯⋯⋯⋯⋯⋯⋯⋯⋯⋯⋯⋯⋯⋯⋯⋯⋯⋯⋯⋯⋯ 21
 3.2.3 特殊的胶膜 ⋯⋯⋯⋯⋯⋯⋯⋯⋯⋯⋯⋯⋯⋯⋯⋯⋯⋯⋯⋯⋯⋯⋯⋯⋯⋯ 22
 3.2.4 硅的材料特性 ⋯⋯⋯⋯⋯⋯⋯⋯⋯⋯⋯⋯⋯⋯⋯⋯⋯⋯⋯⋯⋯⋯⋯⋯⋯ 24
 3.2.5 晶圆切割 ⋯⋯⋯⋯⋯⋯⋯⋯⋯⋯⋯⋯⋯⋯⋯⋯⋯⋯⋯⋯⋯⋯⋯⋯⋯⋯⋯ 25
 3.2.6 划片的工艺 ⋯⋯⋯⋯⋯⋯⋯⋯⋯⋯⋯⋯⋯⋯⋯⋯⋯⋯⋯⋯⋯⋯⋯⋯⋯⋯ 26
 3.2.7 晶圆划片工艺的重要质量缺陷 ⋯⋯⋯⋯⋯⋯⋯⋯⋯⋯⋯⋯⋯⋯⋯⋯⋯⋯ 28

3.2.8 激光划片 ………………………………………………………………………… 29
3.2.9 超声波切割 ……………………………………………………………………… 31
3.3 装片 ……………………………………………………………………………………… 32
3.3.1 胶联装片 ………………………………………………………………………… 33
3.3.2 装片常见问题分析 ……………………………………………………………… 36
3.3.3 焊料装片 ………………………………………………………………………… 40
3.3.4 共晶焊接 ………………………………………………………………………… 48
3.3.5 银烧结 …………………………………………………………………………… 53
3.3.6 瞬态液相扩散焊 ………………………………………………………………… 58
3.4 内互联键合 ……………………………………………………………………………… 60
3.4.1 超声波焊原理 …………………………………………………………………… 61
3.4.2 金/铜线键合 …………………………………………………………………… 62
3.4.3 金/铜线键合的常见失效机理 ………………………………………………… 73
3.4.4 铝线键合之超声波冷压焊 ……………………………………………………… 74
3.4.5 不同材料之间的焊接冶金特性综述 …………………………………………… 83
3.4.6 内互联焊接质量的控制 ………………………………………………………… 86
3.5 塑封 ……………………………………………………………………………………… 91
3.6 电镀 ……………………………………………………………………………………… 95
3.7 芯片正背面金属化处理 ………………………………………………………………… 99
3.7.1 化学镀（Electroless Plating） ……………………………………………… 99
3.7.2 电镀（Electroplating） ……………………………………………………… 101
3.7.3 蒸镀（Evaporation Deposition） …………………………………………… 102
3.7.4 综合工艺对比与协同策略 ……………………………………………………… 102
3.7.5 生产中的关键问题与解决方案 ………………………………………………… 103
3.8 打标和切筋成型 ………………………………………………………………………… 103
参考文献 ………………………………………………………………………………………… 105

第 4 章 功率器件的测试和常见不良分析 …………………………………………… 106

4.1 功率器件的电特性测试 ………………………………………………………………… 106
4.1.1 MOSFET 产品的静态参数测试 ………………………………………………… 106
4.1.2 动态参数测试 …………………………………………………………………… 109
4.2 晶圆（CP）测试 ………………………………………………………………………… 117
4.3 封装成品测试（FT） …………………………………………………………………… 119
4.4 系统级测试（SLT） ……………………………………………………………………… 121
4.5 功率器件的失效分析 …………………………………………………………………… 122
4.5.1 封装缺陷与失效的研究方法论 ………………………………………………… 123
4.5.2 引发失效的负载类型 …………………………………………………………… 124
4.5.3 封装过程缺陷的分类 …………………………………………………………… 124

  4.5.4 封装体失效的分类 ………………………………………………… 129
  4.5.5 加速失效的因素 ………………………………………………… 131
 4.6 可靠性测试 ………………………………………………………………… 132
参考文献 ……………………………………………………………………………… 140

第5章 功率器件的封装设计 ………………………………………………… 141

 5.1 材料和结构设计 …………………………………………………………… 141
  5.1.1 引脚宽度设计 …………………………………………………… 141
  5.1.2 框架引脚整形设计 ……………………………………………… 142
  5.1.3 框架内部设计 …………………………………………………… 142
  5.1.4 框架外部设计 …………………………………………………… 145
  5.1.5 封装体设计 ……………………………………………………… 147
 5.2 封装工艺设计 ……………………………………………………………… 149
  5.2.1 封装内互联工艺设计原则 ……………………………………… 149
  5.2.2 装片工艺设计一般规则 ………………………………………… 150
  5.2.3 键合工艺设计一般规则 ………………………………………… 151
  5.2.4 塑封工艺设计 …………………………………………………… 155
  5.2.5 切筋打弯工艺设计 ……………………………………………… 156
 5.3 封装的散热设计 …………………………………………………………… 156
 5.4 封装设计的整体思路和EDA工具开发探索 …………………………… 160
参考文献 ……………………………………………………………………………… 165

第6章 功率封装的仿真技术 …………………………………………………… 166

 6.1 仿真的基本原理 …………………………………………………………… 166
 6.2 功率封装的应力仿真 ……………………………………………………… 167
 6.3 功率封装的热仿真 ………………………………………………………… 171
 6.4 功率封装的可靠性加载仿真 ……………………………………………… 172
 6.5 功率封装的电仿真 ………………………………………………………… 176
参考文献 ……………………………………………………………………………… 180

第7章 功率模块的封装 ……………………………………………………… 181

 7.1 功率模块的工艺特点及其发展 …………………………………………… 181
 7.2 典型的功率模块封装工艺 ………………………………………………… 183
 7.3 模块封装的关键工艺 ……………………………………………………… 189
  7.3.1 银烧结 …………………………………………………………… 190
  7.3.2 粗铜线键合 ……………………………………………………… 191
  7.3.3 植PIN …………………………………………………………… 193
  7.3.4 端子焊接 ………………………………………………………… 195
 7.4 功率模块的可靠性验证 …………………………………………………… 196

- 7.4.1 高温反偏测试验证 … 196
- 7.4.2 高温门极反偏测试验证 … 197
- 7.4.3 功率循环测试验证 … 197
- 7.4.4 热冲击测试验证 … 198
- 7.4.5 双脉冲测试验证 … 200
- 7.4.6 温度循环测试验证 … 201
- 7.5 功率模块的应用 … 202
- 参考文献 … 205

第8章 车规级半导体器件封装特点及要求 … 206
- 8.1 IATF 16949：2016 及汽车生产体系工具 … 207
- 8.2 汽车半导体封装生产的特点 … 214
- 8.3 汽车半导体产品的品质认证 … 215
- 8.4 汽车功率模块的品质认证 … 219
- 8.5 ISO 26262 介绍 … 221
- 8.6 SiC 汽车功率模块的品质认证 … 222
- 参考文献 … 224

第9章 第三代宽禁带功率半导体封装 … 225
- 9.1 第三代宽禁带半导体的定义及介绍 … 225
- 9.2 SiC 的特质及晶圆制备 … 226
- 9.3 GaN 的特质及晶圆制备 … 228
- 9.4 第三代宽禁带功率半导体器件的封装 … 230
- 9.5 第三代宽禁带功率半导体器件的应用 … 231
- 9.6 宽禁带和超宽禁带功率半导体器件展望 … 233

第10章 特种封装/宇航级封装 … 240
- 10.1 特种封装概述 … 240
- 10.2 特种封装工艺 … 242
- 10.3 特种封装常见的封装失效 … 246
- 10.4 特种封装可靠性问题 … 249
- 10.5 特种封装的应用 … 254
- 10.6 特种封装未来发展 … 255
- 10.7 高温封装的展望 … 258
- 参考文献 … 259

附录 半导体术语中英文对照 … 261

第1章 功率半导体封装的定义和分类

1.1 半导体的封装

如前言所述,半导体封装在半导体产品走向应用的过程中起着承前启后的作用,一般来说,封装主要提供以下作用:

1) 保护芯片,使其免受外界损伤。
2) 重新分配输入/输出(I/O),为后续的板级装配提供足够的空间。
3) 对多芯片内互联,可以使用标准的内互联技术进行互联,也可采用其他互联方式来实现电气性能从芯片向外界传递的功能。
4) 为芯片提供一定的耐受性保护要求,满足温度、压力或化学等环境条件下的使用要求。

按照不同的解读方式,封装可以分为以下几种:

1) 按照和 PCB 连接方式的不同分为通孔直插式封装,采用通孔直插技术(Through Hole Technology,THT),以及表面贴装式封装,采用表面贴装技术(Surface Mount Technology,SMT)。
2) 按照封装材料分为金属封装、陶瓷封装、塑料封装。

集成电路早期的封装材料是采用有机树脂和蜡的混合体,用充填或灌注的方法来实现封装的,显然可靠性很差。也曾应用橡胶来进行密封,由于其耐热、耐油及电性能都不理想而被淘汰。使用广泛、性能最为可靠的气密密封材料是玻璃-金属封接、陶瓷-金属封接和低熔玻璃-陶瓷封接。出于大量生产和降低成本的需要,塑料模型封装开始大量涌现,它是以热固性树脂通过模具进行加热、加压来完成的,其可靠性取决于有机树脂及添加剂的特性和成型条件,但由于其耐热性较差同时具有吸湿性,还不能与其他封接材料性能相当,尚属于半气密或非气密的封接材料。

集成电路发展初期,其封装主要是在半导体晶体管的金属圆形外壳基础上增加外引线数而形成的。但金属圆形外壳的引线数受结构的限制不可能无限增多,而且这种封装引线过多也不利于集成电路的测试和安装,从而出现了扁平式封装。而扁平式封装不易焊接,随着波峰焊技术的发展又出现了双列式封装。由于军事技术的发展和整机小型化的需要,集成电路的封装又有了新的变化,相继产生了片式载体封装、四面引线扁平封装、针栅阵列封装、载带自动焊接封装等。同时,为了适应集成电路发展的需要,还出现了功率型封装、混合集成电路封装,以及适应某些特定环境和要求的恒温封装、抗辐照封装和光电封装。并且各类封装逐步形成系列,引线数从几条直到上千条,已能够充分满足集成电路发展的需要。

3)按使用环境要求分,可以分为抗辐射封装、常温封装。

4)按照应用和封装外形分为功率型封装、混合集成电路封装、光电封装、存储器封装、处理器封装等,比如,TO 封装、模块封装,DIP、SOP、PLCC、QFP、QFN、BGA、CSP、Flip-Chip,以及 COG、COF 等不同封装类型,可以有交叉,也可以只是单一的品种。

我们所介绍的封装主要是功率型封装,从材料上讲涵盖了塑封、陶瓷和多种基板类型;从安装方法来说既有通孔直插式也有表面贴装式。所谓功率型封装是指应用于功率场所的封装,和一般集成电路封装有明显的区别是功率器件一般工作在大电流、高电压的应用场景,因此散热是功率封装首先需要考虑和解决的问题,其次是材料的选择和相应的工艺路线。功率半导体器件是电力电子应用产品的基础。近年来,由于器件被应用的需求所激励,发展很迅速。一代新器件总会带动一代新装置登上应用的舞台,使之体积更小,质量更轻,更加安全可靠,更加节能,并开拓出更新的应用领域。半导体分立器件作为半导体器件基本产品门类之一,是介于电子整机行业和原材料行业之间的中间产品,是电子信息产业的基础和核心领域之一。

近年来,随着全球范围内电子信息产业的快速发展壮大,半导体分立器件特别是功率半导体分立器件市场一直保持较好的发展势头。这些器件是以功率集成为特点的,有单芯片上的功率集成,也有功率器件与控制电路的模块集成,有功率、数字和模拟电路构成子系统的多芯片集成,有封装时将多个功能不同的芯片集成在一个外壳或一个模块里的集成。图 1-1 是功率封装的发展路线图。

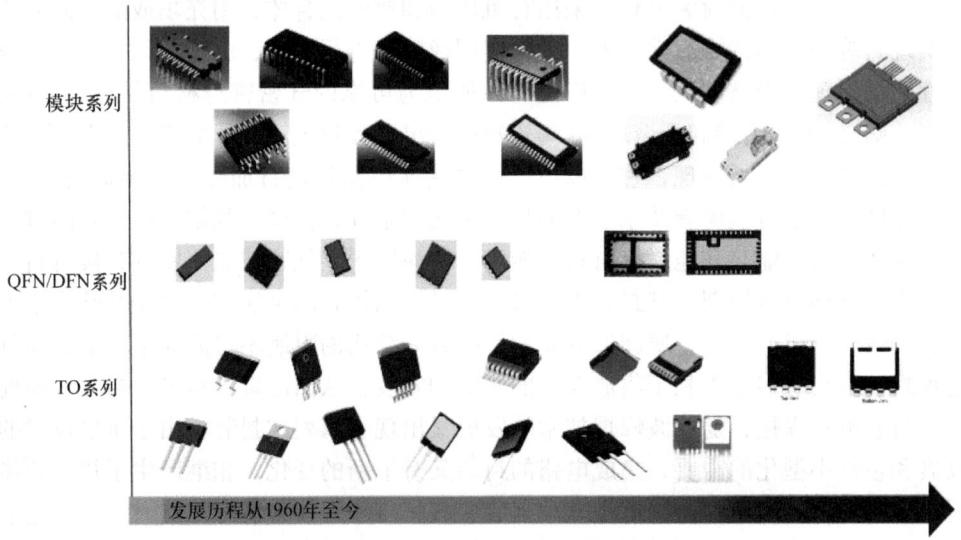

图 1-1　功率封装的发展路线图

功率半导体封装主要包括三大类：

TO 系列：TO220，TO251/252，TO263，TO247 等系列。

QFN/DFN 系列：包括 MOSFET 和多芯片 Dr.MOS 系列，采用铜片（Clip）工艺的散热和电性能更优秀。

模块系列：从集成功率模块（Integrated Power Module，IPM）到大功率模块系列。

下面就对这些封装的异同和特点展开详细介绍。

1.2 功率半导体器件的定义

功率半导体器件又称电力电子器件，包括功率分立器件和功率集成电路，用于对电流、电压、频率、相位、相数等进行变换和控制，以实现整流（AC/DC）、逆变（DC/AC）、斩波（DC/DC）、开关、放大等各种功能，是能耐高压或者能承受大电流的半导体分立器件和集成电路。在功率电子电路，例如整流电路、变频调速电路、开关电源电路、不间断电源（UPS）电路中，功率半导体器件一般都是起开关作用，因为在开、关两个状态下半导体器件功率损耗较小。20 世纪 80 年代以后，随着新型功率半导体器件，如 VDMOS 器件、IGBT 及功率集成电路的兴起，功率半导体器件步入一个新的领域，除了驱动电机之外，还为信息系统提供电源的功能，这些应用也越来越引人注目。因此，功率半导体器件在系统中的地位已不仅限于"四肢"，而是为整个系统"供血"的"心脏"。

综合来看，使用功率半导体器件的根本目的，一是将电压、电流、频率转换为负载所需要的数值；二是更有效地利用电能。功率半导体器件的广泛应用可以实现对电能的传输转换及最佳控制，能够大幅度提高工业生产效率、产品质量和产品性能，大幅度节约电能、降低原材料消耗，它已经愈加明显地成为加速实现我国能源、通信、交通等量大面广基础产业的技术改造和技术进步的支柱。例如，在绿色照明工程中，节能灯中使用的 VDMOS 产品将提高节能灯的性能及寿命，彻底纠正节能灯在人们头脑中留下的寿命短、节电但不省钱的印象，使节能灯应用到千家万户。IGBT（绝缘栅双极型晶体管）的出现及在空调、UPS 等产品中的广泛应用，采用变频技术后，效率得到大幅提高，同时体积也大幅缩小。如逆变焊机原来要两个人才能拿动，采用了 IGBT 器件之后，体积只有书包大小，重量仅为几公斤，同时其性能、效率及可靠性等也得到质的飞跃。

概括而言，功率半导体器件的技术领域可以划分为两大门类，即以发电、变电、输电为代表的电力领域和以电源管理应用为代表的电子领域。随着技术的进步，这两大领域的功率半导体器件正沿着不同的路线发展。在电力领域，功率半导体器件以超大功率晶闸管、IGCT（集成门极换流晶闸管）技术为代表，继续向高电压、大电流的方向发展；而在电子领域，电源管理器件则倾向于集成化、智能化以及更高的频率和准确度。功率半导体器件的这两大技术领域由于用途各异，不存在谁替代谁的问题，这两个领域的技术发展是并行不悖的。图1-2简单归纳了功率半导体器件的分类。

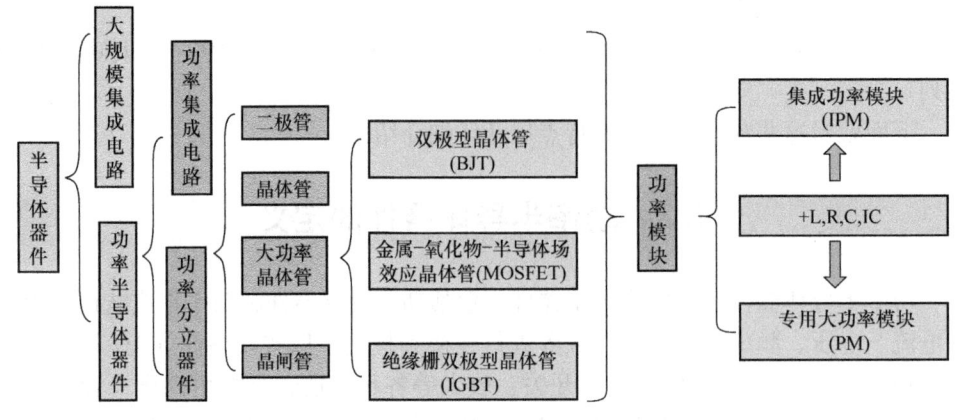

图1-2 功率半导体器件分类总图

1.3 功率半导体发展简史

20世纪50年代，电力电子器件主要是汞弧闸流管和大功率电子管。60年代发展起来的晶闸管，因其工作可靠、寿命长、体积小、开关速度快，在电力电子电路中得到广泛应用。70年代初期，晶闸管已逐步取代了汞弧闸流管。80年代，普通晶闸管的开关电流已达数千安，能承受的正、反向工作电压达数千伏。在此基础上，为适应电力电子技术发展的需要，又开发出门极关断晶闸管、双向晶闸管、光控晶闸管、逆导晶闸管等一系列派生器件，以及单极型MOS场效应晶体管、双极型功率晶体管、静电感应晶闸管、功能组合模块和功率集成电路等新型电力电子器件。

各种电力电子器件均具有导通和阻断两种工作特性。功率二极管是二端（阴极和阳极）器件，其器件电流由伏安特性决定，除了改变加在二端之间的电压外，无法控制其导通电流，故称不可控器件。普通晶闸管是三端器件，其门极信号能控制元件的导通，但不能控制其关断，故称半控型器件。可关断晶闸管、功率晶体管等器件，其门极信号既能控制器件的导通，又能控制器件的关断，故称全控型器件。后两类器件控制灵活、电路简单、开关速度快，广泛应用于整流、逆变、斩波电路中，是电动机调速、发电机励磁、感应加热、电镀、电解电源、直接输变电等电力电子装置中的核心部件。由这些器件构成的装置不仅体积小、工作可靠，而且节能效果十分明显（一般可节电10%~40%）。单个电力电子器件能承受的正、反向电压是一定的，能通过的电流大小也是一定的。因此，由单个电力电子器件组成的电力电子装置容量受到限制。所以，在实用中多用几个电力电子器件串联或并联形成组件，其耐压和通流的能力可以成倍地提高，从而可以极大地增加电力电子装置的容量。器件串联时，希望各器件能分担同样的电流；器件并联时，则希望各器件能承受同样的正、反向电压。但由于器件的个体差异，串、并联时，各器件并不能完全均匀地分担电压和电流。所以，在电力电子器件串联时，要采取均流措施；在并联时，要采取均压措施。电力电子器件工作时，会因功率损耗引起器件发热、升温。器件温度过高将缩短寿命，甚至烧毁，这是限制电力电子器件电流、电压容量的主要原因。为此，必须考虑器件的冷却问题。而封装提供了器件的散热通道，优秀的散热设计可以大幅提高器件的工作性能。散热冷却是封装要解决的主要问题，常用冷却方式有自冷式、风冷式、液冷式（包括油冷式、水冷式）和蒸发冷却式等。

按照电力电子器件能够被控制电路的信号所控制的程度分类：

1) 半控型器件，例如晶闸管；

2) 全控型器件，例如 GTO（门极关断）晶闸管、GTR（电力晶体管），MOSFET（金属-氧化物-半导体场效应晶体管）、IGBT（绝缘栅双极型晶体管）；

3) 不可控器件，例如电力二极管。

按照驱动电路加在电力电子器件控制端和公共端之间信号的性质分类：

1) 电压驱动型器件，例如 IGBT、MOSFET、SITH（静电感应晶闸管）；

2) 电流驱动型器件，例如晶闸管、门极关断晶闸管、GTR。

按照驱动电路加在电力电子器件控制端和公共端之间的有效信号波形分类：

1) 脉冲触发型，例如晶闸管、门极关断晶闸管；

2) 电子控制型，例如 GTR、MOSFET、IGBT。

按照电力电子器件内部电子和空穴两种载流子参与导电的情况分类：

1) 双极型器件，例如电力二极管、晶闸管、门极关断晶闸管、GTR；

2) 单极型器件，例如 MOSFET、SITH；

3) 复合型器件，例如 MCT（MOS 控制晶闸管）和 IGBT。

各种功率器件的优缺点如下：

电力二极管：结构和原理简单，工作可靠；

晶闸管：能够承受的电压和电流容量在所有器件中最高；

MOSFET：优点是开关速度快，输入阻抗高，热稳定性好，所需驱动功率小且驱动电路简单，工作频率高，不存在二次击穿问题；缺点是电流容量小，耐压低，一般只适用于功率不超过 10kW 的电力电子装置。制约因素：耐压，电流容量，开关的速度；

IGBT：优点是开关速度高，开关损耗小，具有耐脉冲电流冲击的能力，通态压降较低，输入阻抗高，为电压驱动，驱动功率小；缺点是开关速度低于 MOSFET，电压、电流容量不及门极关断晶闸管；

GTR：优点是耐压高，电流大，开关特性好，通流能力强，饱和压降低；缺点是开关速度慢，为电流驱动，所需驱动功率大，驱动电路复杂，存在二次击穿问题；

门极关断晶闸管：优点是电压、电流容量大，适用于大功率场合，具有电导调制效应，其通流能力很强；缺点是电流关断增益很小，关断时门极负脉冲电流大，开关速度低，驱动功率大，驱动电路复杂，开关频率低。

图1-3给出了传统硅基功率器件的应用范围。

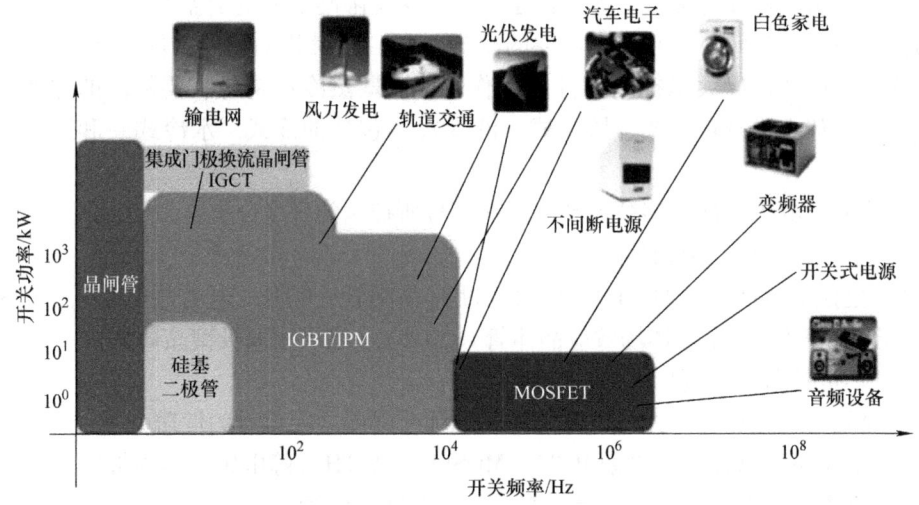

图1-3　传统硅基功率器件的应用范围（来源 Yole development）

此外，近年来，以碳化硅（SiC）和氮化镓（GaN）材料为代表的第三代宽禁带半导体器件已成为功率半导体领域中未来的发展方向，它们的主要优势是可以做到高温、高频、高效、大功率和抗辐射能力强，目前是功率半导体领域的一个重点投资方向。

1.4　半导体材料的发展

在科技不断进步的过程中，半导体材料的发展至今经历了三个阶段：

第一代半导体被称为"元素半导体"，典型如硅基和锗基半导体。其中，硅基半导体技术应用比较广、技术比较成熟。截至目前，全球半导体产业99%以上的半导体芯片和器件都是以硅片为基础材料生产出来的。

在1950年左右，半导体材料却以锗为主导，主要应用于低压、低频及中功率晶体管中，但它的缺点也极为明显，那就是耐高温和抗辐射性能较差。

到了1960年，0.75in⊖（19mm）单晶硅片的出现让锗基半导体的缺点被无限

⊖　1in＝0.0254m。

放大的同时，硅基半导体也彻底取代了锗基半导体的市场。

进入21世纪以后，随着通信技术的飞速发展，GaAs（砷化镓）、InP（磷化铟）等半导体材料成为新的市场需求，这也是第二代半导体材料，被称为"化合物半导体"。

由于对电子器件使用条件的要求提高，要适应高频、大功率、耐高温、抗辐射等环境，第三代宽禁带半导体材料迎来了新的发展。当然，第三代半导体也是化合物半导体，主要包括SiC、GaN等材料，至于为何被称为宽禁带半导体材料，主要是因为其禁带宽度大于或等于2.3eV（电子伏特）。同时，由于第三代半导体具有高击穿电场、高饱和电子速度、高热导率、高电子密度、高迁移率等特点，因此也被业内誉为固态光源、电力电子、微波射频器件的"核芯"以及光电子和微电子等产业的"新发动机"。

虽然同为第三代半导体材料，但由于SiC和GaN的性能不同，所以应用的场景也存在差异。GaN的市场应用偏向高频小电力领域，集中在1000V以下；而SiC适用于1200V以上的高温大电力领域，两者的应用领域覆盖了新能源汽车、光伏、机车牵引、智能电网、节能家电、通信射频等大多数具有广阔发展前景的新兴应用市场。表1-1列出了第三代宽禁带半导体的主要物理特性对比。

表1-1 第三代宽禁带半导体的主要物理特性对比

	硅（Si）	砷化镓（GaAs）	碳化硅（4H-SiC）	氮化镓（GaN）
带隙（eV）	1.124	1.422	3.23	3.39
临界场强（V/cm）	2×10^5	4×10^5	3.3×10^6	3×10^6
电子迁移率 μ_n（cm²/V·s）	1420	8500	1000	990
导热系数（W/mm·K）	0.13	0.055	0.37	0.13
比热（K）	700	330	690	490
CTE（10^{-6}/K）	2.6	5.73	4.3	3.17
杨氏模量 E（GPa）	162	85.5	501	181

与GaN相比，SiC的热导率是GaN的三倍以上，在高温应用领域更有优势；同时SiC单晶的制备技术相对更成熟，所以SiC功率器件的种类远多于GaN。SiC功率器件主要包括功率二极管和晶体管（开关管）。SiC功率器件可使电力电子系统的功率、温度、频率、抗辐射能力、效率和可靠性倍增，带来体积、质量以及成本的大幅降低。SiC功率器件的应用领域可以按电压划分：低压应用（600V~1.2kV）：高端消费领域（如游戏控制台、等离子和液晶电视等）、商业应用领域（如笔记本计算机、固态照明、电子镇流器等），以及其他领域（如医疗、电信、国防等）；中压应用（1.2~1.7kV）：电动汽车/混合电动汽车（EV/HEV）、太阳能光伏逆变器、不间断电源（UPS）以及工业电机驱动（交流驱动）等；高压应用（2.5kV、3.3kV、4.5kV和6.5kV及以上）：风力发电、机车牵引、高压/特高

压输变电等。

以 SiC 为材料的二极管、MOSFET、IGBT 等器件未来有望在汽车电子领域取代 Si。对比目前市场主流 1200V 硅基 IGBT 及 SiC MOSFET，可以发现 SiC MOSFET 产品较硅基产品能够大幅缩小芯片尺寸，且表现性能更好。但是目前最大的阻碍仍在成本，据测算，单片成本 SiC 比硅基产品高出 7~8 倍。但随着技术进步，成本会逐步降低，目前市场上已经出现了 SiC 芯片成本是硅基芯片的 3 倍的案例，在达到硅成本的 1.5~2 倍时，SiC 的综合性价比优势会比较明显，这会促使消费者更倾向于采用 SiC 功率器件。总之，第三代宽禁带半导体器件，尤其在电力电子功率半导体领域有着广阔的发展空间，后面的章节将详细阐述第三代宽禁带半导体器件的特点及其制备、封装和应用。

无论半导体材料的发展如何，所有的半导体器件都需要封装，对于功率半导体器件来说，封装尤为重要，其散热的性能、功耗、绝缘性，以及工作可靠性都和封装有着直接且重要的关系，所以选择合适的封装并高效、高质量地完成对芯片的封装工艺对于发挥器件的性能尤为关键。

思 考 题

1. 半导体封装的目的是什么？
2. 功率器件的定义和分类有哪些？请列举出主要的功率器件类型。
3. 功率器件封装的发展趋势是什么？

参 考 文 献

[1] 毕克允. 中国半导体封装业的发展 [J]. 中国集成电路, 2006, 15 (3)：3.

第2章 功率半导体器件的封装特点

功率半导体器件的封装可分为分立器件的封装和多芯片组件等功率模块的封装，分别有不同的技术特点，以下就不同的类型展开讨论。

2.1 分立器件的封装

这种封装模式被称为功率晶体管封装，又被称为单管封装，主要表现形式是各种 TO 封装，根据电子设备工程联合委员会（Joint Electron Device Engineering Council，JEDEC），TO 的定义是 Transistor Outline，根据最后组装到 PCB 上的面积、空间、大小和安装方式，其典型的封装形式分为直插式和表面贴装式。通孔插入式安装（Through-Hole Mount，THM）是插脚型封装，这种形式的封装可靠又利于独立散热片的安装和固定。表面贴装器件（Surface Mounting Device，SMD）是通过表面贴装技术，引脚直接焊接在 PCB 表面的封装形式。功率晶体管相比于集成电路，引脚排列相对简单，只是外部形状各异。按照管芯封装材料来分大致有两大类：塑料封装和金属封装。如今，因成本原因塑料封装最为常见，有裸露散热片的非绝缘封装和连散热片也封装在内的全塑封装（也称为绝缘封装），后者无须在散热片绝缘和晶体管之间加装额外的绝缘垫片，但是耗散功率会稍微小一些；金属封装又称为金属管壳封装或者管帽封装，有着银白色的圆形蘑菇状金属外壳，因为封装成本比较高，如今已经不太常见了。按照内部管芯的数量，可以分为单管芯、双管芯、多管芯三大类，多管芯一般耗散功率比较大，主要用于电力电子领域，比较通用的名称是模块或者晶体管模块，本章后续会进行讨论。

分立功率器件中，单管芯塑料封装最常见，引脚都是 3 个，排列也很有规律，很少有例外。有印字的一面朝向自己，引脚向下，从左至右，常见类型的功率晶体管引脚排列如下：①BJT（双极性晶体管）：B（基极）、C（集电极）、E（发射极）；②IGBT（绝缘栅双极型晶体管）：G（栅极）、C（集电极）、E（发射极）；③VMOS FET（V 形槽 MOS 场效应晶体管）：G（栅极）、D（漏极）、S（源极）；④BCR（双向晶闸管）：A1（阳极 1）、A2（阳极 2）、G（门极）；⑤SCR（单向晶闸管）：K（阴极）、A（阳极）、G（门极）。大功率二极管除了特有的两端直接引线封装外，也常常采用塑封晶体管的封装形式，三引脚为共阴极或者共阳极以及双管芯并联，或者将三引脚改为两引脚，通常是将中间的一脚省去。

对于塑料封装而言,三引脚的 TO-220 是基本形式,由此扩大,有 TO-3P、TO-247、TO-264 等,由此缩小,有 TO-94、TO-126、TO-202 等,并各自延伸出全绝缘封装以及更多引脚封装和 SMD 形式。其目的也很明确,在保证耗散功率的前提下缩小封装成本,对于高频开关器件,还要减小引线电感和电容,采用框架直接连接芯片并且不采用打线方式,无损耗封装(LFPAK)和 TOLL(TO-Lead Less)封装就是典型的例子。很多封装仅从外部形状来看很相似,这时候就需要注意其实际的外形尺寸以及底板是否绝缘等。有些封装不止一个名称,因为封装原本没有统一的国际标准,更多的是约定俗成,后来一些行业协会也参与了名称的确认以便于交流,如常见的以 SC 开头的封装名称就大多是由日本电子信息技术产业协会(JEITA)统一确认的,对常见的 TO-220AB,JEITA 命名的名称是 SC-46。部分功率晶体管分立器件的封装外形见图 2-1~图 2-4(图片来源于 JEDEC)。

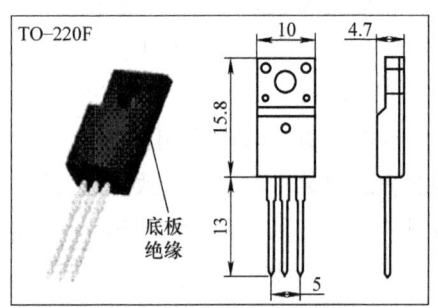

TO-220F(TO-220 ABFP、TO-220 全塑封、SOT186A、SC-67)

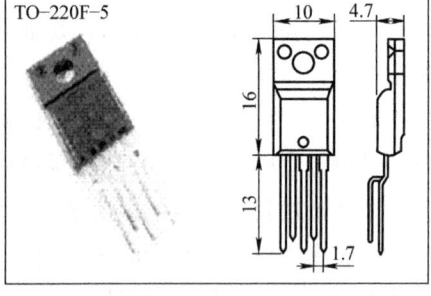

5引脚的TO-220F、底板绝缘TO-220 全隔离5-Pin

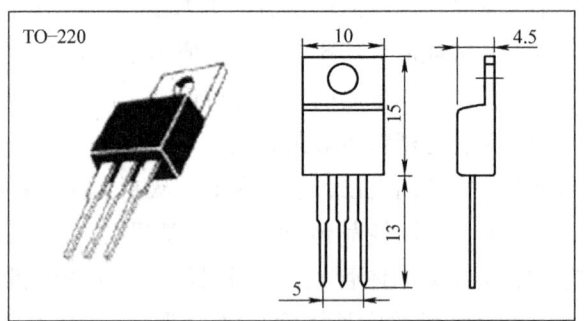

TO-220(SOT-78、SC-46)、TO-220AB表示中间的引脚与散热片相连

图 2-1　典型的 TO-220 封装外形图

第 2 章 功率半导体器件的封装特点

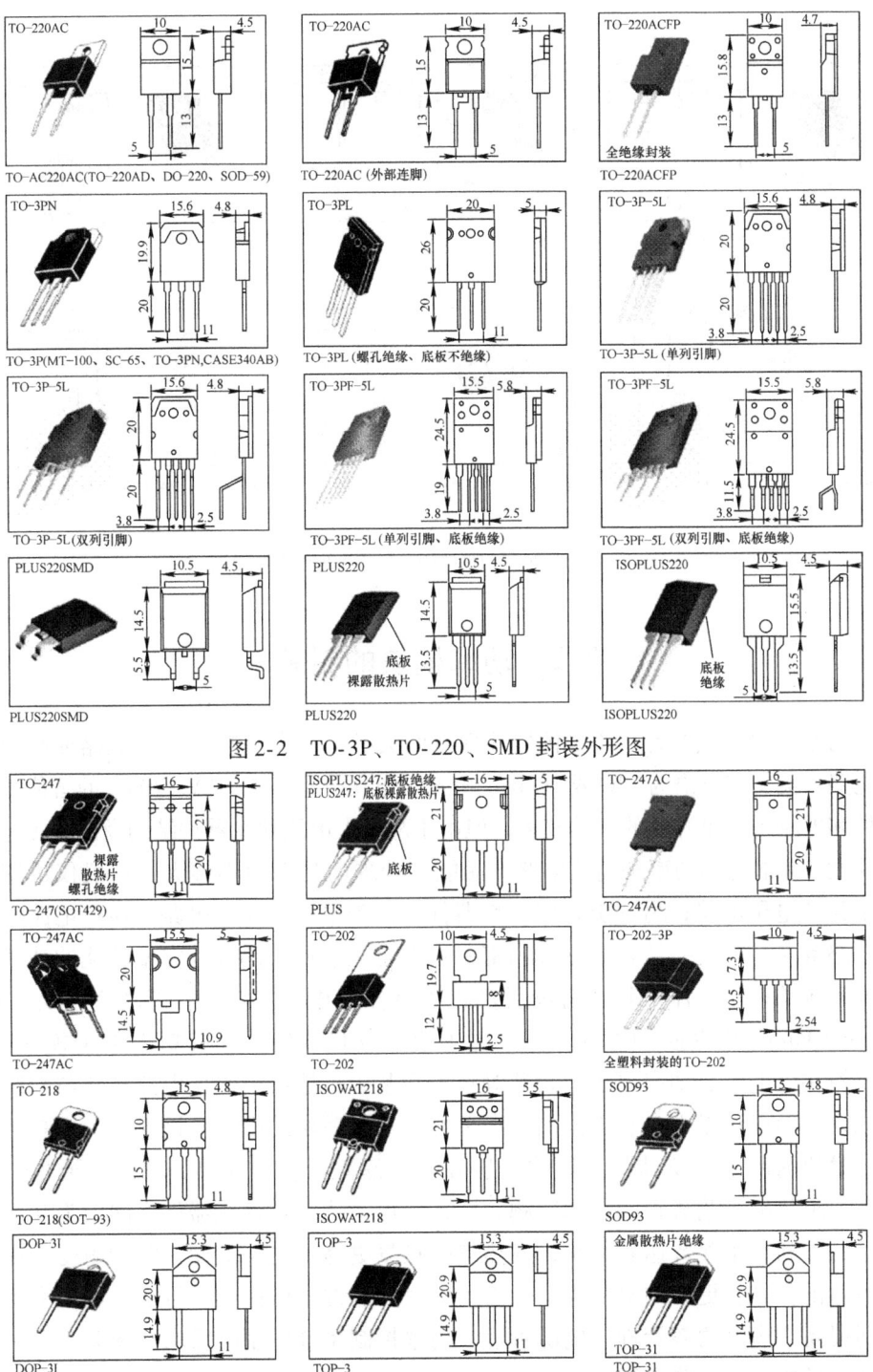

图 2-2 TO-3P、TO-220、SMD 封装外形图

图 2-3 TO-247、TO-218、TO-202、TOP-3、TOP-31、SOD93 封装外形图

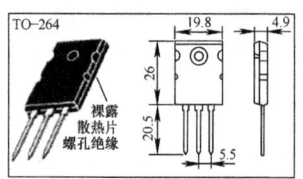
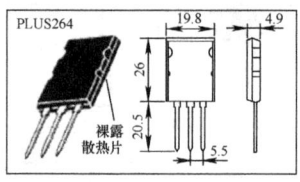
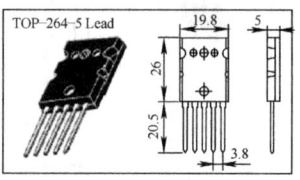
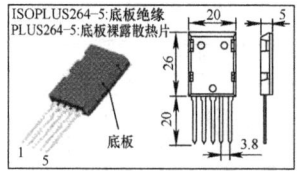
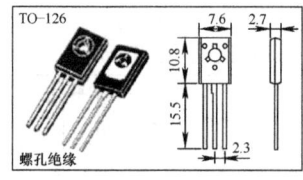
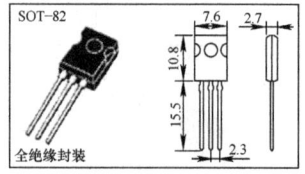

图 2-4　TO-264、TO-126、SOT-82 封装外形图

2.2　功率模块的封装

功率（电源或电力）半导体器件现有两大类，一类是功率集电成路或高压集成电路，英文缩略语为 PIC 或 HVIC。电流、电压分别小于 10A、700V 的智能功率器件和电路采用单芯片的产品较多，但由于高压大电流功率器件结构及制作工艺的特殊性，单芯片的功率和高压电路产品能够处理的功率尚不够大，一般仅适用于数十瓦的电子电路；另一类是将功率器件、控制电路、驱动电路、接口电路、保护电路等芯片封装一体化，通过内部引线键合互连形成部分或完整功能的功率模块或系统功率集合体，其结构包括多芯片混合芯片封装以及智能功率模块（Intelligent Power Module，IPM）、功率电子模块（PEBB）、集成功率电子模块等。功率模块以电子、功率电子、封装等技术为基础，按照最优化电路拓扑与系统结构原则，形成可以组合和更换的标准单元，功率模块的设计应该充分考虑封装结构、模块内部芯片及其与基板的互连方式，各类封装（导热、填充、绝缘）的选择、组装的工艺流程等优选问题。即，使得系统中各种元器件之间因为互连所产生的不利寄生参数达到最小，发热点的热量更易于向外散发，并能耐受环境应力的冲击，具有更大的电流承载能力；同时产品的整体性能、可能性、功率密度得到提高，满足功率管理、电源管理、功率控制系统应用的需求。图 2-5 所示是大功率模块的发展路线图。

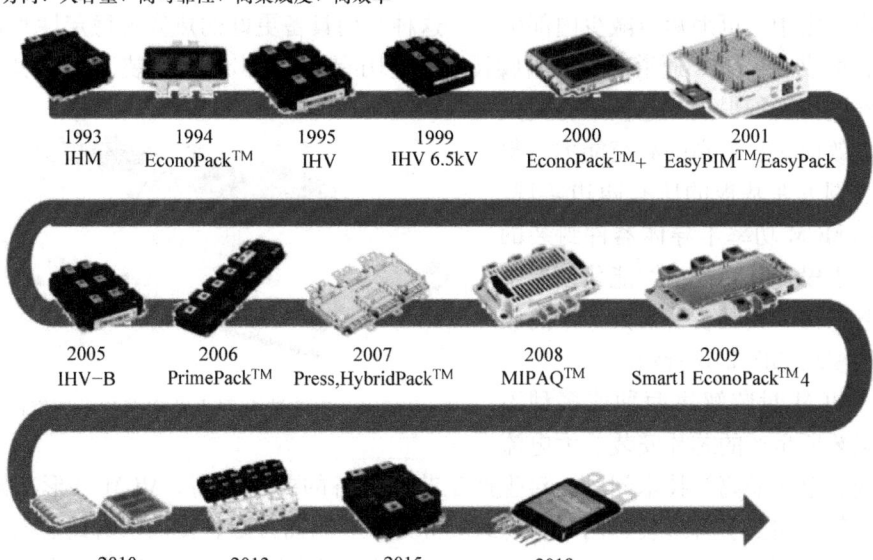

图 2-5　大功率模块的发展路线图（图片来源于英飞凌）

2.2.1　功率模块封装结构

功率模块的封装外形各式各样，新的封装形式日新月异，一般按管芯或芯片的组装工艺及安装固定方法的不同，分为压接结构、焊接结构、直接覆铜（Direct Bonded Copper，DBC）基板结构，所采用的封装形式多为平面型，存在难以将功率芯片、控制芯片等多个不同工艺芯片平面型安装在同一基板上的问题。为开发高性能的产品，以混合芯片封装技术为基础的多芯片模块（Multi-Chip Module，MCM）封装成为目前主流发展趋势，即重视工艺技术研究，更关注产品类型开发，不仅可将几个不同类型的芯片安装在同一基板上，而且采用埋置、有源基板、叠层、嵌入式封装，在三维空间内使多种不同工艺的芯片实现互连，构成完整功能的模块。

压接结构采用平面型或螺栓型封装的管芯压接互连技术，点接触靠内外部施加压力实现，能够解决热疲劳稳定性问题，可制作大电流、高集成度的功率模块，但对管芯、压块、底板等零部件平整度要求很高，否则不仅将增大模块的接触热阻，而且会损伤芯片，严重时芯片会撕裂，结构复杂、成本高、比较笨重。

焊接结构采用引线键合技术为主导的互连工艺，包括焊料凸点互连、金属柱互连平行板方式、凹陷阵列互连、沉积金属膜互连等技术，解决寄生参数、散热、可靠性问题，目前已提出多种实用技术方案。例如，利用合理结构和电路设计二次组装已封装元器件构成模块；功率电路采用芯片，控制、驱动电路采用已封装器件，构成高性能模块；多芯片组件构成功率智能模块。

双面覆铜陶瓷基板结构便于将微电子控制芯片与高压大电流执行芯片密封在同一模块之中，可缩短或减少内部引线，这种结构具备更好的热疲劳稳定性和较高的封装集成度，DBC 通道、整体引脚技术的应用有助于 MCM 的封装，整体引脚无须额外进行引脚焊接，基板上有更大的有效面积、更高的载流能力，整体引脚可在基板的所有四边实现，成为 MCM 功率半导体器件封装的重要手段，并为模块智能化创造了工艺条件。英飞凌公司大功率灌胶类型模块如图 2-6 所示。

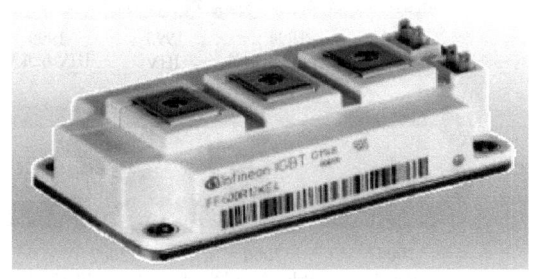

图 2-6　英飞凌公司大功率灌胶类型模块

MCM 封装解决两种或多种不同工艺所生产的芯片安装、大电流布线、电热隔离等技术问题，对生产工艺和设备的要求很高。MCM 外形有侧向引脚封装、向上引脚封装、向下引脚封装等方案。简而言之，侧向引脚封装的基本结构为 DBC 多层架构，DBC 板带有通道与引脚，框架焊于其上，引线键合后，焊上金属盖完成封装。向上引脚封装的基本结构也采用多层 DBC，上层 DBC 边缘留有开孔，引脚直接键合在下层 DBC 板上，框架焊于其上，引线键合后，焊上金属盖完成封装。向下引脚封装为单层 DBC 结构，铜引脚通过 DBC 基板预留出通孔，直接键合在上层导体铜箔的背面，框架焊于其上，引线键合、焊上金属盖完成封装。

功率模块的研发早已突破最初定义的将两个或两个以上的功率半导体芯片（各类晶闸管、整流二极管、功率复合晶体管、功率 MOSFET、IGBT 等），按一定电路互连，用弹性硅凝胶、环氧树脂等保护材料密封在一个绝缘外壳内，并与导热底板绝缘的概念，迈向将器件芯片与控制、驱动、过电压、过电流、过热与欠电压保护等电路芯片相结合，密封在同一绝缘外壳内的智能化功率模块时代。

2.2.2　智能功率模块

IPM 又称 SPM（Smart Power Module），是一种有代表性的混合芯片封装，将包含功率器件、驱动、保护和控制电路的多个芯片，通过焊丝或铝铜带键合内互连，封装于同一外壳内形成具有部分或完整功能的、相对独立的功率模块。用 IGBT 单元构成的功率模块在智能化方面发展最为迅速，又称为 IGBT-IPM，kW 级的小功率 IPM 可采用多层环氧树脂黏合绝缘 PCB 技术，中大功率 IPM 则采用 DBC 的双面覆铜陶瓷基板多芯片技术，IGBT 和快恢复二极管组成基本单元并联，或两个基本单元组成的二单元及多单元并联，典型组合方式还有六单元或七单元结构，内部引线键合互连，实现轻、小、超薄型 IPM，内表面绝缘 IPM，程控绝缘智能功率模块（PI-IPM），品种系列丰富，设计灵活，应用广泛。此外，也有开发出将晶闸管主电路与移相触发系统以及保护电路共同封装在一个塑料外壳内构成的智能晶闸管模块（ITPM），思路类似。图 2-7 是 IPM 发展路线图。

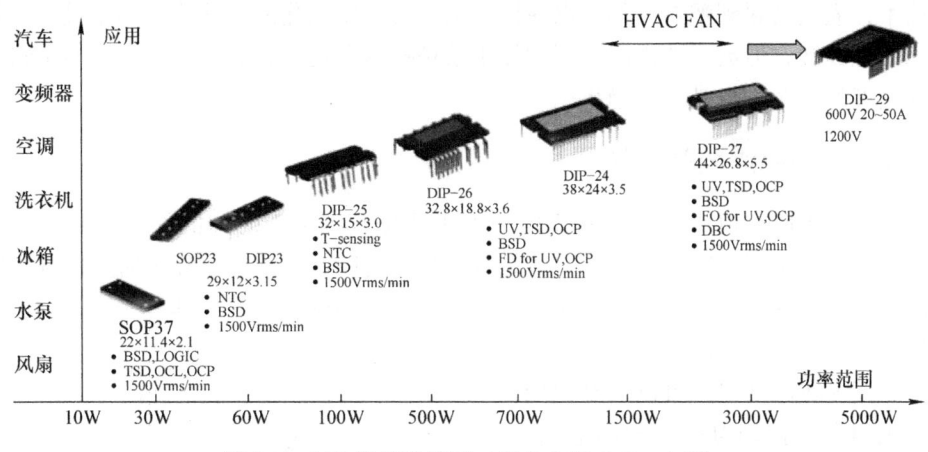

图 2-7　IPM 发展路线图（图片来源于 Fairchild）

2.2.3　功率电子模块

功率电子模块（Power Electronics Building Block，PEBB）是在电力电子集成模块（Integrated Power Elctronics Modules，IPEM）基础上发展起来的模块，是一种针对分布式电源系列进行划分和构造的新的模块化概念，根据系统层面对电路合理细化，抽取出具有相同功能或相似特征的部分，制成通用 PEBB，作为功率电子系统的基础部件，系统中全部或大部分的功率变换功能可用相同的 PEBB 完成，在一定程度上形成通用模块，类似标准化的电子元器件应用到电力电子场合中去。PEBB 采用多层叠装三维立体封装与表面贴装技术，所有半导体器件及被动元器件均以芯片形式进入模块，模块在系统架构下被标准化，最底层为散热器，上面是由 3 个相同的桥臂组成的三相整流桥，再上面是驱动电路，顶层是传感器信号调节电路。PEBB 的应用方便灵活，可靠性高，维护性好[1]。

PEBB 本身就是一个集成了功率芯片和相关控制电路，起到集中散热、优化结构并节省空间的作用（相对于采用功率分立器件的场合），模块化的电力电子器件早期并不是采用半导体封装工艺，更多采用的是电子组装技术，通过把各种电子元器件组装到印制电路板上，因为电力电子电路设计相对简单（一般不会有多层高密度电路板），而应用场合多为发热的场合，所以通常电路板采用覆铜陶瓷基板，其电子组装技术主要是表面贴装技术，通过印刷与回流焊等工艺完成组装，而半导体封装技术更多采用内互连的方式直接对芯片进行加工，因此省去了单个元器件的封装，从而节省成本，并且通过合理化的散热设计，从结构和性能上比多分立器件封装组合的模块更具有竞争优势，所以 PEBB 大多采用了芯片化的元器件，采用内互连技术，因此把它归类为功率模块系列。当然，目前的功率模块早已不仅限于单一的工艺方法标准定义，怎样实现产品的性能最大化，可靠性最高化，成本最低化，是目前功率模块的发展方向，在此基础上所有的工艺，从表面贴装技术到内互连技术，灌胶密封到塑封，都可以在模块上实现，定制化的设计使得功率模块的标准化进程放缓，但灵活性提高，不拘泥于某种技术和定义，而相互融合借鉴是封装技术发展的方向，也是必然趋势。

2.2.4 大功率灌胶类模块

大功率灌胶类模块有别于IPM的地方主要是其内部对芯片的保护不是采用塑封的形式而是采用灌胶的形式，胶体是双组分的树脂，在灌胶过程中通过抽真空的方式有效去除内部气泡，其主要材料是导热性良好的硅脂，并且具有一定的类似凝胶的特性，可以很好地吸收机械应力冲击。其模块内部包含可以具有通用性的主电路、控制电路、驱动电路、保护电路、电源电路等电路，以及无源元件技术。内互连多采用铝线键合的方式，也可采用定制化的铜片/铜夹钎接内互连的方式，该方式可以提供更好的散热能力，同时减少封装内阻和寄生参数的阻抗。灌胶盒封功率模块的外形如图2-8所示。

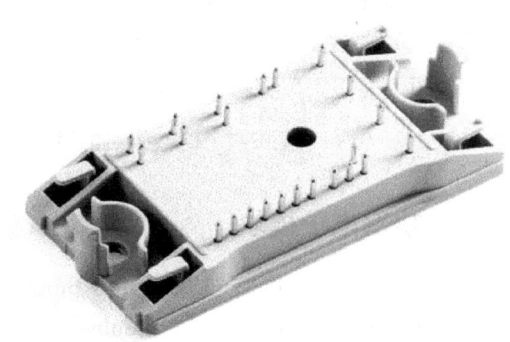

图2-8 灌胶盒封功率模块的外形

2.2.5 双面散热功率模块

双面散热功率模块是结合了大功率功率模块和IPM的封装结构特点，采用双面DBC、内部铜柱（Spacer）互连支撑并塑封的结构，通过定制化设计可以把模块做得很薄，因此其散热能力非常优秀，同时由于是半桥一片式的结构，其安装灵活，可以有效减小安装体积，结合银烧结和打粗铜线工艺，是未来第三代功率半导体SiC模块的理想封装体。在新能源汽车领域具有广阔的应用前景。双面散热功率模块如图2-9所示。

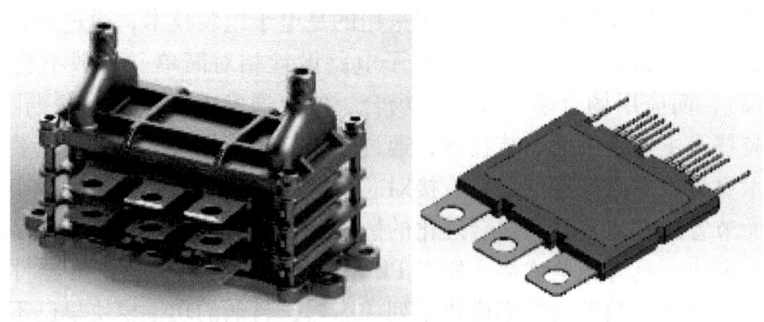

图2-9 双面散热功率模块

2.2.6 功率模块封装相关技术

功率模块的研发在很大程度上取决于功率器件和混合芯片封装技术的新进展。同时，封装在模块制造中的作用和地位显得特别重要。由于功率模块的大电流、高电压的应用趋势，所以散热和绝缘，以及功率循环带来的应力问题是封装要解决的关键问题，所涉及的关键技术包括 DBC 基板、互连工艺、封装材料、热设计等。

1）DBC 氮化铝双面覆铜陶瓷基板。传统的模块所用的覆铜陶瓷基板其中间的绝缘层一般采用氧化铝（Al_2O_3），在需要更高散热效率的特殊场合和情况下会采用氮化铝（AlN）作为高导热绝缘层。国际上，各种规格的氮化铝双面覆铜陶瓷基板可大批量商品化供货，国内小批量供货远无法满足需求。氮化铝双面覆铜陶瓷基板具有氮化铝陶瓷的高导热性，又具备高绝缘性，其上下表面覆积薄铜层后即可像印制电路板一样，在其表面刻蚀出所需的各种图形，用于功率器件与模块封装中。在氮化铝双面覆铜陶瓷基板的制备中，有效地控制铜箔与氮化铝陶瓷基片界面上 Cu-O 共晶液相的产生、分布及降温过程的固化是其工艺的重点，这些因素都与氧成分有着密切的关系，铜箔、AlN 基片在预氧化时都要控制氧化的温度及时间，使其表面形成的 Al_2O_3 薄层厚度仅为 $1\mu m$，两者间过渡层的结构与成分对 AlN-DBC 基板的导热性及结合强度影响极大，加热敷接过程中温度、时间及气氛的控制都将对最终界面产物的结构及形态产生影响，可将 0.125~0.7mm 厚的铜箔覆合在 AlN 基片上，各类芯片可直接附着在此基板上。在封装应用中，前后导通可通过敷接铜箔之前在 AlN 基片上钻孔实现，或采用微导孔、引脚直接键合针柱过孔通道、金属柱过孔互连等技术，实现密封连接。AlN 基片在基板与封装一体化，以及降低封装成本、增加布线密度、提高可靠性等方面均有优势，例如，AlN-DBC 基板的焊接式模块与普通焊接模块相比，体积小、重量轻、热疲劳稳定性好、密封功率器件的集成度更高[2]。

2）键合内互连工艺。芯片安装与引线键合互连是封装中的关键工序，功率器件管芯采用共晶键合或合金焊料焊接安装芯片，引线互连多采用铝丝键合技术，工艺简单、成本低，但存在键合点面积小（导热性差）、寄生电感大、铝丝载流量有限、各铝丝间电流分布不均匀、高频电流在引线中形成的机械应力易使其焊点撕裂或脱落等诸多问题，采用薄铜片（clip）技术互连可省略芯片与基板间的引线，起电连接作用的焊点路径短、接触面积大、寄生电感/电容小。在中小功率的时候采用铜片的优势比较明显但缺点也比较明显，主要是芯片尺寸和焊盘尺寸的变化会带来不同铜片定制化的需求，很难标准化，同时，在大功率应用情况下，封装内互连的弱点从焊线的疲劳失效转化为铜片下面的焊料层疲劳裂纹失效。据此采用银烧结工艺可以显著提高可靠性，目前的技术趋势是在大功率场合，尤其是以第三代 SiC 为主的宽禁带半导体应用场合，采用在芯片上烧结薄铜层再采取粗铜线键合的方式实现内互连，后面章节我们将详细介绍其内互连工艺。

3) 封装外壳。功率模块的封装外壳是根据其所用的不同材料和品种结构形式来研发的，常用散热性好的金属封装外壳、塑料封装外壳，按最终产品的电性能、热性能、应用场合、成本来设计并选定其总体布局、封装形式、结构尺寸、材料及生产工艺。例如，DBC基板侧向、向上、向下引脚封装均采用腔体插入式金属外壳，由浴盆形状框架腔体和金属盖板构成，平行缝焊封接密封封装。为提高塑封功率模块外观质量，抑制外壳变形，选取收缩率小、耐击穿电压高，有良好工作及软化温度的外壳材料，并灌封硅凝胶保护。新型的金属基复合材料铝碳化硅、高硅铝合金也是重要的功率模块常用的封装外壳材料。

此外，功率模块内部结构设计、布件与布线、热设计、分布电感量的控制、装配模具、可靠性试验工程、质量保证体系等各个方面的和谐发展，促进封装技术更好地满足功率半导体器件的模块化和系统集成化的需求。系统级封装（System In Package，SIP）对比系统级芯片（System On Chip，SOC）更具有技术灵活的优势，可有效降低对芯片晶圆制造的高技术制程要求。高电压、大电流功率器件通常采用纵向导电结构，因制作工艺极为不同而难以完成单片集成。在一定技术条件下，混合芯片封装有更好的技术性能与较低的成本，并具备良好的可实现性，在信息电子中有很多成功的案例，如微处理器内核与高速缓存封装构成奔腾处理器。功率模块采用混合芯片技术方案，同样可达到集成的目的，封装是最为关键的内核，能够较好地解决不同工艺的器件芯片间的电路组合、高电压隔离、分布参数、电磁兼容、功率器件散热等技术问题，针对实际生产中的技术与工艺难点进行包装，现以中功率IPM、DC/DC模块为主流，进一步向大功率发展。

思 考 题

1. 功率器件常见的封装形式有哪些？
2. 功率模块的主要种类和特点有哪些？
3. 功率模块封装的关键技术包含哪些方面？

参 考 文 献

[1] 龙乐. 功率模块封装结构及其技术 [J]. 电子与封装，2005，5（11）：5.
[2] 王桦，秦先海. 一种新颖的陶瓷基板金属化技术：DBC基板的原理及应用 [J]. 混合微电子技术，1998，9（3）：7.

第3章 典型的功率封装过程

我们以 TO 封装为例来介绍功率分立器件的封装过程，TO 系列的封装过程基本可以涵盖整个分立器件封装的过程，具有典型的代表意义。封装的本质是对芯片进行内互联和包封，因此掌握分立器件的封装基本过程，可以在此基础上进行创新，开发出多维封装的技术。掌握基础封装知识对于封装从业人员和半导体行业相关工作人员有着重要的现实意义。以下就每个具体环节的工艺特点和过程、设备工艺特点及材料特性等展开详细论述。

3.1 基本流程

TO 系列功率封装的一般流程如图 3-1 所示。

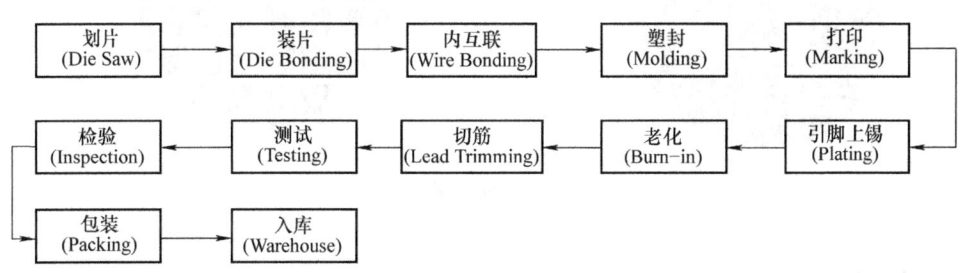

图 3-1 TO 系列功率封装的一般流程图

这个过程实际上也和大多数分立器件及芯片的封装过程类似，只是在具体的工艺上略有区别，比如在装片工艺，芯片类别采用银胶工艺，而功率器件芯片背面往往是个电极，需要采用高温软钎焊的方式，再比如内互联打线工艺，功率器件因为要通过大电流，所以往往采用粗铝线作为内互联焊材，而芯片类往往是采用细的金铜线作为内互联焊材。此外，因为对导热和绝缘要求的不同，在塑封料的选择上也有不同考虑。总之，为了更好地理解半导体封装，我们将详细介绍封装每道工序的基本原理，这将为今后理解复杂的封装技术、先进的封装技术等打下坚实的基础。以下展开详细论述。

3.2 划 片

在进行划片之前，需要把晶圆片固定起来，防止在分离后芯片散乱，这个过程叫贴膜，或者叫贴片，英文称为 Wafer Mounting。这个膜有一定的黏性，并且黏性会随时间的延长而增加，后面会详细介绍膜的特性。

所谓划片就是把芯片从整张晶圆上分离成一个一个独立的具有特定功能单元的过程。早期的划片是用金刚刀片在显微镜下手工切割分离，这种方法比较原始，劳动效率低下，成品率低，所以依靠精密的半自动化设备来替代原始的人工划片是必然的，所谓自动化设备是指安装了精密对准、对焦功能的机械装置，金刚刀片被设计成圆片安装在高速旋转的轴上，通过高精密步进电动机的控制做上下精密机械运动，晶圆放在适合尺寸的平面上，平面的移动由精密电机控制，沿 XY 方向做水平移动，通过和刀头接触，形成类似伐木的切割过程。通过程控，完成整张晶圆的切割，并通以具有一定电阻率的去离子水或含活性化学溶剂的溶液来冲走硅屑并冷却，切割完成后还需要进行一定程度的清洗，防止异物黏附在晶圆芯片上，并烘干。划片示意图如图 3-2 所示。

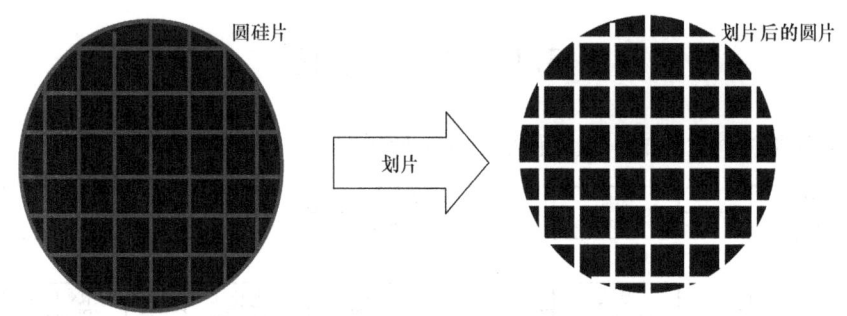

图 3-2　划片示意图

3.2.1　贴膜

晶圆在减薄之前，会在晶圆的正面贴一层黏性膜，该层膜的作用是在晶圆正面固定芯片，便于磨片机在晶圆的背面研磨硅片。一般在研磨之前硅片的厚度为 $700\mu m$ 左右，研磨之后，晶圆的厚度变为 $200\sim300\mu m$，甚至达到 $50\sim100\mu m$ 的程度，具体将视客户要求和芯片的应用环境情况而定。晶圆在划片之前，会在晶圆的背面黏一层膜，该层膜的作用是将芯片黏在膜上，可以保持晶粒在切割过程中的完整，减少切割过程中所产生的崩碎，确保晶粒在正常传送过程中不会有位移和掉落的情况，芯片减薄划切过程中都用到了一种用来固定晶圆和芯片的膜。实际生产过程中，这种膜一般选用 UV 膜或蓝膜。UV 膜和蓝膜在芯片减薄划切过程中具有非常重要的作用，但两者特性有明显的区别。所谓 UV，其英文全称是 Ultra Violet，即紫外线照射的意思。UV 膜的字面意思是可经过紫外线照射改变黏性的膜。标准的切割工艺中首先是将减薄的晶圆放置好，使其元件面朝下，放在固定于钢圈的胶膜上。这样的结构在切割过程中可以保证晶圆固定，并且将芯片和封装继续保持在对齐的位置，方便向后续工艺的转运。工艺的局限来自于胶膜黏性随着时间的增加而增大，在长时间存储之后很难从胶膜上取下芯片，采用激光切割的方式容易切到胶膜，同时在切割过程中冷却水的冲击也会对芯片造成损伤。贴膜时，需要重点考虑物料传递移动放置系统，以及所采用的胶膜类型对晶圆来说是不是适合切割。ADT（Advanced Dicing Technologies）公司 966 型晶圆贴膜机是一款高产率自动贴膜系统，可采用蓝膜和 UV 膜，放置操作均匀，并具有胶膜张力，可以消除空气气泡。该放置系统具有用于切割残留薄膜的环形切割刀，以及可编程的温度调整装置。Disco 公司为晶棒和晶圆分割设计了不同的工具，包括切割锯、切割刀和切割引擎。

3.2.2 胶膜选择

所有的胶膜都由三部分组成：塑料基膜，其上覆有的对压力敏感的黏膜，以及一层释放膜。在大部分应用中使用的胶膜分为两类：蓝膜（价格最低）和 UV 膜。蓝膜是用于标准硅晶圆的切割，有时在切割像 GaAs 这样更脆弱的晶圆时，也使用昂贵的 UV 膜。选择合适的胶膜需考虑固定、黏结和其他机械性能，目标是在切割过程中保持黏性足够强，可以稳定芯片的位置，但也需要足够弱，在切割后的芯片黏结工艺中能方便地将芯片吸走而不产生损坏。如果在切割过程中采用带有润滑剂的冷却剂，需要保证其中的添加剂不会与胶膜上的黏结剂发生反应，或者芯片不会在其位置上滑动。大部分胶膜的使用时间限于一年。之后，胶膜会逐渐丧失黏性。

UV 膜提供两个层次的黏结：切割工艺中更强的黏结，之后为了易于剥离。尽管 UV 膜价格昂贵，但对于像 GaAs 和光学器件这些敏感基板来说非常合适。

UV 膜和蓝膜均具有黏性，其黏性程度使用剥离强度来表示，通常单位使用 N/20mm 或者 N/25mm，例如，1N/20mm 的意思是对于测试条宽度为 20mm，用 180°的剥离角度从测试板上将其剥离的力是 1N。UV 膜是将特殊配方的涂料涂布于 PET 薄膜基材表面，达到阻隔紫外光及短波长可见光的效果。一般 UV 膜由 3 层构成，其基层材质为聚乙烯氯化物，黏性层在中间，与黏性层相邻的为覆层（Release film），部分型号的 UV 膜没有该覆层。UV 膜通常叫紫外线照射胶带，价格相对较高，未使用时有效期较短，它分为高黏度、中黏度和低黏度三种，对于高黏度的 UV 膜而言，其未经过紫外线照射时黏度很大，剥离强度在 5000mN/20mm ~ 12000mN/20mm，但是在紫外线灯光照射的时间延长和照射强度增加之后，剥离强度会降到 1000mN/20mm 以下；对于低黏度的 UV 膜而言，未经过 UV 照射时，其剥离强度为 1000mN/20mm 左右，而经过紫外线照射之后，其剥离强度会降到 100mN/20mm 左右；中黏度的 UV 膜的剥离强度介于高黏度 UV 膜和低黏度 UV 膜之间。低黏度的 UV 膜在通过一定时间和一定强度的紫外线照射后，尽管其剥离强度会降到 100mN/20mm 左右，但在晶圆的表面不会有残胶现象，晶粒容易取下；同时，UV 膜具有适当的扩张性，在减薄划片的过程中，水不会渗入晶粒和胶带之间。

蓝膜通常又称为电子级胶带，价格较低，它是一种蓝色的、黏度不变的膜，相对于未经过紫外线照射的高黏度 UV 膜，对紫外线并不敏感，其剥离强度一般较低,为(1000~3000)mN/20mm,而且受温度影响会发生残胶。最早将其命名为蓝膜是由于该胶膜为蓝色,现在随着技术的发展,也陆续出现了其他的颜色,而且用途也得到拓宽。

UV膜和蓝膜相比,UV膜较稳定。UV膜无论在紫外线照射之前还是照射之后,UV膜的黏度都比较稳定,但成本较高;蓝膜成本相对比较便宜,但是黏度会随着温度和时间的变化而发生变化,而且容易残胶。

通常来说,对于小芯片减薄划片时使用UV膜,对于大芯片减薄划片时使用蓝膜,因为,UV膜的黏度可以通过紫外线的照射时间和强度来控制,防止芯片在抓取的过程中漏抓或者抓崩。若芯片在减薄划切之后,芯片的尺寸较小,建议最好使用UV膜,因为装片的顶针相对芯片来说在顶起的过程中机械冲击力较大,如果芯片黏度强,势必要提高顶出力,容易造成芯片损伤,同样,芯片大而薄且价值较高时,在综合成本考量下还是选用UV膜比较好。蓝膜由于其受温度和时间影响其黏度会发生变化,而且本身黏度较大,因此,控制从划片到装片完成的时间是一个话题。针对芯片尺寸小于1mm的芯片,通常使用低黏度UV膜,如D-184。该UV膜仅仅有基层和黏性层,没有覆层,其基层为PVC材料,厚度为80μm,黏性层为丙烯酸树脂漆(Acrylic resin paint),其厚度为10μm,未经过紫外线照射之前的剥离强度为1100mN/25mm,经过UV照射之后,剥离强度为70mN/25mm,因此其黏度范围可以在(70~1100)mN/25mm内调整。该型号的UV膜具有一些特点:其一,该UV膜在硅片表面使用剥离角度为180°进行剥离时,其速度可以达到300mN/25mm;其二,该UV膜规定了自己的照射条件,紫外线照射密度为230mW/cm^2,紫外线照射功率为190mJ/cm^2;其三,辐射的紫外线波长应在365nm左右。如果遇到UV灯功率不足时,建议:其一,擦净UV灯管和灯罩,改善UV光的反射效果;其二,UV灯老化应更换,瑞森特UV灯使用时间超过1500h就应该更换;其三,提高UV灯管单位长度内的功率,保证其达到80~120W/cm[1]。笔者认为目前大多数封装厂都没有针对膜的黏度进行管控,都以实际装片发生时的难易程度或者划片中有无芯片松动以至造成崩片、飞边等不良作为判断,这种判断大部分是事后判断,不仅反应慢,损失大,而且也没有相应的数据来表征控制点,不利于大规模生产和质量控制,所以,有必要研究黏度的测量方法和相应对划片装片的影响,得到每种膜相对应的黏度控制区间和范围,来指导生产和质量控制,根据膜的特性,调整合适的黏度,能够提高芯片封装作业效率。

3.2.3 特殊的胶膜

多家制造商提供多种额外的特殊胶膜可以满足一些小规模市场的特殊要求。Nitto-Denko制造了一种热释放型胶膜,可以采用加热代替UV辐射固化。当对胶膜加热时,它就失去了对基板的黏结力。Adwill公司提供了一种无顶针切割胶膜,采用这种胶膜使装片机从胶膜上拾取芯片时不需要在胶膜下面使用顶针(见图3-

11)。在切割过程中该胶膜具有很强的黏附力,切割之后通过 UV 辐射和加热使芯片间的距离自动扩大,这样就不会造成由顶针引起的芯片受损破裂。Furukawa Electric 公司制造了静电放电（ESD）胶膜,该胶膜可以降低沾污,适用于 MEMS 和图像传感器之类敏感器件的分割。AI Technology 公司制造了一种切割和芯片黏结薄膜（Dicing and Die-Attach Film, DDAF）,将高温、防静电、超低残留的划片胶膜与导电、高键合强度的芯片黏结环氧树脂结合在一起,这样保证了从胶膜到黏结剂的低残留转移。这种将切割胶膜和芯片黏结薄膜进行复合的薄膜具有可控和 UV 释放等多种优势。还有适合激光切割工艺的胶膜,晶圆划片是一个传统工业,目前大部分切割和划线工艺都是采用机械金刚刀锯和划针完成的。随着激光划片切割系统的上市,在晶圆切割和分离市场上,激光方法会成为一个新的选择。因为激光的优点很明显,高效率,切割槽宽细小,没有飞渣和毛边毛刺,最重要的是不会有类似机械金刚刀带来的崩片隐裂的风险,后者是半导体封装可靠性的永恒话题。如果选择了激光切割工艺,那么即使采用标准的切割胶膜也不会有任何问题。切割时会通过控制激光的切割深度在晶圆表面找到最佳的折断位置。通过平衡切割深度和折断的关系可以获得高产率和最佳成品率。较浅的切割深度可以在折断时获得 100% 的成品率,因此在可实现最高产量的条件下是最佳的切割深度。然而,如果采用激光切割晶圆并把所有连接结构都切断,同时消除了折断步骤,由于激光同样会切断胶膜,那么胶膜就会成为一个问题。但这种方法的优点是将晶圆上几乎所有的连接结构都切断,可以直接在胶膜上完成整个分割流程,而不需要折断机。在 V 形沟底部残留的材料只有几个微米厚,在胶膜背面仅仅通过手指的滑动就可以完成折断。SYNOVA 公司开发了用于切割的喷水引导激光工艺,还推出了激光切割专用胶膜 Laser Tape,可以在激光切割过程中保持分割的部件,由于该专用胶膜不能吸收激光,在切割工艺中不会被切断,并且具有多孔结构,可以使喷出的水流走而不会产生机械损坏。在 UV 照射之后,由于黏结层已经不再黏附到晶圆背面,因此芯片可以比较容易地被吸取和剥离。当与该公司独特的喷水引导技术联合使用时,据说会成为一种可靠的分割方法。喷水引导技术采用类似头发丝那样细的喷水引导激光束,消除了热损坏和飞溅污染。

在进行低产量的切割硅晶圆操作时,以及进入芯片黏结工艺之前需要转运并储存一段时间的情况下,基于一定可控黏性的胶膜的系统仍然是最主流的选择。当然,如果需要大量地切割更坚固的封装体时,例如 BGA、QFN 或 SiC,一般推荐采用无胶膜的系统,在相对真空中进行操作,可以在密闭的系统中保护和传递晶圆。与基板相匹配,并使用橡胶将切割对象固定。在每个芯片或封装下都有一个气孔抽气。当产品被切割时,芯片或封装都保持在原位阵列中,直到进入下一个工序取放芯片。

胶膜切割方法的一个替代方案是厚晶圆切割工艺。晶圆在减薄之前先进行切割操作,该操作可以在真空卡盘而不是胶膜上完成,之后晶圆减薄到合适的厚度,在预先切割的位置便可折断。无论采用何种方法,减薄工艺都会造成晶圆的弯曲或翘曲,使得后续的精确划线或分割操作变得相当困难。如果晶圆在划线之后减薄,在减薄过程中出现的弯曲或翘曲都不是严重问题。

另一种无胶膜切割方法是采用其他意义上的黏结剂,例如,敏感的基板需要涂覆黏结剂并放置到玻璃上。切割锯切过基板并进入玻璃,而玻璃抓牢切割的芯片并减小其移动。这种系统通常用在研发和低产量情况,或者使用的基板非常昂贵,并且芯片很小。

3.2.4 硅的材料特性

在进入晶圆切割前,我们首先认识一下我们所讲述的半导体硅基晶圆的材料特点,硅属元素周期表第三周期ⅣA族,原子序数14,原子量28.085。硅原子的电子排布为$1s^22s^22p^63s^23p^2$,原子价主要为4价,其次为2价,因而硅的化合物有二价化合物和四价化合物,四价化合物比较稳定。地球上硅的丰度为25.8%。硅在自然界的同位素及其所占的比例分别为:^{28}Si 为92.23%,^{29}Si 为4.67%,^{30}Si 为3.10%。硅晶体中原子以共价键结合,并具有正四面体晶体学特征。在常压下,硅晶体具有金刚石型结构,晶格常数$a=0.5430$nm,加压至15GPa,则变为面心立方型,$a=0.6636$nm。硅是最重要的半导体元素,是电子工业的基础材料,它具有许多重要的物理性质,表3-1是硅的一些基本材料常数。

表3-1 硅的基本材料常数[2]

关于硅的物理量	符号	单位	数值
原子序数	Z	—	14
原子量或分子量	M	—	28.085
原子密度或分子密度	—	个/cm³	5.00×10^{22}
晶体结构	—	—	金刚石型
晶格常数	a	nm	0.5430
熔点	T_m	℃	1420
熔化热	λ	kJ/g	1.8
蒸发热	—	kJ/g	16(熔点)
比热容	C_p	J/(g·K)	0.7
热导率(固/液)	K	W/(m·K)	150(300K)/46.84(熔点)
膨胀系数	—	1/K	2.6×10^{-6}
沸点	—	℃	2355
密度(固/液)	ρ	g/cm³	2.329/2.533
临界温度	T_c	℃	4886
临界压强	P_c	MPa	53.6
硬度(摩氏/努氏)	—	—	6.5/950
弹性常数	—	N/cm	C11:16.704×10^6

硅的电学性质在半导体物理中有详细介绍，这里我们着重介绍硅的力学性质。室温下硅无延展性，属脆性材料。但当温度高于700℃时硅具有热塑性，在应力作用下会出现塑性形变。硅的抗拉应力远大于抗剪应力，所以硅片容易碎裂。硅片在加工过程中有时会产生弯曲，影响光刻精度。所以，硅片的机械强度问题变得很重要。

抗弯强度是指试样破碎时的最大弯曲应力，用于表征材料的抗破碎能力。抗弯强度可以采用"三点弯"方法测定，也有人采用"圆筒支中心集中载荷法"和"圆片冲击法"测定。可以使用显微硬度计测定硅单晶硬度特性，一般认为目前大体上有下列研究结果：

1）硅单晶体内残留应力和表面加工损伤对其机械性能有很大影响，表面损伤越严重，机械性能越差。但热处理后形成的二氧化硅层对损伤能起到愈合"伤口"的作用，可提高材料强度。

2）硅单晶中的塑性形变是位错滑移的结果，位错滑移面为{111}面。晶体中原生位错和工艺诱生位错，以及它们的移动对机械性能起着至关重要的作用。在室温下，硅的塑性形变不是热激发机制，而是由于劈开产生晶格失配位错造成的。

3）杂质对硅单晶的机械性能有着重要影响，特别是氧、氮等轻元素的原子或通过形成氧团及硅氧氮络合物等结构对位错起到"钉扎"作用，从而改变材料的机械性能使硅片强度增大。

硅在熔化时体积缩小，反过来，从液态凝固时体积膨胀，熔硅有较大的表面张力（736mN/m）和较小的密度（2.533g/cm^3）。

3.2.5 晶圆切割

晶圆划片工艺已经不再只是把一个硅晶圆划片成单独的芯片这样简单的操作。随着更多的封装工艺在晶圆级完成，并且要进行必要的微型化，针对不同任务的要求，切割工艺有不同的选择。通常来讲，切割分离物体的方法有许多种，如机械分割，典型的像砂轮切割、锯齿分割等；利用的热源如氧乙炔气割、电火花切割、等离子切割、激光切割等；还有利用其他方式如超声波切割、水刀切割、高压气切割。切割本质上就是打破晶体间稳定的原子结构，实现分离的过程。最常见的针对半导体硅基晶圆的传统切割方式是机械式分离方式。除了切割分离晶圆，也可用于分离基板以及封装体的切割。

对于切割对象有基板的情况，如先进封装等，需要具有可以切割由柔性和脆性材料组成的复合基板的能力。MEMS封装则常常具有微小和精细的结构，包含梁、桥、铰链、转轴、膜和其他敏感形态，这些都需要特别的操作技术和注意事项。在切割硅晶圆厚度低于100μm，或者像第二代化合物半导体GaAs这样的脆性材料时，又增添了额外的挑战，例如碎片、断裂和残渣的产生。对晶圆开槽划线和切割，这是两种将晶圆分割成单独芯片的工艺中最常见的技术，通常是分别采用金刚石锯和金刚石划线工具完成的。激光技术的更新使激光划线和激光划片成为一种可行的选择,特别是在蓝光 LED 封装和第三代宽禁带半导体如 SiC 的切割应用上。

无论选择哪种晶圆分割工艺,所有的方法都需要首先将晶圆固定起来,之后进行切割,以保证在进入芯片黏结工序之前的转运和存储过程中芯片的完整性。其他可能的方法包括基于胶膜的系统、基于筛网的系统,以及采用其他黏结剂的无胶膜系统。

标准的切割工艺中首先是将减薄的晶圆放置好,使其元器件面朝下,并放在固定于钢圈的胶膜上。这样的结构在切割过程中可以保护晶圆,并且将芯片和封装继续保持在对齐的位置,方便向后续工艺的转运。工艺的局限来自于随着时间的增加,胶膜在存储之后很难从胶膜上取下晶圆,采用激光的方法又容易切到胶膜,同时在切割过程中冷却水的冲击也会对芯片造成损伤。能够处理 200mm 或 300mm 晶圆的 UV 固化单元可以被放置在桌子上,采用 365nm 波长的激光每小时可以处理 50 片晶圆。采用基于胶膜的系统时,需要重点考虑置放系统,以及所采用的胶膜类型是不是适合需要切割的材料。对于框架置放系统来说有多种选择。

SEC(Semiconductor Equipment Corporation)公司拥有晶圆/薄膜框架胶膜的两个模型,可在受控的温度和气压参数下使用胶膜。ADT(Advanced Dicing Technologies)公司的 966 型晶圆贴膜机是一款高产率的自动贴膜系统,可采用蓝膜和 UV 胶膜,放置操作均匀,并具有胶膜张力,可以消除空气气泡。该置放系统具有用于切割残留薄膜的环形切割刀,以及可编程的温度调整装置。Disco 公司为封装和晶圆分割设计了不同的工具,包括切割锯、切割刀和切割引擎。

3.2.6 划片的工艺

传统的机械分离式划片一般采用金刚石刀片,因此划片刀又被称为金刚石划片刀,包含三个主要元素:金刚石颗粒的大小、密度和粘贴在晶圆背面的黏结材料,用于完成划片工艺后。划片刀的选择一般来说要兼顾切割质量、划片刀寿命和生产成本。金刚石颗粒尺寸影响划片刀的寿命和切割质量。较大的金刚石颗粒可以在相同的刀具转速下,磨去更多的硅材料,因而刀具的寿命可以得到延长。然而,它会降低切割质量(尤其是正面崩角和金属分层)。所以,对金刚石颗粒大小的选择要兼顾切割质量和成本。实验发现,高密度的金刚石颗粒可以延长划片刀的寿命,同时也可以减少晶圆背面崩角。而低密度的金刚石颗粒可以减少正面崩角。硬的黏结材料可以更好地"固定"金刚石颗粒,因而可以提高划片刀的寿命,而软的黏结材料能够加速金刚石颗粒的"自锋利"效应,使得金刚石颗粒保持尖锐的棱形,因而可以减小晶圆的正面崩角或分层,但代价是划片刀寿命的缩短。对于一些晶圆而言,金属层分层、剥离和崩角比生产成本更重要(在生产成本允许范围内)。出于质量成本综合考虑,一般选用较低的金刚石密度和较软的黏结材料的刀片作为工艺优化的基础。

划片机一般提供两种切割模式，单刀切割（Single Cut）和台阶式切割（Step Cut），实验证明，划片刀的设计不可能同时满足正面崩角、分层及背面崩角的质量控制的要求。为了减少正面金属层与ILD层的分层，薄的刀片被优先选择，如果晶圆比较厚，就需要选取锋刃较长的刀片。须注意，具有较高刃宽比的刀片在切割时会产生摆动，反而会造成较大的正面分层和背面崩片。台阶式切割采用两个刀片，第一个刀片较厚，切入晶圆内某一深度；第二个刀片较薄，沿第一个刀片切割的中心位置切透整个晶圆并深入到胶膜的一定厚度（一般小于25%的胶膜厚度）。台阶式切割的优点在于：①减小了划片刀在切割中对晶圆施加的压力，②降低了必须使用较高高宽比的刀所引起的机械振动会带来崩片问题的概率，提供了选择不同类型的划片刀来优化切割质量的可能性。图3-3为含金刚石刀片结构示意图。

在切割的过程中，由于金刚石刀片和硅晶圆发生剧烈摩擦，会产生大量热和硅屑粉尘，因此需要冷却并清理硅屑来保证切割质量。对于功率器件来说，没有线宽的要求，即使有少许硅屑残留在芯片表面，也不会影

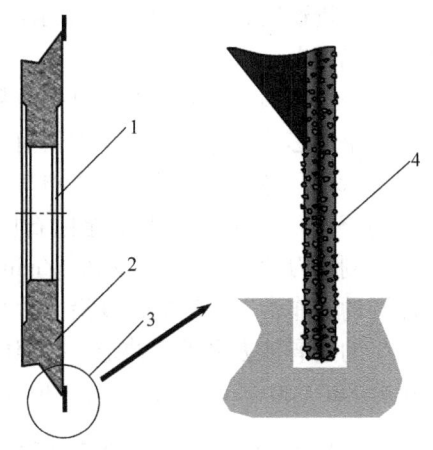

图3-3　金刚石刀片结构示意图
1—金刚刀安装孔　2—金刚刀轮毂
3—金刚刀刀刃　4—刀刃放大结构

响电性能，只要保证在焊接区没有太多的杂质异物残留，不影响焊接即可，而对集成度较高的芯片来说，不仅是焊接可靠性的问题，还有短路造成芯片功能失效的风险，因此，无论是功率器件还是芯片晶圆都对切割过程的表面清洗和静电管控提出了要求。早期在对于功率器件晶圆进行切割时，通常采用的是在去离子水里通入一定浓度的二氧化碳，二氧化碳溶于水会形成碳酸根离子，使去离子水呈现一定的弱酸性，因此去离子水的电阻从原来的十几兆欧降低到几百千欧的级别，这些弱酸性溶液可以有效降低作为绝缘体的去离子水、金刚石刀、硅晶圆等剧烈摩擦产生的静电，而静电除了对MOS等基本结构产生静电放电损伤外，还有吸附作用，使得硅屑牢牢被吸附在芯片金属层表面，给后续作业带来质量可靠性问题。对于芯片来说，只是通过二氧化碳控制静电吸附效应还是不能完全满足质量要求，因此在划片机冷却水中添加某些化学添加剂（主要是增加表面活性，作用类似肥皂水的清洁功能）能够有效地降低去离子水在晶圆及划片刀表面的张力并去除其表面的沾污，从而消除了晶圆切割产生的硅屑及金属颗粒在晶圆表面和划片刀表面的堆积，清洁了芯片表面，并减少了芯片的背部崩角。这些硅屑和金属碎屑的堆积是造成芯片上的焊线区域焊盘（Bonding Pad）的污染和晶圆背部崩角的一个主要原因。因此，当优化划片刀和划片参数无法消除芯片背部崩角时，可以考虑选择添加适当的划片

冷却水添加剂来减少崩角。近年来由于这个原因，许多功率器件也采用了化学添加剂来提高切割质量。

在确定了划片刀、承载薄膜及切割模式的设计与选择之后，下一步就是通过对划片工艺参数的优化来进一步减小晶圆的划片缺陷。根据先前实验结果和对划片工艺参数的筛选，三个重要的工艺参数被选中用来进行工艺优化，包括划片刀转速、工作台步进速度和第一划片刀切割深度。切割工艺优化的难点之一在于对实验设计响应的确定上。

在一个晶圆上，通常有几百个至数千个芯片，需要把它们分割开来成为一个个独立的单元芯片，芯片之间一般留有 80~150μm 的间隙，此间隙被称之为划片街区（Street），将每一个具有独立电气性能的芯片分离出来的过程叫作划片或切割（Dicing Saw）。目前，机械式金刚石切割是划片工艺的主流技术。在这种切割方式下，金刚石刀片以 $(3~4)\times10^4$ r/min 的高转速切割晶圆的街区部分，同时，承载着晶圆的工作台以一定的速度沿刀片与晶圆接触点的切线方向呈直线运动，切割晶圆产生的硅屑被去离子水冲走。按照能够切割晶圆的尺寸，目前半导体界主流的划片机分 8in（20.32cm）和 12in（30.48cm）两种。

3.2.7 晶圆划片工艺的重要质量缺陷

1. 崩角（Chipping）

因为硅材料的脆性，机械切割方式会对晶圆的正面和背面产生机械应力，结果在芯片的边缘产生正面崩角（Front Side Chipping，FSC）及背面崩角（Back Side Chipping，BSC）。正面崩角和背面崩角会降低芯片的机械强度，初始的芯片边缘裂隙在后续的封装工艺中或在产品的使用中会进一步扩散，从而可能引起芯片断裂，导致电气性能失效。另外，如果崩角进入了用于保护芯片内部电路、防止划片损伤的密封环（Seal Ring）内部时，芯片的电气性能和可靠性都会直接受到影响。封装工艺设计规则限定崩角不能进入芯片边缘的密封圈。如果将崩角大小作为评定晶圆切割过程能力的一个指标，可计算晶圆切割过程能力指数（C_{pk}）。

2. 分层与剥离（Delamination & Peeling）

对于一些低 k 材料独特的特性（为了定量分析电介质的电气特性，用介电常数 k 来描述电介质的储电能力），低 k 晶圆切割的失效模式除了崩角缺陷外，芯片边缘的金属层与钝化层的分层和剥离是另一主要缺陷。一般的功率器件没有低 k 的芯片类切割的考虑，但剥离和金属层分层除了晶圆本身的制造质量外也和切割工艺有一定的关系。需要指出的是绝大部分功率器件，其芯片背面是经过金属化处理的，以 MOSFET 为例，其背金主要是钛（Ti）/镍（Ni）/银（Ag）三层金属，其厚度是各 0.3μm 左右，总厚度在 1μm 左右，对于划片来说，如果背金结合质量不好，或者划片参数失当的话，可以在高倍光学显微镜（200×）下清晰地看到金属层与硅层的分离，后续塑封时水汽或塑封料进入，引起分层和裂纹扩展带来的可靠性问题，或者导致器件的电气性能不良,例如 R_{DSON} 和 V_{DS} 也是后续质量控制的重点。

影响晶圆划片质量的重要因素是划片工具(Dicing Blade)、胶膜(Mounting Tape)及工艺参数,划片工艺参数主要包括:切割模式、切割参数(步进速度、刀片转速、切割深度等)。对于由不同的半导体工艺制作的晶圆需要进行划片工具的选择和参数的优化,以达到最佳的切割质量和最低的切割成本。除了传统的金刚刀机械切割方式外,还有几种切割方式值得关注。

3.2.8 激光划片

激光划片作为一种新兴的划片方式,于近几年得到了快速发展。激光划片是将高峰值功率的激光束经过扩束、整形后,聚焦在蓝宝石基片(或硅片、SiC 基片、金刚石等材料)表面,使材料表面或内部发生高温汽化或者升华现象,从而使材料分离的一种划片方法。激光划片具有以下优点:①非接触划切,无机械应力,基本无崩角现象,切口光滑无裂纹,切割质量好,成品率较高;②切割精度高,划槽窄,甚至可以进行无缝切割,允许晶圆排列更为紧密,节约成本;③可进行线段、圆等异型线型的划切,在同样大的晶圆上排列更多的晶粒,有效晶粒数量增加,节省基底空间;④消耗资源少,不需要更换刀具,不使用冷却液,即节省成本,又不污染环境。激光划片的上述优点使其特别适用于高精度、高可靠性的声波器件等产品的加工。

激光划片光源—激光器。激光器作为激光划片设备的核心部件之一,通常会占据整个设备成本的 40% 左右。激光器的分类有多种方法,按工作物质分类,常用的加工用激光器主要有固体激光器、CO_2 激光器、准分子激光器、半导体激光器、光纤激光器等。由于固体激光器具有易于维护与运输、使用周期长等特点,激光划片设备通常使用脉冲固体激光器作为激光源。目前,大部分固体激光器厂家可以保修 1 万小时,有的厂家还可以对某些型号的激光器保修 10 万小时。这无疑使激光器的维护成本大大降低。激光束的质量对最终的划切效果有着重要的影响。使用的激光束模式为基模,其光斑直径小于 $1.3\mu m$ 为佳。一般来说,精细划片常用的脉冲固体激光器波长有 1064nm、532nm、355nm、266nm 这四种。受激光器生产发展及相应光学配套系统限制,激光的脉冲宽度一般在 1~100ns,重复频率从几千赫到几百千赫不等。对于光束传递与聚焦系统,激光是高斯光束,具有方向性好,光强度大和功率密度大的特点。激光的重复频率影响着划切槽质量,重复频率越高,效果越好,划切槽边缘越光滑。激光束的功率密度决定了激光对材料去除的能力,功率密度越大,去除能力越强。但由于激光束有一定的发散角(通常在毫弧度量级),同时受出口光斑大小(通常直径为 1mm 左右)的限制,不能满足划片对光斑直径及功率密度的应用需求,需要采用聚焦透镜对光束进行进一步聚焦以满足划片对激光功率密度及光斑大小的需要。光斑直径越小,功率越大。增大功率密度可以增强激光加工的能力。实际应用中可根据不同的材料和要求设计不同的光斑直径、焦深以及功率密度等系统参数，在精密加工时可以得到符合要求的划痕。

激光划切时，激光相对静止，工作台承载被加工材料以指定的速度和方式进行运动，划出需要的图形。需要注意的是，由于工作台运动的起动与停止需要时间，在切割时工作台的运动与激光器的协调控制尤为重要，如果控制不得当，可能会导致良率损失，严重情况会导致无法进行下一道工序，甚至造成废片。

对于不同种类、不同型号的材料及不同的划切要求，激光的波长、功率、脉冲宽度、重复频率、工作台运动速度及方式等参数需要根据实际情况进行大量实验得到最优化组合。以蓝光 LED 的蓝宝石晶圆为例，要求划切槽宽度在微米量级，深度为 $20 \sim 30 \mu m$，通常采用 355nm 或 266nm 的紫外脉冲固体激光器作为激光源，切割产量最高可达 20 片/h。

尽管激光划片具有诸多优点，但在实际应用中也容易产生一些问题，主要包括热效应、回焊现象、粉尘等异物对芯片产生的不良影响。热效应使划切槽边缘发生化学和物理性质的变化，粉尘容易掉落并粘连在晶粒表面而影响下一道工序，这些都会对器件性能产生不良影响。对于热效应问题，即使单个光子能量极高的紫外激光束，也不能完全避免热效应的产生，有报道称，只有在激光脉冲宽度达到皮秒级或者更短的情况下才能够完全避免热效应的产生，但目前皮秒激光器价格昂贵，设备成本成倍增加，使得一般的封装厂商难以接受。针对这些问题，同时为了进一步优化激光划片的效率及生产工艺问题，一些设备生产厂商开发了各种加工工艺，以减小粉尘或者热效应等不良影响。主流应用的工艺方法有：

1）表面涂覆保护膜。划片之前在晶圆表面涂覆一层水溶性保护膜，这样一来，切割时产生的粉尘或其他异物会掉落在保护膜上，而不会黏附在晶粒上，划切后再利用纯水冲洗干净。这种方法可以大幅度减少异物黏附，增加器件可靠性。

2）多光束激光划片工艺。这是一种利用分光技术将一束激光分成几束甚至几十束排成一列对材料进行加工的方法，单光束激光切割通常为了保证切割质量而采用较低功率，进而影响切割速度。而该方法能够在保证切割质量的同时，提高激光切割速度并能够得到尺寸更小的切割槽。

3）微水导激光切割工艺。这是一种将激光束耦合在极细的高压水柱内，激光与高压水柱同时作用于材料表面进行加工的方法。该方法利用了激光"自聚焦现象"，激光束作用在材料表面的光斑大小取决于高压水柱的尺寸，对被加工材料厚度变化不敏感。而且该方法能够迅速带走由于激光与材料相互作用时产生的微尘，同时能够带走大部分对晶圆性能有重大影响的热量，降低热影响。1998 年瑞士的 SYNOVA 公司首先利用该方法制造了成熟的晶圆切割设备，切割宽度一般为 $22 \sim 100 \mu m$。

4）"隐形切割"工艺。这是一种将激光束聚焦在被加工材料内部，使其内部产生变质层，再借由扩展胶膜等方法将晶粒分离的工艺方法，该工艺方法与激光直接刻蚀相比，具有无污染的特点，在工艺流程上减少了清洗这一步骤，节约了时间成本，特别适合抗负荷能力差的加工对象。

激光划片作为一门新兴技术，其具有非接触、高质量、高速度的加工特性，使其在特殊硬脆材料如碳化硅的加工、太阳电池制程、3D 封装等领域有着广泛的应用。

3.2.9 超声波切割

超声波切割的一般过程是通过超声波发生器将 50/60Hz 的电流频率转换成 20kHz、30kHz 或 40kHz。然后转换成为同等频率的机械振动，随后机械振动通过一套可以改变振幅的调幅器装置传递到切割刀。切割刀将接收到的振动能量传递到待切割工件的切割面，所以本质上超声波切割也是机械切割方式的一种。尤其对黏性和弹性材料、冰冻材料，如食品、橡胶等，或对不便施加压力的物体进行切割，特别有效。超声波切割还有一个很大的优点，就是它在切割的同时，在切割部位有熔合作用，可防止被切割材料产生组织飞边。业界暂时还没有成熟的能够直接切割半导体晶圆的超声刀具，但随着科技的发展，超声在半导体硅片切割方面必有用武之地。Disco 公司已有类似应用，目前还在研发推广，据了解，已经开发出来的样机具有以下特点：

超声振动作用在刀轴和刀片上，刀轴的振动方向是轴向水平方向，刀片的振动是以圆心为原点，沿着半径的方向。金刚石颗粒在几种运动的综合作用下，不断地锤击、冲击、抛磨和刮擦硅材料的工件表面。超声振动之所以能提高切削效率，分析其原因主要有以下三点：①在对工件施加超声振动平面切削过程中磨粒摩擦、挤压的路径增加使材料去除率增加；②由于超声加工时速度是变化的，磨粒与工件有接触，也有分离，这时磨粒对工件有锤击、冲击、空化等作用。磨料颗粒的直接锤击作用，导致横向裂纹进一步扩展，加速了材料的去除；③超声振动造成固结在刀片表面的金刚石形成微破碎，破碎的金刚石磨粒起到微切削的作用，形成对材料的去除。当然由于需要施加超声能量，所以其金刚刀和转轴设计都与传统的切割系统有所区别，从了解到的资料来看，其切割质量和轴向电流都比无超声的状况稳定，并且可以精确控制切割道的宽度到 850nm 左右，其切割效率也和传统金刚刀切割系统接近，尤其适合切割 SiC、玻璃、硬质合金等高硬度的脆性材料。

超声波切割技术是利用超声波焊接工艺对工件进行切割，超声波焊接设备及其组件也适用于自动化生产环境。超声波切割技术的基本原理是利用一个电子超声波发生器产生一定范围频率的超声波，然后通过置于超声切割头内的超声—机械转换器，将原本振幅和能量都很小的超声振动转换成同频率的机械振动，再通过共振放大，得到足够大的、可以满足切割工件要求的振幅和能量（功率），最后将这部分能量传导至焊头，再对产品进行切割。其优点是切口光洁不开裂、不拉丝。超声切割振动系统主要由超声换能器、超声变幅杆、焊头。其中，超声换能器的作用是将电信号转换为声信号；超声变幅杆是超声加工设备中的一个重要组成部分，它主要有两个作用：①聚能作用——将机械振动位移或速度振幅放大，或者把能量集中在较小的辐射面上进行聚能；②有效地将声能传递给负载，作为机械阻抗的变换器，在换能器和声负载之间进行阻抗匹配，使超声能量由换能器更有效地向负载传输。超声晶圆切割系统结构示意图如图3-4所示。

总之，对超声波技术结合成熟的金刚刀切割技术的研究值得关注。

此外，等离子切割技术，因为等离子是高温电离气体，产生电离子和电弧，电弧温度可达几千摄氏度，因此切割金属等材料特别有

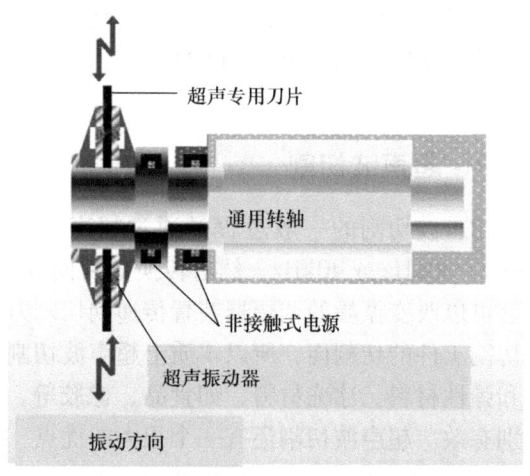

图3-4 超声晶圆切割系统结构示意图

效，也可以用于水下切割等特殊场景，但是，聚焦到几十微米级别的划片街区特别困难，温度过高对芯片的影响较大，对冷却的要求也较高，此外需要特殊的电离特性好的气体作为电离介质（一般是惰性气体），这样也带来成本和安全的问题。所以，目前等离子切割技术还未应用于晶圆切割，有些尝试但还不成熟。

3.3 装 片

所谓装片就是把裸芯片通过导电或者不导电的方式装到合适的载体上，载体分为基板和框架这常见的两大类，用来实现部分内互联，同时在固定芯片为后续的内互联实现工艺可能。装片的产品质量要求：芯片与引线框架的连接机械强度高，导热性能好（ΔV_{BE}小）和导电性能好（V_{CEsat}小），装配平整，焊料厚度适中，定位准确，能满足键合的需要，能承受键合或塑封时可能出现的高温，保证器件在各种条件下使用都具有良好的可靠性。装片的工艺质量要求：芯片位置正确，芯片无沾污、无碎裂、无划伤、无倒装、无误装、无扭转，引线框架无污染、无气泡、无氧化、无变形，焊料熔融良好，无氧化、无漏装、无结球、无翘片、无空洞。良好的成品率不但要有合适的工艺条件，而且要有理想的合金焊料，理想的焊料应有以下特点：

1）在半导体晶圆中的溶解度高，这样制成的欧姆接触电阻就小。

2）具有较低的蒸气压，即在合金温度下不应大量蒸发。

3）熔点应低于芯片表面的铝与半导体的合金温度，否则会影响器件的电参数。

4）机械性能良好，要有延展性而且热膨胀性能与半导体材料、衬底材料的热

膨胀性能相接近或相匹配。

但装片的方式又多种多样，目前比较主流的方式主要有以下4种，分别是胶联装片（分为导电或非导电树脂）、焊料装片（以铅锡合金为主）、共晶装片、银烧结装片。

3.3.1 胶联装片

导电胶是一种固化或干燥后具有一定导电性能的胶黏剂，它通常以基体树脂和导电填料，即导电粒子为主要组成成分，通过基体树脂的黏接作用把导电粒子结合在一起，形成导电通路，实现被黏材料的导电连接。常用的树脂由环氧、聚酰亚胺、酚醛、聚胺树脂及有机硅树脂组成作为黏合剂，加入银粉的称为导电树脂（或导电胶）；有的加入氧化铝粉作为填充料，导热性好，绝缘性也好，称为非导电树脂（或非导电胶），适用于集成电路与小功率的晶体管。由于银粉导电性优良且化学稳定性高，它在空气中氧化速度极慢，在胶层中几乎不会被氧化，即使氧化了，生成的银氧化物仍具有一定的导电性，因而在市场中以银粉为导电填料的导电胶应用范围最广，尤其是在对可靠性要求高的电气装置上应用最多。导电银胶主要由环氧树脂、银粉、固化剂、促进剂及其他添加剂等构成。装片胶黏合剂的成分（Epoxy adhesive composition）有含银填料（Filler）的导电性型与含氧化硅（SiO_2）或铁氟龙（PTFE）填料的绝缘型两种。导电性型与绝缘型的填料完全不同。导电性型一般使用银粉。银粉有球状、树枝状、鳞片型等形态，这些银粉的混合技术是决定银胶黏合剂的各种特性的重点。绝缘型的填料虽只要是绝缘粉末即可，但大部分使用热传导性较佳的氧化硅或铁氟龙。一般银胶黏合剂是装在容量为 10~25g 的注射筒（Syringe）中，保存于 -40℃ 的冰箱中。

导电银胶中的高分子树脂的选用原则一般为液态、无毒、低黏度、含杂质量少、脱泡性较好及不吸水。较为理想的环氧树脂为液态双酚A型环氧树脂和双酚F型环氧树脂这两类。根据导电银胶对基体树脂的要求，选择使用最为广泛、性能最稳定的环氧树脂。固化剂的一般选用原则为液态、无毒、中温固化，配制成的导电胶在室温下适用期长，低温下保存效果好。目前，固化剂主要有三类：胺类固化剂、酸酐类固化剂及咪唑类固化剂。

银粉的选择主要考虑两方面：粒子形态和粒径大小。两者对导电胶的导电性能及导热性能都有较大的影响。根据导电胶的导电机理，粒子形态的一般选用原则如下：粒子相互之间能形成更大的接触面积。银粒子的形态主要有球状、磷片状、枝叶状、杆状共四种类型。为使粒子间得到更大的接触面积，银粒子形态选用的优先次序为枝叶状，磷片状，杆状，球状。其中磷片状和杆状较为接近。此外，磷片状和枝叶状有时统称为片状。根据粒径大小的不同，银粒子主要有微晶、微球、片状（包含枝叶状和磷片状）三种。粒子的尺寸区间如下：微晶小于 $0.1\mu m$；微球为 $0.1~2\mu m$；片状大于 $2\mu m$。而片状银粉根据尺寸不同又可以细分为 $2~4\mu m$，5~

8μm、8~10μm、10μm 以上等多个系列。粒径大小也会影响到导电银胶的电阻率，使用粒径大的银粉制备的导电胶，单位体积内形成的导电通路较少，这样会降低导电性，而粒径小的银粉制备的导电胶，单位体积内形成的导电通路比较多，导电胶的导电性也会比较好。因此，从导电性方面考虑选择小片状银粉应该最适合。银粉形状电镜图如图 3-5 所示。

图 3-5 银粉形状电镜图

其中，图 3-5a 和 b 为球状银粉；图 c 和 d 为片状银粉。从图 3-5 中也可以看出球状银粉为小球状的絮状堆积，由于静电吸附作用团聚在一起，比表面积大，颗粒之间接触面积小；片状银粉为不规则片状，尺寸为 4~6μm，接触面积大。根据导电机理，片状银粉更利于导电。银粉填充量对导电胶的导电性能和拉伸剪切性能有重要的影响。随着银粉填充量的增加，银粉的排列更加紧密，导电胶的导电性能提高。当银粉填充量为 60% 时，体积电阻率大于 $2.5 \times 10^{-2} \Omega \cdot cm$，几乎不导电；当银粉填充量为 75% 时，体积电阻率为 $1 \times 10^{-3} \Omega \cdot cm$；当银粉填充量为 80% 时，体积电阻率为 $2 \times 10^{-4} \Omega \cdot cm$。当银粉的填充量大于 75% 时，导电胶的体积电阻率已达 10^{-4} 的数量级。

导电胶在应用时需要面对的问题包括：

1）电导率低，对于一般的元器件，大多数导电胶均可良好应用，但对于有较高散热和较低导通电阻要求的功率器件，则不太适合。

2）黏接效果受元器件类型、PCB 类型影响较大。

3）固化时间长。由基体树脂和金属导电粒子组成的导电胶，其电导率往往低于 Pb/Sn 焊料。为了解决这一问题，国内外的科研工作者做了以下的努力：增加树脂网络的固化收缩率；用短的二羧酸链去除金属填充物表面的润滑剂；用醛类去除金属填充物表面的金属氧化物；采用纳米级的填充粒子等。

4）导电胶的另一个技术问题是相对较低的黏接强度，在节距小的连接中，黏接强度直接影响元器件的抗冲击性能。

由于黏结成型的主要原理是环氧树脂的交联反应，因此，有必要简单了解一些环氧树脂的知识。由两个碳原子和一个氧原子形成的环称为环氧环，含这种三元环的化合物统称为环氧化合物（Epoxide）。图 3-6 为环氧环和三维网状结构树脂示意图。

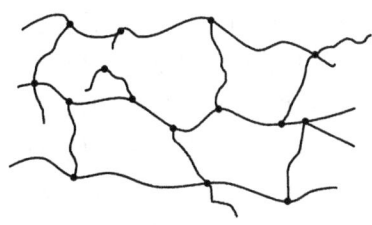

图 3-6　环氧环和三维网状结构树脂示意图

环氧树脂（Epoxy Resin）是指分子结构中含有 2 个或 2 个以上环氧基并在适当的化学试剂存在下能形成三维网状固化物的化合物的总称，是一类重要的热固性树脂。环氧树脂既包括环氧基的低聚物，也包括环氧基的低分子化合物，环氧树脂作为胶黏剂、涂料和复合材料等的树脂基体，广泛应用于水利、交通、机械、电子、家电、汽车及航空航天领域。环氧树脂分类图如图 3-7 所示。

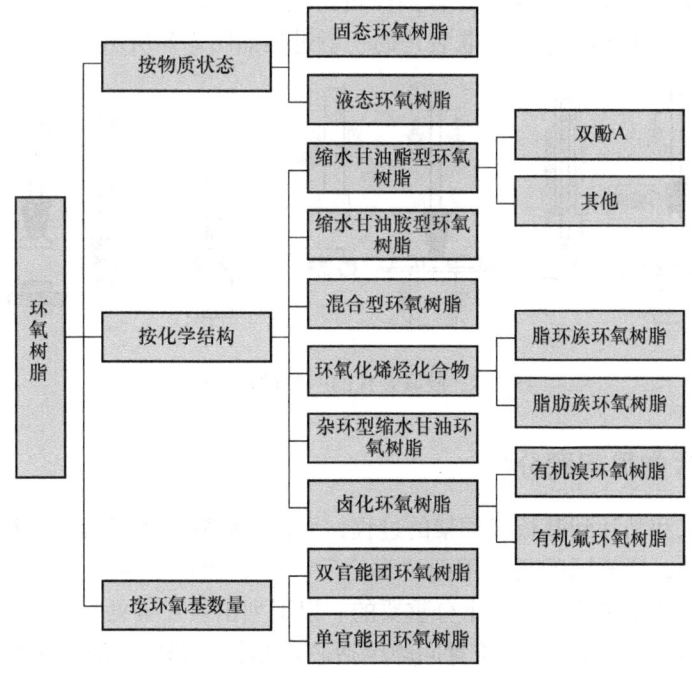

图 3-7　环氧树脂分类图

双酚 A 环氧树脂是最具代表性、应用最广的环氧树脂，其结构式如下：

其中，氢化双酚 A 环氧树脂固化物的耐受性优异，耐电弧性、耐漏电痕迹性很好，特别适宜配制耐久性户外用环氧胶黏剂。未固化的环氧树脂是黏性液体或固体，没有实用价值，只有加入固化剂固化生成三维交联网络结构后才能实现最终用途。半导体封装所用到的环氧树脂都是加热固化类型的。对环氧树脂胶黏剂的研究可追溯到 20 世纪末 21 世纪初，它具有优良的性能。素有"万能胶"之称的环氧树脂含有的活泼环氧基团和其他极性基团可与金属、木材、塑料等多种材料生成化学键，牢固结合，有很好的黏结力。环氧树脂已广泛应用于航空航天、建筑、电气、交通工具、机械工业等各个方面，在使用时通常会加入适当的稀释剂、固化剂、催化剂、添加剂对其进行改性，从而使其性能更优良，如制成具有良好导电性的环氧树脂导电胶，或者高度绝缘的环氧塑封料。

由于导电胶的导电特性是由填料决定的，所以在填料里添加石墨烯改善导电性和导热性是一个发展的方向，并且可以尝试不同填料之间的配比来减少贵金属的含量并追求导电性能上的提高。导电胶的主要特性是黏结力、导电性、导热性，根据半导体产品的不同应用环境和工艺过程特点而选用。在此过程中，随着新材料、新工艺技术的发展，相信在未来会有多种新型复合焊料诞生，从而统一功率器件和 IC 制品装片的材料和工艺。胶联装片的一般过程如图 3-8 所示。

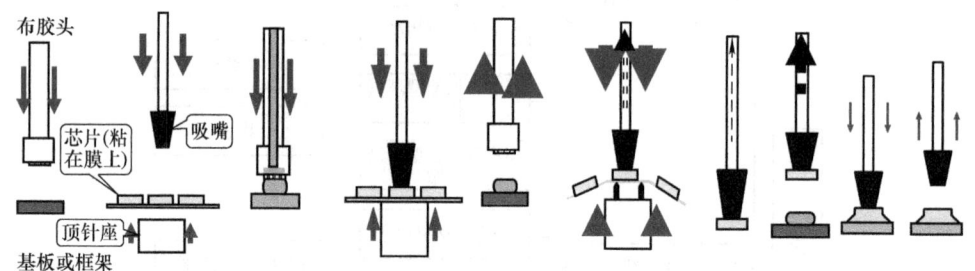

图 3-8　胶联装片的一般过程示意图

3.3.2　装片常见问题分析

芯片拾取和黏片到基板或框架的过程，无论是胶联装片或者是焊料装片，其过程都是类似的，所不同的是使用的"黏合"材料，因此了解这个过程和所用到的工具对于理解整个装片工艺是十分重要的。以下列出装片常见问题：

1）芯片位置问题。芯片位置问题包括芯片倾斜、偏倚。通常芯片的位置是通过设备的精度来保证的，在做程序的过程中，输入芯片尺寸和对应的位置参数，通过照相机将芯片位置参数和实际基岛进行比较，设定参考点，一般是框架或基板上某一固定特征点，形成相对位置算法，通过计算机算出芯片需要放置的位置，这个过程被称为图像识别，输出的位置参数通过执行单元，比如精密的步进电机等给焊头行程和位置动作，从而实现芯片放置。设备的精度一般都是指执行单元所能达到的精度。造成位置偏移的原因主要是与设备有关，在确认设备电机等执行单元的精度动作没有问题的前提下，需要检查拾取系统的安装设置，如芯片的中心和拾取头的中心以及顶针的中心是否在一条直线上，所谓的三点一线校准如图 3-9 所示。

除了设备精度和工具设置的原因外，造成倾斜和位置偏移的原因也和布胶的位置、胶量以及芯片底部的质量有一定的关系。布胶位置的偏移造成芯片地面胶的不均匀，在后续固化的过程中，表面张力的差异会造成芯片移动。这个问题在胶联装片中

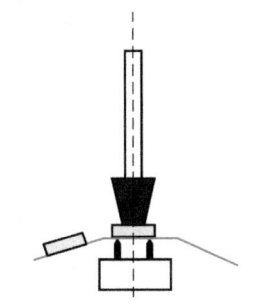

图 3-9　三点一线校准示意图

非常严重，因为胶本身具有一定的黏度，其表面张力的影响不显著，一般来说只要布胶的时候位置准确就能满足芯片位置的要求，但在焊料装片过程中，由于表面张力及金相反应等情况比较容易导致芯片倾斜和焊料层厚度失控的问题，后面再详细介绍。

2）芯片裂纹。由图 3-8 可以知道，在芯片拾取的过程中，顶针起到一个顶出芯片的作用，与此同时，吸嘴需要下压通过抽真空把芯片吸到吸嘴上并保持，这个过程中，吸嘴需要往下压，顶针需要往上推，因此对于芯片来说，这个过程是两面受力的过程，上面是吸嘴的压力呈圆形分布作用在芯片表面，下面是顶针冲击力（有一定的速度）作用在顶针接触点，一旦参数设置不当，这里的参数主要是指顶针的冲击速度，顶针的尖锐度，顶针的数量和排布，顶针的设置高度，以及吸嘴下压的压力。芯片的面积不同，其受力模式会有不同的表现，受力一旦超过材料（硅基和硅背面的金属层）的极限，会对材料产生损害，常见的损害是芯片背面被顶出一个洞或者留下较深的印痕。打个比喻，就好像在一个玻璃平面上同时被一个或多个锤子冲击，严重的情况会导致芯片直接碎裂，稍好一点的情况是芯片本身没有碎裂，但产生了会随时间增加而延伸的裂纹，这种情况尤其可怕，因为此时芯片本身还能够通过测试，但会在应用的时候发生失效，在重要的场合会带来致命的问题。所以合理设置参数，以及选择合适的工具和安装对于装片非常重要，焊料装片尤其重要。图 3-10 所示是格里菲斯裂纹扩展机理和芯片裂纹计算模型。

图 3-10 中：
1) 框架材料铜的厚度表征为 "t_{cu}"。
2) 硅芯片厚度表征为 "t_{si}"。
3) 焊料厚度表征为 "$t_{焊料}$"。
4) 在芯片 X 方向上的长度表征为 "L"。

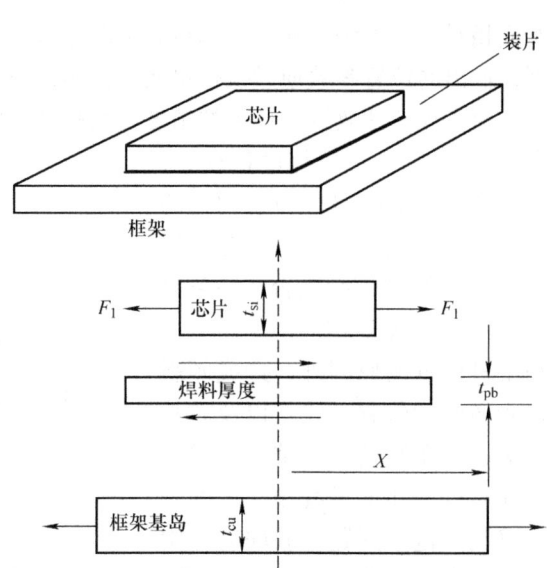

图 3-10　芯片裂纹计算模型示意图

5）假设芯片、焊料和框架都是中心均匀。

$$\sigma = \frac{E_{si}}{1-\gamma_{si}}(\alpha_{si}-\alpha_{da})(T_{da}-T_0) \tag{3-1}$$

式中，E_{si} 是硅的杨氏模量；γ_{si} 是硅的泊松比；α 是材料的热膨胀系数"CTE"；T 是温度，T_0 是室温；σ 是热应力。

建立微分方程如下：

$$\frac{\mathrm{d}F_1}{\mathrm{d}x}-\tau\mathrm{d}x=0 \text{ 和 } \frac{\mathrm{d}F_2}{\mathrm{d}x}+\tau\mathrm{d}x=0 \tag{3-2}$$

硅芯片上下表面应变微分方程：

$$\frac{\mathrm{d}U_1}{\mathrm{d}x}=\frac{F_1}{E_{si}\cdot t_{si}}+\alpha_{si}\Delta T \text{ 和 } \frac{\mathrm{d}U_2}{\mathrm{d}x}=\frac{F_2}{E_{cu}\cdot t_{cu}}+\alpha_{cu}\Delta T \tag{3-3}$$

根据虎克定律：

$$\frac{\tau}{G_{焊料}}=\frac{U_1-U_2}{t_{焊料}} \tag{3-4}$$

上式可变为

$$\frac{U_1-U_2}{t_{焊料}}G_{焊料}=\tau \tag{3-5}$$

式中，U_1 和 U_2 分别是芯片和焊料的应变；$G_{焊料}$ 是焊料的剪切模量；τ 是剪切应力。

经两次微分及代入 U_1、U_2 微分方程后得到：

$$\frac{d^2\tau}{d^2x} = \frac{G_{\text{焊料}}}{t_{\text{焊料}}}\left(\frac{1}{E_{\text{si}}t_{\text{si}}} + \frac{1}{E_{\text{cu}}t_{\text{cu}}}\right)\tau$$

定义材料常数
$$\beta = \sqrt{\frac{G_{\text{焊料}}}{t_{\text{焊料}}}\left(\frac{1}{E_{\text{si}}t_{\text{si}}} + \frac{1}{E_{\text{cu}}t_{\text{cu}}}\right)} \tag{3-6}$$

简化后得到：

$$\frac{d^2\tau}{d^2x} = \beta^2\tau$$

解这个微分方程得到：

$$\tau = A\sin(\beta x) + B\cos(\beta x) \tag{3-7}$$

这里 x 的取值范围是 0（正中心）～ L（芯片边缘），代入边界条件得到：

$$\tau(x) = \frac{G_{\text{焊料}}(\alpha_{\text{cu}} - \alpha_{\text{si}})\Delta T}{\beta t_{\text{焊料}}} \frac{\sin(\beta x)}{\cos(\beta L)}$$

当 $x = L$ 时得到

$$\tau_{\max}(x) = \frac{G_{\text{焊料}}(\alpha_{\text{cu}} - \alpha_{\text{si}})\Delta T}{\beta t_{\text{焊料}}} \tan(\beta L) \tag{3-8}$$

特别说明一下，焊料厚度（Bond Line Thickness，BLT）在这里表征为 $t_{\text{焊料}}$，β 是材料常数也包含了 BLT，如果将芯片厚度 t_{si} 和框架或基板厚度 t_{cu} 视作定值的话，β 就是 BLT 的一个函数，可表征为 $\beta(\text{BLT})$。

$$\beta(\text{BLT}) = \sqrt{\frac{G_{\text{焊料}}}{\text{BLT}}\left(\frac{1}{E_{\text{si}}t_{\text{si}}} + \frac{1}{E_{\text{cu}}t_{\text{cu}}}\right)} \tag{3-9}$$

其中，$G_{\text{焊料}} = \dfrac{E_{\text{焊料}}}{2(1+\gamma_{\text{焊料}})}$。

重写 $\tau_{\max}(x)$ 的公式得到：

$$\tau_{\max}(x) = \frac{G_{\text{焊料}}(\alpha_{\text{cu}} - \alpha_{\text{si}})\Delta T}{\beta(\text{BLT})\text{BLT}} \tan[\beta(\text{BLT})L] \tag{3-10}$$

可见剪切应力是一个与 BLT 有关的函数。当 $x = L$ 时，可求得芯片边缘的最大剪切应力值，对 BLT 求导可得到极值。这里可以得到结论：当 BLT 增加时，τ 值减小，所以增加焊料厚度对裂纹的预防和控制有益。

裂纹的起源，是在前面芯片切割分离的工序中，由于大多数情况下采用金刚刀切割的方式，相当于砂轮打磨切掉芯片间的切割道（硅材质）形成独立的芯片单元，这个过程中不可避免会有微裂纹产生，微裂纹英文表达为 Mirco Crack，在划片工序中称为 Die Chipping，根据断裂力学理论，微裂纹在没有达到临界应力和临界尺寸的条件下是不会扩展的。所以控制微裂纹的尺寸大小是控制裂纹产生的一个方面。此外，装片时，顶针在顶出芯片的过程中所留下的针痕，微观下看犹如弹坑，也形成了应力集中点和内部隐藏的微裂纹，同样也是裂纹的起源，因此控制微裂纹的产生，还需要严格把控顶针痕迹，最好是肉眼看不见针痕，所以合理的装片参数设计和优化对裂纹的预防起到重要作用。抛开装片本身回到贴膜的工序，膜的黏性控制也是个课题，因为黏性太高，装片时顶针的设置可能会造成芯片顶出后吸不起来，造成良率损失，因此，可能会造成顶针高度增加或者吸嘴压力加大的情况，从而使得裂纹产生的可能增加，所以从源头上控制贴膜的黏性很有必要。一般蓝膜的黏性会随时间的增加而增大，因此控制切割和装片之间的等待时间对于装片质量本身有重要意义。在特殊的场合须采用 UV 膜作为解决方案，在切割时具有较强的黏性可以保证芯片不分离，在装片前采用 UV 照射的方式减少膜的黏性从而使得芯片容易完成拾取而不会造成额外的损伤现象。

顶针是用来顶出芯片的工具，一般有几种直径，材质是钢。头部太尖锐的顶针容易造成针痕和坑，推荐采用直径较大的针，针的质地不能过硬、过脆，容易折断并给芯片造成损伤。顶针实物图如图 3-11 所示。

也有新的材质的顶针，如塑料顶针和空气顶针，总之，目的都是满足顶出芯片的同时而不给芯片带来额外的机械应力损伤。

图 3-11 顶针实物图

3.3.3 焊料装片

焊料装片的定义就是用焊料实现芯片和载体（基板或框架）的固定并实现导电导热的结构，为后续内互联创造工艺条件。一般来说主要有两种方式：软钎焊钎料焊接；表面印刷再流焊。

3.3.3.1 焊料装片的过程和原理

软钎焊焊接（Die Bond），本质上是钎焊的一种，钎料是锡铅银钎料，通过高温热轨道加热成液态，在框架上用压模机对液态钎料整形，把芯片（通常背面是 Ti/Ni/Ag 的金属层，一般功率器件都需要做背金）和框架通过一定的温度曲线设置形成牢固的钎接面的芯片连接方式。这种方式具有效率高、成型牢固、导热导电性良好的特点，因而广泛应用于各种功率分立器件，但是缺点是焊料的形状控制、厚度控制比较困难，高温热轨道设计复杂，价格贵，维护困难，还需要额外的氮氢混合保护气体，防止框架和芯片氧化变质。焊料装片示意图如图 3-12 所示。

为了更好地理解焊料装片的过程，有必要了解一下钎焊的原理，钎焊分为硬钎焊和软钎焊。主要是根据钎料（以下称焊料）的熔化温度来区分的，一般把熔点在 450℃ 以下的焊料叫作软焊料，使用软焊料进行的焊接就叫软钎焊；把熔点在 450℃ 以上的焊料叫作硬焊料，使用硬焊料进行的焊接就叫硬钎焊。在美国军用标准中，是以 800°F⊖（426.67℃）的金属焊料的熔点作为区分硬钎焊和软钎焊的标准。

⊖ $1°F = \frac{9}{5}°C + 32$。

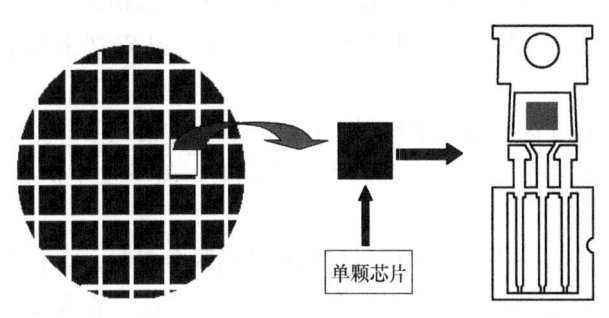

图 3-12 焊料装片示意图

半导体封装用的锡焊是一种软钎焊，其焊料主要使用锡（Sn）、铅（Pb）、银（Ag）、铟（In）、铋（Bi）等金属，目前使用最广的是 Sn-Pb 和 Sn-Pb-Ag 系列共晶焊料，熔点一般在 185℃左右。

钎焊意味着固体金属表面被某种熔化合金浸润。这种现象可用一定的物理定律来表示。如果从热力学角度来考虑浸润过程，也有各种解释的观点。有一种观点是用自由能来解释的。$\Delta F = \Delta U - T\Delta S$，在这里，$F$ 是自由能；U 是内能；S 是熵。ΔF 两种因素有关，即与内能的变化和熵的变化有关。一般 S 常常趋向于最大值，因此促使 $-T\Delta S$ 也变得更小。实际上，当固体与液体接触时，如果自由能 F 减小，即 ΔF 是负值，则整个系统将发生反应或趋向于稳定状态。由此可知，熵是浸润的促进因素，因为熵使 ΔF 的值变得更小。ΔF 的符号最终决定了 ΔU 的大小和符号，它控制着浸润是否能够发生。为了产生浸润，焊料的原子必须与固体的原子产生接触，这就引起位能的变化，如果固体原子吸引焊料，热量被释放出来，ΔU 是负值。如果不考虑 ΔU 的大小和量值，那么，熵值的改变与表面能的改变有同样的意义，浸润同样是有保证的。在基体金属和焊料之间产生反应，这就表明有良好的浸润性和黏附性。如果固体金属不吸引焊料，ΔU 是正值，这种情况下，ΔU 在特殊温度下的大小值才能决定能否发生浸润。这时，增加 $T\Delta S$ 值的外部热能会对浸润起诱发作用。这种现象可以解释为弱浸润。在焊接加温时，表面可能被浸润，在冷却时，焊料趋于凝固。在开始凝固的区域，ΔU 是正值，其值比 $T\Delta S$ 大得多，当 ΔF 最终变为正值时，浸润现象就发生了。

有两种情况，一种是两种浸润材料互相发生浸润，导致结合，二者都呈现低表面能，这时的焊点具有良好的强度。单纯的黏附作用不能产生良好的浸润性。假如把两种原子构成的固体表面打磨得很光滑，在真空中叠合在一起，它们可能黏附在一起，这种现象是两个光滑断面之间的范德华力作用。这种结合以范德华力为基础，超过了任何接点的应用强度。实际中不会出现这种情况，因为范德华力是在距离很短时才起作用。实际工程上，工件表面都有粗糙性，会阻止原子密切接触。可是在一些局部，原子结合力也会起作用，这是很微小的。实际上，从宏观来观察时，也包括范德华力在内。

一般情况下，低表面能的材料在高表面能的材料上扩展，在这种情况下，整个系统的表面自由能减小。一个系统两个元器件表面自由能相同时，就不发生扩展，或者说停止了扩展。

在使用封装及电子组装常用的锡—铅系列焊料焊接铜和黄铜等金属时，焊料在金属表面产生润湿，作为焊料成分之一的锡金属就会在母材金属中扩散，在界面上形成合金金属，即金属间化合物，使两者结合在一起。在结合处形成的合金层因焊料成分、母材材质、加热温度及表面处理等因素的不同会有变化。焊料的机理必须从扩散理论、晶间渗透理论、中间合金理论、润湿合金理论和机械啮合理论几个方面来进行解释。

漫流也叫扩展或铺展，它是一种物理现象，服从一般的力学规律，没有金属化学的变化。通常低表面能的材料在高表面能的材料上漫流。正如前面所述，漫流的过程就是整个系统的表面自由能减小的过程。一个系统两个元器件自由能相同时，不会产生漫流。在封装及电子组装中，我们所讨论的一般都是液体在固体表面上的漫流，漫流与液体的表面能和固体的表面性质等有关。这是一种液体沿固体表面流动即流体力学问题，同时也有毛细作用。漫流是浸润的先决条件。

软钎焊的第一个条件，就是已熔化的焊料在要连接的固体金属的表面上充分漫流以后，使之熔合一体，这样的过程叫作"浸润"（或润湿）。粗看起来，金属表面是很光滑的。但是，如果用显微镜放大看，就能看到无数凹凸不平、晶粒界面和划痕等，熔化的焊料沿着这种凹凸与伤痕，就会产生毛细作用，引起漫流浸润。

为了使已熔焊料浸润固体金属表面，必须具备一定的条件。条件之一就是焊料与固体金属表面必须是"清洁"的，由于清洁，焊料与母材的原子间距离就能够很小，能够相互吸引，也就是使之接近到原子间的力能发生作用的程度。斥力大于引力，这个原子就会被推到远离这个原子的位置，不可能产生浸润。当固体金属或熔化的金属表面附有氧化物或污垢时，这些东西就会变成障碍，这样就不会产生润湿作用，金属表面必须是清洁的，这是一个充分条件。表面张力是液体表面分子的凝聚力，它使表面分子被吸向液体内部，并呈收缩状（表面积最小的形状）。液体内部的每个分子都处在其他分子的包围之中，被平均的引力所吸引，呈平衡状态。但是，液体表面的分子则不然，其上面是一个异质层，该层的分子密度较小，均匀承受着垂直于液面的方向指向液体内部的引力，其结果出现了在液体表面形成一层薄膜的现象，表面面积收缩到最小，呈球状。这是因为在体积相同的情况下，表面积最小的形状是球体。这种自行收缩的力是表面自由能，这种现象叫作表面张力现象，这种能量叫作表面张力或表面能。这个表面能是对焊料的润湿起重要作用的一个因素。

将熔化的、清洁的焊料放在清洁的固体金属表面上时，焊料就会在固体金属表面上扩散，直到把固体金属润湿。这种现象是这样产生的：焊料借助于毛细管现象产生的毛细作用力，沿着固体金属表面上微小的凸凹面和结晶的间隙向四方扩散。液态金属不同于固体金属，其点阵排列不规则，以原子或分子的形态做布朗运动。因此，处在这种状态下的金属具有黏性和流动性，而没有强度。在这种情况下，金属在熔点附近的体积变化为3%~4%。

关于毛细现象，有多种图表对其进行解释，初中物理课本的水银和水在细玻璃管壁的平衡形态，就是一个很好的解说。如图3-13所示。

1）当 $\theta < 90°$、$h > 0$，液体沿间隙上升——润湿（酒精温度计）。

2）当 $\theta > 90°$、$h < 0$，液体沿间隙下降——不润湿（水银温度计）。

钎焊时，只有在液态焊料能充分润湿母材的条件下（液面"上升"），焊料才能填满钎缝。液体沿间隙"上升"的高度 h 与间隙大小 $2r$ 成反比——钎焊。接头设计、装配时应使间隙小。液体沿间隙"上升"的速度与 h 成反比——应保证足够的钎焊温度和保温时间。

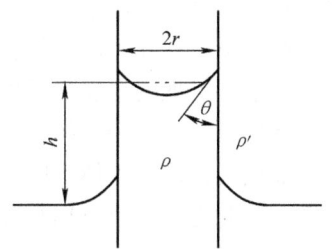

图3-13 毛细作用示意图

毛细现象的原理是液态金属和固体金属间润湿的基础，有一个著名的托马斯·杨方程，大致是表示液态金属原子之间的作用力，液态金属和固体金属原子之间的作用力，液态金属原子和环境（空气、助焊剂等）原子作用力之间，三者的合力与液体球面切线的夹角，指向液态金属扩展的方向。浸润示意图如图3-14所示。

1）当 $\cos\theta$ 为正值时，即 $0° < \theta < 90°$，这时可认为液体能润湿固体。

2）当 $\cos\theta$ 为负值时，即 $90° < \theta < 180°$，这时可认为液体不能润湿固体。

3）当 $\theta = 0°$ 时，表示液体完全润湿固体；当 $\theta = 180°$ 时，表示完全不润湿。

钎焊时，焊料的润湿角应小于20°。上述液体与固体相互润湿的前提是它们之间无化学反应发生。液体焊料对固态金属的润湿程度可由润湿角 θ、铺展面积 S 及润湿系数 W 来表示：$W = S \cdot \cos\theta$。

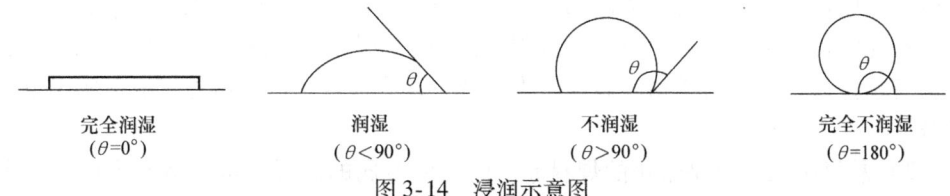

图3-14 浸润示意图

前面对软钎焊中的重要条件——浸润问题做了叙述，与这种浸润现象同时产生的，还有焊料对固体金属的扩散现象。由于这种扩散，在固体金属和焊料的边界层，往往容易形成金属化合物层（合金层）。扩散示意图如图 3-15 所示。

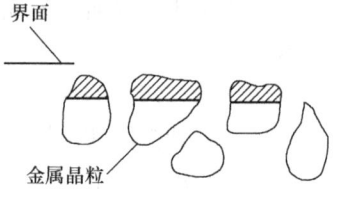

图 3-15　扩散示意图

通常，由于金属原子在晶格点阵中呈热振动状态，所以在温度升高时，它会从单个晶格点阵自由地移动到其他晶格点阵，这种现象称为扩散现象。此时的移动速度和扩散量取决于温度和时间。例如，把金放在清洁的铅面上，在常温加压状态下放置几天就会结合成一体，这类的结合也是依靠扩散而形成的。一般的晶内扩散，扩散的金属原子即使很少，也会成为固溶体而进入基体金属中。不能形成固溶体时，可认为只扩散到晶界处。因为在常温加工时，靠近晶界处的晶格紊乱，从而极易扩散。固体之间的扩散，一般可认为是在相邻的晶格点阵上交换位置的扩散。除此之外，也可用复杂的空穴学说来解释。当把固体金属投入到熔化金属中搅拌混合时，有时可形成两个液相。一般说来，固体金属和熔化金属之间就要产生扩散。下面，就来介绍这些金属间发生的扩散。

扩散的程度因焊料的成分和母材金属种类的不同，以及不同的加热温度而异，它可以从简单扩散到复杂扩散分成几类。大体上说，扩散可分为两类，即自扩散（Self-diffusion）和异种原子间的扩散—化学扩散（Chemical diffusion）。所谓自扩散，是指同种金属原子间的原子移动；而化学扩散是指异种原子间的扩散。如从扩散的现象上看，扩散可分为三类：晶内扩散（Bulk diffusion）、晶界扩散（Grain-boundary diffusion）和表面扩散（Surface diffusion）。通过扩散而形成的中间层会使结合部分的物理特性和化学特性发生变化，尤其是机械特性和耐腐蚀性等变化更大。因此，有必要对结合金属同焊料成分的组合进行充分的研究。

1）表面扩散。结晶组织与空间交界处的原子总是易于在结晶表面流动。可认为这与金属表面的正引力作用有关。因此，熔化焊料的原子沿着被焊金属结晶表面的扩散叫作表面扩散。表面扩散可以看成是金属晶粒形核长大时发生的一种表面现象，也可以认为是金属原子沿着结晶表面移动的现象，是宏观上晶核长大的主要动力。当气态金属原子在固体表面上凝结时，撞到固体表面上的原子就会沿着表面自由扩散，最后附着在结晶晶格的稳定位置上。这种情况下的原子移动，也称为表面扩散。一般认为，这时的扩散活动能量是比较小的。如前所述，表面扩散也分为自扩散和化学扩散两种。用锡-铅系列焊料焊接铁、铜、银、镍等金属时，锡在其表面会有选择地扩散，由于铅使表面张力下降，还会促进扩散。这种扩散也属于表面扩散。

2）晶界扩散。这是熔化的焊料原子向固体金属的晶界扩散，液态金属原子由于具有较高的动能，沿着固体金属内部的晶粒边界，快速向纵深扩展。与异种金属原子间晶内扩散相比，晶界扩散是比较容易发生的。另外，在温度比较低的情况下，同后面说到的体扩散相比，晶界扩散更容易产生，而且其扩散速度也比较快。一般来说，晶界扩散的活化能量比体扩散的活化能量小，但是，在高温情况下，活化能量的作用不占主导地位，所以晶界扩散和体扩散都能够很容易地发生。然而低温情况下的扩散，活化能量的大小成为主要因素，这时晶界扩散非常显著，而体扩散减少，所以看起来只有晶界扩散产生。用锡-铅焊料焊铜时，锡在铜中既有晶界扩散，又有体扩散。另外，越是晶界多的金属，即金属的晶粒越小，越易于结合，机械强度也就越高。由于晶界原子排列紊乱，又有空穴（空穴移动），所以极易熔解熔化的金属，特别是经过机械加工的金属更易结合。然而经过退火的金属，由于出现了再结晶、孪晶，晶粒长大，所以很难扩散。经过退火处理的不锈钢难以焊接就是这个道理。为了易于焊接，加工后的母材的晶粒越小越好。

3) 体扩散（晶内扩散）。熔化焊料扩散到晶粒中去的过程叫作体扩散或晶内扩散。焊料向母材内部的晶粒间扩散。由于晶界之间的能量起伏，因此在这个扩散阶段，可形成不同成分的合金。沿不同的结晶方向，扩散程度不同。由于扩散，母材内部生成各种组成的合金。在某些情况下，晶格变化会引起晶粒自身分开。对于体扩散，如果焊料的扩散超过母材允许的固溶度，就会产生像铜和锡共存的那种晶格变化，使晶粒分开，形成新晶粒。这种扩散是在铜及黄铜等金属被加热到较高温度时发生的。

4) 晶格内扩散。将焊料沿着晶体内特定的晶面，以特定的方向扩散的过程叫作晶格内面扩散或网孔状扩散。这是由于固体金属的不规则，熔化的金属原子向某一个面析出或晶格缺陷而引起的。这种扩散也可沿结晶轴方向发生，焊料金属可分割晶粒，引起和晶界扩散相类似的现象。在电子产品用的锡铅焊料中，几乎不会发生这种扩散，这里仅作为参考。

5) 选择扩散。用两种以上的金属元素组成的焊料焊接时，其中某一种金属元素先扩散，或者只有某一种金属元素扩散，其他金属元素根本不扩散，这种扩散叫作选择扩散。前面所说的扩散，都是以熔化金属向母材中的扩散现象作为分类依据的。这里所讲的扩散，是指熔化属自身的扩散方式。当用锡-铅焊料焊接某一金属时，焊料成分中的锡向固体金属中扩散，而铅不扩散，这就是前面说的选择扩散。因此在合金层靠焊料一侧，在显微镜下观察金相，可看到一层薄薄的黑色带状，这就是富铅层。钎焊紫铜和黄铜时也同样存在这种扩散。

3.3.3.2 焊丝焊料的装片过程

焊丝一般是锡铅银合金焊料，常用的焊料成分有 Pb92.5Sn5Ag2.5、Pb93.5Sn5Ag1.5 和 Pb88Sn10Ag2，不同成分的焊丝对应的熔点、共晶点也有不同，一般添加少量的贵金属银能增加导电性和导热性，同时能够改善焊丝金相性质，防止在贵金属表面焊盘焊接时发生过溶析溶蚀现象。如同使用环氧树脂类型导电胶的装片过程，首先是做点胶、布胶，这里用焊料代替胶，所以，焊料熔化成液态首先是需要将焊料加热到其熔点温度以上，然后把这个焊料准确布置在框架上，因为一般高温焊料的熔点在 250~350℃ 范围内，温度较高，整个焊料丝头埋在密封的加热轨道里，轨道里通入氮氢混合保护气体，含有 10% 左右的氢，因为导热功率器件的要求，一般采用铜作为框架基板材料，混合气体起到氧化还原反应作用，保证在装片过程中材料不被氧化。焊料装片过程示意图如图 3-16 所示。

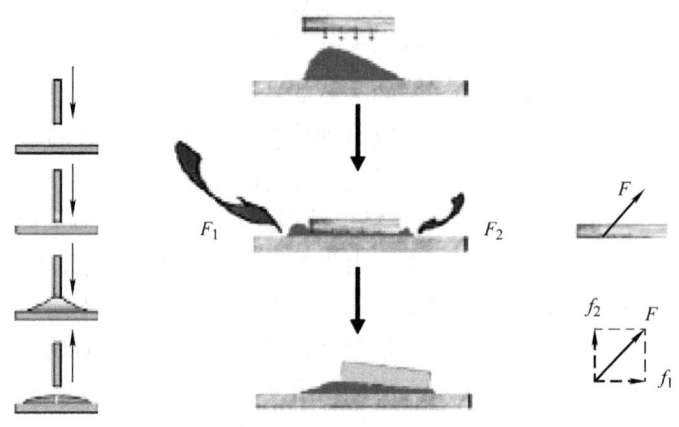

图 3-16 焊料装片过程示意图

这里需要重点介绍的是焊料整形工具压模（Spanker），它是焊料整形成型的必要工具，如果不使用压模的话，由于浸润角度的差异存在，芯片在和焊料形成钎焊结构时，不均匀的表面张力的作用会导致芯片倾斜，压模作用示意图如图 3-17 所示。

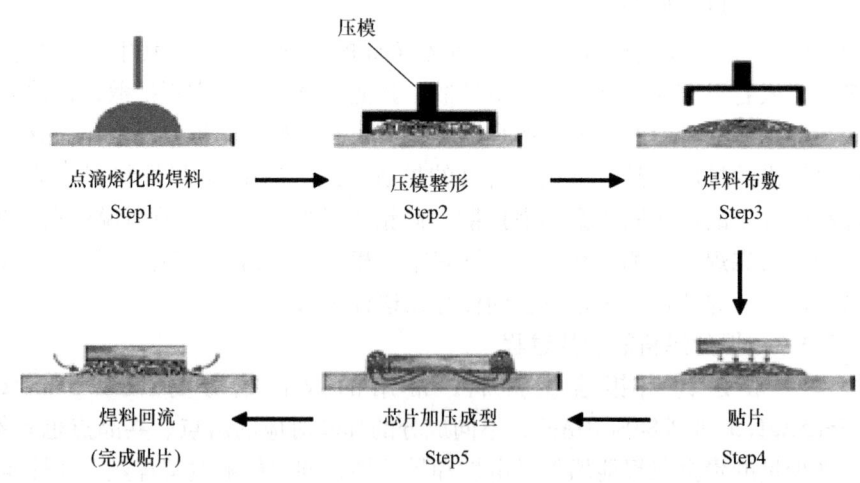

图 3-17 压模作用示意图

局部地区的焊料厚度变得极薄，有应力集中和吸收应力失效的风险，前文已经阐述了焊料厚度（BLT）对芯片裂纹预防的重要性。此外，芯片倾斜对后续键合工序来说也有作业连续性和可靠性问题。因此必须控制芯片的倾斜程度，原则上如果芯片的各点 BLT 都控制在 $25\sim75\mu m$ 范围内的话倾斜也就得到了控制，所以控制好 BLT 是装片的重要内容。具体来说要做好以下几点：

1) 采用压模（Spanker）。Spanker 的特殊电镀层可以有效地被整形而且并不会黏上焊料，检测 Spanker 内镀层寿命。

2) 安装时，保证焊丝布覆头的对中和 Spanker 的中心在一条直线上。

3) 合适的温度曲线。

4) 材料表面均匀一致并无氧化物等异物。

5) 芯片中心、顶针和吸嘴中心在一条直线上，所谓的三点一线。

也有新型压模块 SSD 类型的产生，如图 3-18 所示。

这种压模点焊料一体式的工具，效率较高，成型稳定，缺点是对于不同芯片尺寸的情况需要更换不同的点焊料头，生产灵活性不够。

总之，控制 BLT 的关键是选择合适的压模块和正确的设备工具安装设置，一般来说，目前的功率器件封装生产线都能满足这个要求。

图 3-18　压模块 SSD 压模示意图

3.3.3.3　温度曲线的设置

合适的温度曲线对产品的品质有重要的影响，在焊料丝装片过程中，主要是前端的加热和装片后的冷却，以 ESEC2009 焊料装片机为例，整个热轨道有八个温区，如图 3-19 所示。

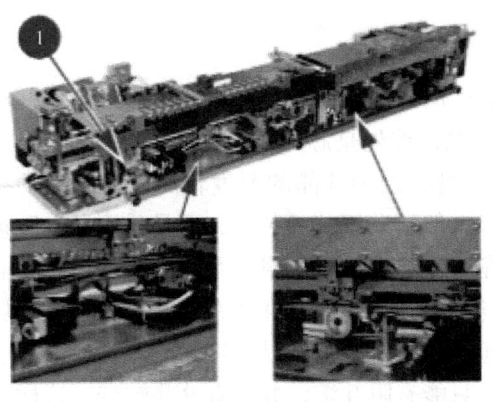
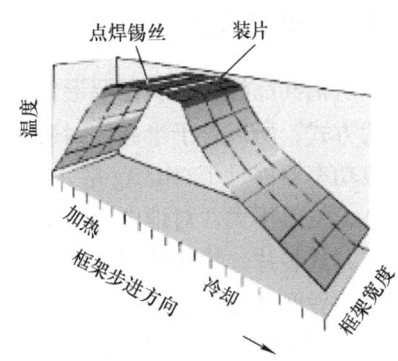

图 3-19　ESEC2009 焊料装片机热轨道及温区分布图

前面两个温区是预热,第三、四个温区是点焊锡丝,第四、五温区是用来装片的,第六、七、八温区是用来冷却的。这里重点说一下冷却速率,冷却速率以℃/s来表征的。冷却过快会造成芯片受热应力过大,导致芯片微裂纹的扩展,严重情况会导致芯片直接碎裂,打个比方,在冬天给厚的玻璃杯倒热开水,有些情况下杯子会直接裂开。一样的道理,硅是脆性材料,过冷会施加额外的应力,造成失效。以TO252(D-Pak)为例用有限元分析计算,如图3-20所示。

		冷却速率 15℃/s	冷却速率 5℃/s	冷却速率 15℃/s	冷却速率 5℃/s
芯片应力	S1	26(3.2%)	25.2	41.3(14.1%)	36.2
	S3	130.9(3.3%)	126.7	231.9(14.8%)	202
焊料应力	S1	20.4(3%)	19.8	35.1(14.7%)	30.6
	S3	29.6(3.5%)	28.6	51.5(14.4%)	45
	Seqv	30(3.4%)	29	53.1(14.4%)	46.4

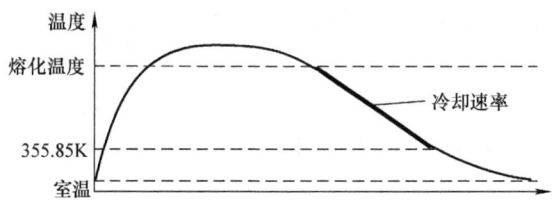
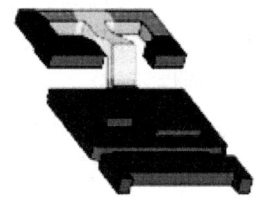

图3-20 冷却速率曲线图及应力云图

计算表明15℃/s的冷却速度对比5℃/s的冷却速度,15℃/s冷却速度时的主应力最多可高达14%。因此控制合理的冷却速率对质量和可靠性有比较重要的影响。一般控制在10℃/s以内,常见是7~8℃/s。

3.3.4 共晶焊接

所谓共晶焊接,就是要形成异种金属间的共晶组织来形成可靠牢固的金属间联接的方式,所以对于半导体封装的装片来说,首先是芯片背面必须有金属面存在,一般功率器件是Ti/Ni/Ag层,芯片背面是硅,因为共晶的温度较高,而芯片功率较小,发热不大,对地电阻不敏感,所以一般不采用共晶装片,而是采用导电胶黏结的方式装片。特殊情况下,若基板焊盘表面镀金后也可对芯片纯硅背面进行共晶加工,后面详述这个过程,这里的特殊场合通常是对可靠性和密封性要求较高的场合。在详细论述共晶焊工艺之前,我们还是先了解一下共晶焊接的原理。

当两组元在液态能无限互溶,在固态只能有限互溶,并具有共晶转变,这样的二元合金系所构成的相图称为二元共晶相图。如Pb-Sn、Pb-Sb、Cu-Ag、Al-Si等合金的相图都属于共晶相图。Pb-Sn合金相图是典型的二元共晶相图,如

图 3-21 所示的锡铅合金相图中的水平线 CED 称为共晶线。在水平线对应的温度 (183℃) 下，E 点成分的液相将同时结晶出 C 点成分的 α 固溶体和 D 点成分的 β 固溶体：$LE \rightleftarrows (\alpha C + \beta D)$。这种在一定温度下，由一定成分的液相同时结晶出两个成分和结构都不相同的新固相的转变过程称为共晶转变或共晶反应。共晶反应的产物即两相的机械混合物称为共晶体或共晶组织。发生共晶反应的温度称为共晶温度，代表共晶温度和共晶成分的点称为共晶点，具有共晶成分的合金称为共晶合金。在共晶线上，凡成分位于共晶点以左的合金称为亚共晶合金，位于共晶点以右的合金称为过共晶合金。凡具有共晶线成分的合金液体冷却到共晶温度时都将发生共晶反应。发生共晶反应时，L、α、β 三个相平衡共存，它们的成分固定，但各自的重量在不断变化。

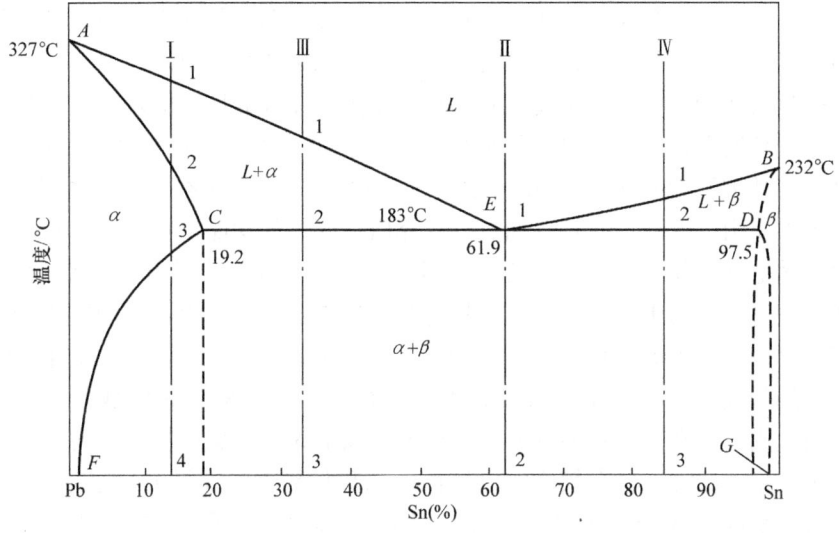

图 3-21 锡铅合金相图

共晶合金的结晶过程（合金Ⅱ）。该合金液体冷却到 E 点（即共晶点）时，同时被 Pb 和 Sn 饱和，并发生共晶反应：$LE \rightleftarrows (\alpha C + \beta D)$，析出成分为 C 的 α 和成分为 D 的 β。反应终了时，获得 $\alpha + \beta$ 的共晶组织。从成分均匀的液相同时结晶出两个成分差异很大的固相，必然要有元素的扩散。假设首先析出富铅的 α 相晶核，随着它的长大，必然导致其周围液体贫铅而富锡，从而有利于 β 相的形核，而 β 相的长大又促进了 α 相的形核。就这样，两相相间形核、互相促进，因而共晶组织较细，呈片、针、棒或点球等形状。一般来说共晶组织具有结构稳定、机械性能好的特点，可以在异种金属间形成牢固的连接。

共晶焊接是利用芯片背面的金硅合金和基座或引线框架上镀的金属（银层）在高温氮保护和 400～440℃ 高温下形成合金的办法来固定芯片，这种方法需要有相应的背面蒸金的芯片才能进行焊接，导电导热性能都很好，适用于较小尺寸的芯片。特别适用于功率晶体管芯片，这样的装片方式比合金焊料装片方式更有利于工作中芯片的散热。

共晶焊接技术在电子封装行业得到广泛应用，如芯片与框架或基板的连接、基板与管壳的连接、管壳封帽等。与传统的环氧导电胶连接相比，共晶焊接具有热导率高、电阻小、传热快、可靠性高、连接后的剪切力大的优点，适用于高频、大功率器件中芯片与基板、基板与管壳的互联。对于有较高散热要求的功率器件，采用共晶焊接可以有效提升散热效率。共晶焊接是利用了共晶合金的特性来完成焊接工艺的。共晶合金具有以下特性：①比纯单组元熔点低，对比熔化焊工艺，大大简化了焊接工艺；②共晶合金比纯单组元金属有更好的流动性，在凝固中可防止阻碍液体流动的枝晶形成，从而具有更好的铸造性能；③恒温转变（无凝固温度范围）减少了缺陷，如偏聚和缩孔；④共晶凝固可获得多种形态的显微组织，尤其是规则排列的层状或杆状共晶组织，可成为性能优异的原生复合材料。

共晶是指在相对较低的温度下共晶焊料发生共晶成分熔合的现象，共晶合金直接从固态变到液态，而不经过塑性阶段，其熔化温度称为共晶温度。"真空/可控气氛自动共晶炉"是国际上近几年推出的新设备，可实现器件的各种共晶工艺。共晶时无须使用助焊剂，并具有抽真空或充惰性气体的功能，在真空中共晶可以有效减少共晶空洞，如辅以专用的夹具，则能实现多芯片一次共晶。真空/可控气氛自动共晶炉主要应用于芯片焊接。芯片与基板的焊接是共晶焊接的主要应用方向。通常使用金锡（AuSn80/20）、金硅（AuSi）、金锗（AuGe）等合金材料的焊片将芯片焊接到基板（载板）上，将合金焊片放在芯片与基板间的焊盘上。为了抑制氧化物的形成，通常在芯片的背面镀一层金。以上3种合金材料的焊料已经被成功地应用于半导体器件，具有较好的机械性能和热传导性。在微波、毫米波电路中，合金焊料通常选用AuSn（熔点280℃）、AuGe（熔点365℃），由于这两种合金的熔点相差较大，故一般采用AuGe合金将薄膜电路焊接在载板上，再采用AuSn合金焊接微波芯片、电容等元器件。为了避免芯片等元器件受到高温热冲击，不少公司采用AuSn合金将薄膜电路共晶焊接到载板上，其他芯片元器件采用导电胶焊接的方式。在多芯片组件中，焊接芯片和基板的材料及组装工艺与混合电路中使用的大致上差不多。和混合电路一样，90%以上的多芯片组件中使用低成本、易于返修的环氧树脂。焊料或共晶焊接法主要用于大功率封装内互联或者必须达到宇航级要求的封装内互联。后面关于特种封装的章节有详细介绍。

多芯片组件是当前微组装技术的代表产品，是一种可以满足民用、军用、宇航电子装备和巨型计算机微小型化、高可靠性、高性能等方面迫切需求的先进微电子组件。它将多个芯片和其他片式元器件组装在一块高密度多层互连的基板上，封装在管壳内。多芯片组件以其高密度、高性能、高可靠性、轻重量、小体积等明显的优势被广泛地应用于航空航天、军用通信和常规武器等军事领域。多芯片组件在密度不断增加的趋势下还向着大功率、高频的方向发展，而多芯片共晶内互联工艺是有助于提高大功率、高频器件制造的关键技术。

使用真空/可控气氛自动共晶炉进行芯片共晶焊接时需要注意以下几个方面的问题：

1）焊料的选用。焊料是共晶焊接非常关键的因素。有多种合金可以作为焊料，如 AuGe、AuSn、AuSi、SnIn、SnAg、SnBi 等，各种焊料因其各自的特性适用于不同的应用场合。例如，含银的焊料 SnAg，易于与镀层含银的端面接合，含金、含铟的合金焊料易于与镀层含金的端面接合。根据被焊件的热容量大小，一般共晶炉设定的焊接温度要高出焊料合金的共晶温度 30~50℃。芯片能耐受的温度与焊料的共晶温度也是进行共晶焊接时应当关注的问题。如果焊料的共晶温度过高，就会影响芯片材料的物理化学性质，使芯片失效。因此焊料的选用要考虑镀层的成分与被焊件的耐受温度。此外，如果焊料存放时间过长，会使其表面的氧化层过厚，因焊接过程中没有人工干预，氧化层是很难去除的，焊料熔化后留下的氧化膜会在焊接后形成空洞。在焊接过程中向炉腔内充入少量氢气，可以起到还原部分氧化物的作用，但最好是使用新焊料，使氧化程度降到最低。

2）温度控制工艺曲线参数的确立。共晶焊接方法主要用于高频、大功率电路或者必须达到宇航级要求的电路。焊接时的热损耗、热应力、湿度、颗粒以及冲击或振动是影响焊接效果的关键因素。热损伤会影响薄膜器件的性能；湿度过高可能引起粘连、磨损、附着现象；无效的热部件会影响热传导。共晶焊接时最常见的问题是基座（Heater Block）的温度低于共晶温度，在这种情况下，焊料仍能熔化，但没有足够的温度使芯片背面的镀金层扩散，而操作者容易误认为焊料熔化就是共晶了；另一方面，加热基座的时间过长会导致电路金属的损坏，可见共晶时温度和时间的控制是十分重要的。由于以上原因，温度曲线的设置是共晶好坏的重要因素。由于共晶时需要的温度较高，特别是用 AuGe 焊料共晶，对基板及薄膜电路的耐高温特性提出了要求。要求电路能承受 400℃ 的高温，在该温度下，电阻及导电性能不能受到影响。因此共晶的一个关键因素是温度，它不是单纯的到达某个定值温度，而是要经过一个温度曲线变化的过程，在温度变化过程中，还要具备处理任何随机事件的能力，如抽真空、充气、排气等事件，这些都是共晶炉设备具备的功能。多芯片共晶的温度控制与单芯片共晶不同，多芯片共晶时会出现芯片材料不同，共晶焊料不同，因此共晶温度不同的情况，这时需要采用阶梯共晶的方法，一般先对温度高的共晶焊料共晶，再处理共晶温度低的共晶焊料。共晶炉控制系统可以设定多条温度曲线，每条温度曲线可以设定 9 段，通过链接的方式可扩展到 81 段，在温度曲线运行过程中可增加充气、抽真空、排气等工艺步骤。

3）降低空洞率。共晶后，空洞率是一项重要的检测指标，如何降低空洞率是共晶的关键技术。空洞通常是由焊料表面的氧化膜、粉尘微粒、熔化时未排出的气泡形成。由氧化物所形成的膜会阻碍金属表面的结合物相互渗透，留下的缝隙冷却凝结后形成空洞。共晶焊接时形成的空洞会降低器件的可靠性，增加芯片断裂的可能，并会增加器件的工作温度、削弱管芯的粘贴能力。共晶后焊接层留下的空洞会影响接的效果及其他电气性能。消除空洞的主要方法有：①共晶焊接前清洁器件与焊料表面，去除杂质；②共晶时在器件上放置加压装置，直接施加正压；③在真空环境下进行共晶。

4）实现多个芯片一次共晶。进行多芯片组件共晶时，由于芯片的尺寸越来越小，数量越来越多，就必须采用特制的夹具来完成共晶。这类夹具不但需要具有固定芯片和焊料位置的功能，本身还要具有易操作、耐高温、不变形的特性。由于有些芯片的尺寸只有 0.5mm^2 甚至更小，不易定位，人工放置不便，所以共晶炉一般焊接 1mm^2 以上的芯片。在共晶时由于有气流变化，为防止芯片移动，用夹具定位是必需的。夹具除对加工精度有要求外，还须耐受高温且不变形，物理化学性质不会改变，或者说其变化不会给共晶带来不利影响，甚至有助于共晶。制造夹具的材料还必须易于加工，如果加工很困难，不利于功能实现。另外，易于使用也是要着重考虑的方面。石墨基本符合以上要求，共晶炉的夹具一般选用的就是高纯石墨，它具有以下特点：①高温变形小，对器件影响较小；②导热性好，有利于热量传播，温度均匀性好；③化学稳定性好，长期使用不变质；④可塑性好，容易加工。在一个氧化环境中，石墨中的碳形成 CO 和 CO_2，具有干燥氧气的优点。石墨是各向同性材料，晶粒在所有方向上均匀、密集分布，受热均匀。焊接元器件被固定在石墨上，热量直接传导，加热均匀，焊接面平整。

5）基板与管壳的焊接。与芯片和基板的焊接工艺相似，基板与管壳的焊接也是共晶焊接很好的应用领域。由于基板一般比芯片尺寸大，且材质较厚、较硬，对位置精度要求低，所以用共晶炉能更好地完成焊接。

6）封帽工艺。器件封帽也是共晶炉的用途之一。通常器件的外壳是由陶瓷等材料外镀金镍而制成的。"陶瓷封装"在实际应用中由于其容易装配、容易实现内部连接和成本较低而成为最优封装介质。陶瓷能经受住苛刻的外部环境，如高温、机械冲击和振动，它是一个刚硬的材料，并且有一个接近硅材料的热膨胀系数值。这类器件的封装可以采用共晶焊接的方法，陶瓷腔体上部有一个密封环，用来与盖板进行共晶焊接，以获得一个气密、真空封焊。金层一般需要 1.5μm，但是由于工艺处理及高温烘烤，腔体和密封环都需电镀 2.5μm 的金，过多的金用来保护镍的迁移。镀金盖板可被用来作为气密性封焊陶瓷管壳的材料，在共晶前一般要进行真空烘烤。共晶炉还可应用于芯片电镀凸点再流成球、共晶凸点焊接、光纤封装等工艺。

芯片背面不同的合金材料在装片过程中会在芯片周围出现不同的溢料现象，五层背金、六层背金的芯片周围没有合金溢出痕迹，而 AuGe 背金的芯片周围则有明显的合金溢出痕迹，不同合金背金溢出现象如图 3-22 所示。

共晶焊接装片工艺也存在一定的缺陷，因为共晶装片是要靠机械手向下的压力

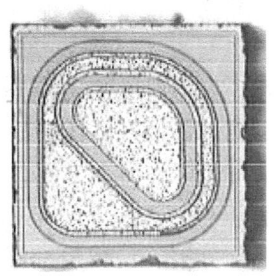
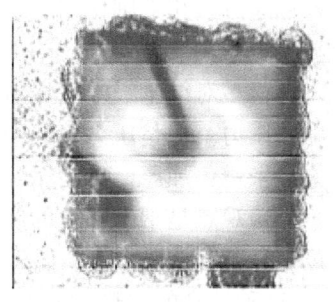

a) 五层背金、六层背金　　　　　b) AuGe背金

图 3-22　不同合金背金溢出现象

才能有好的共晶结构出现,如果装片的机械手上吸嘴的截面与芯片不平行,则会导致芯片的受力不均,从而出现芯片一边与银形成共晶合金连接牢,另一边未连接牢的现象。而加压的时间、压力的大小也有规定值,关于芯片表面材料极限应力的研究,结果表明,在 50MPa 压强以内,芯片是安全的(硅的临界压强值是 53.6MPa)。

3.3.5　银烧结

所谓烧结就是将矿粉、熔剂和燃料按一定比例进行配比并均匀地混合,借助燃料燃烧产生的高温,部分原料熔化或软化,发生一系列物理、化学反应,并形成一定量的液相,在冷却时相互黏结成块的过程。两种不同的金属可在远低于各自熔点的温度下,按一定比例形成共熔合金,这个较低的温度即为它们的低共熔点。封装中所用到的烧结工艺就是在芯片和载体(基片或管壳)之间放入一合金薄片(焊料),在一定的真空或保护气氛中将其加热到合金共熔点使其融熔,熔化成液态合金浸润整个芯片衬底的焊接层金属和载体(基板或框架)焊接面,焊料与焊接层金属和载体焊接面的金属发生物理化学反应,生成一定量的金属间化合物,然后在其冷却到共熔点温度以下的过程中,通过焊料及金属间化合物将芯片与载体焊接在一起形成良好的欧姆接触,从而完成芯片与载体的焊接。

银烧结技术也被称为低温连接技术,具有以下几方面优势:①烧结连接层的成分为银,具有优异的导电和导热性能;②由于银的熔点高达 961℃,将不会产生熔点小于 300℃ 的软钎焊连接层中出现的典型疲劳效应,具有极高的可靠性;③银烧结技术所用的烧结材料的基本成分是银颗粒,根据银颗粒状态不同,烧结材料可分为银浆、银膜和银粉等,根据银颗粒尺寸的不同,可分为微米级别、纳米级别及微米纳米混合尺寸级别;④金属银具有较高的热导率和优秀的抗腐蚀性能与抗蠕变性能,在长期使用过程中不存在疲劳现象。

由于尺寸效应,纳米级银颗粒的熔点和烧结温度远低于银块体材料。表面融化的纳米级银颗粒通过液相毛细作用烧结在一起最终形成具有与银块体材料相似熔点的烧结材料。

近年来，有很多对纳米级银浆焊料的应用研究。为了形成互连接头，通常会在烧结过程中施加压力。但是压力不利于自动化的实施，并且有破坏芯片的风险，因此想了许多方法来避免加压，如无压烧结和半烧结工艺等；另一方面，对于纳米级银颗粒的一个普遍观点是纳米颗粒的烧结只有在有机包覆层完全分解后才能发生，因此加热温度一般均超过200℃，以保证有机物充分分解，使得烧结温度在250～350℃范围内。这种较高的加热温度不能兼容其他封装材料，且在工艺上不能替代Sn-Pb焊料。综上两点，尽管有很多研究工作证实纳米级银浆具有可以替代钎料用于电子互连的潜在应用价值，但是很少有研究能成功地在不施加压力且加工温度与Sn-Pb焊料相似的工艺条件下用纳米级银浆替代焊料形成互连接头。

此外，由于纳米级银浆中的银颗粒非常小，达到了纳米级别（10^{-9}m），以至于其颗粒可以通过皮肤毛孔渗透进入人体，因此在加工和使用过程中需要做好严密防护，实际上也存在了对人体的危害性。所以从这个角度看，纳米级银浆也没有得到广泛的应用推荐。

为了防止微米或纳米级别的银颗粒在未烧结时就发生团聚现象，需要在其成分内添加有机物，在烧结过程中，这些有机成分一部分会挥发掉，一部分会在较高的温度下与氧气反应烧蚀掉，最终连接层只剩下纯银。这种烧结连接技术通过银原子的扩散而达到连接的目的。

以纳米级银颗粒为例，纳米颗粒的烧结可分为烧结初期黏接阶段、烧结颈长大阶段、闭孔隙球化和缩小阶段。在烧结过程中，银颗粒通过接触形成烧结颈，银原子通过扩散迁移到烧结颈区域，使得烧结颈不断长大，相邻银颗粒间的距离逐渐缩小，形成连续的孔隙网络。随着烧结过程的进行，原本稳定存在的孔隙会逐渐变小，连续的孔洞也逐渐变成孤立的小孔洞，在此阶段烧结层密度和强度显著增加。在烧结的最后阶段，多数孔洞被完全分割，小孔洞逐渐消失，大孔洞体积逐渐变小，直到到达最终的致密程度。烧结原理示意图如图3-23所示。

烧结过程的驱动力主要来自体系的表面能和体系的缺陷能，系统中颗粒尺寸越小，其表面积越大，从而表面能越大，

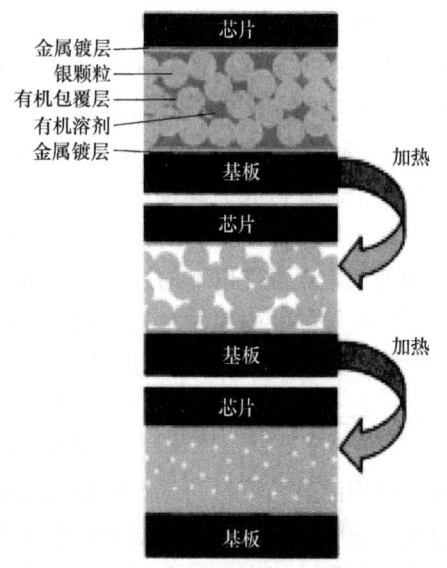

图3-23 烧结原理示意图

烧结驱动力越大。外界对系统所施加的压力、系统内的化学势差及两接触颗粒间的应力也是银原子扩散迁移的驱动力。烧结得到的连接层为多孔性结构，孔洞尺寸在微米及亚微米级别，连接层具有良好的导热和导电性能，热匹配性能良好。当连接层孔隙率为10%的情况下，其导电及导热能力可达到纯银的90%，远高于普通软钎焊焊料。相比软钎焊方式，在功率模块中，采用银烧结工艺的内互联，其功率循环寿命比软钎焊料内互联高2~3倍，烧结层的厚度比软钎焊层薄70%，热传导率提升大约3倍，热阻约为软钎焊结构热阻的1/15。

  银烧结工艺的可靠性如此优秀，使得在对元器件成本不太敏感的汽车用大功率模块领域得到了大规模应用，但是我们也要清醒地了解银烧结的特点和影响其质量的因素。一般的银烧结过程中，烧结压力、烧结温度和时间是主要工艺参数，会影响最后的烧结质量，比如烧结压力，高达40MPa，一般硅材料的极限在53.6MPa左右，因此，对芯片的压力应体现在直接作用于芯片表面的压力夹持工具上，容易形成应力集中点和表面缺陷，并且施加和保持压力不利于自动化的实施。所以也开发了无压力条件下的银烧结技术。与有压力条件下的烧结技术相比，无压烧结得到的烧结层孔隙比率高，因此银焊料的密度小，其导电性能、导热性能及可靠性均优于有压烧结技术，更适合于小面积芯片和功率密度比较低的框架类封装。一定程度上无压银烧结工艺和软钎料比在相同性能的情况下生产经济性不高，在特殊场合的应用需要综合考虑其效率。在成本和设备的复杂性等方面，烧结温度是影响烧结质量的重要因素。在烧结过程中，银焊料中的有机物成分一部分在100℃以下就挥发掉，另一部分在200~300℃会与氧气发生反应烧蚀掉，只有有机物成分完全挥发烧蚀掉之后，银颗粒之间才可以直接接触产生可靠的烧结层。为了充分烧蚀银焊料中的有机成分，烧结温度应在200℃以上。在压力一定的情况下，提高烧结温度可以显著提高烧结层的剪切强度，当超过一定的温度范围，则剪切强度变化不明显。对于不同银颗粒尺寸的烧结材料施加的压力不同的话，温度范围也有不同。延长烧结时间可以得到剪切强度更高的烧结层。在合适的温度下，银颗粒的结合长大以及烧结层的致密化在烧结前期就会发生，对于有压烧结技术，这个时间一般是几秒到几十秒，此阶段的烧结层的剪切强度会迅速增加，而随着时间的延长，剪切强度增加不明显。所以，增加烧结压力、温度和时间都有利于得到可靠的烧结层，但受限于芯片材料的耐受极限以及相应的应力集中（由夹持工具产生），并且增加温度、压力和时间都会带来效率方面的问题。所以找到合理的范围，做试验设计，优化各个输出以得到性价比最佳的烧结方案是工程师的主要目标。一般指导思想是在保证可靠性的前提下，减小烧结压力，降低烧结温度，缩短烧结时间。为防氧化和提高烧结层的可靠性，银烧结技术通常需要在基板金属层表面镀金或镀银，相比裸铜，银浆可以在银、金、钯和铂等贵金属表面快速烧结，具有贵金属镀层的基板具有更好的烧结性能。高温下，镀银层下面的铜原子会扩散到基板表面而发生氧化，氧化现象的发生增加了连接界面热膨胀系数的失配，从而会导致界面的热疲劳。为减少铜原子向镀银表面的扩散，通常在铜层上镀银之前镀一层镍，作为扩散阻挡层，镀层的粗糙度对连接质量也有影响，为了得到更高的连接质量，镀层的粗糙度需要与银颗粒的尺寸相匹配。

与软钎焊工艺中的真空回流焊不同，银烧结工艺中烧结环境一般为空气。由于银浆中含有机成分，烧结过程中需要氧气的参与使有机成分氧化烧蚀，因此烧结环境需要氧气。对于银烧结工艺中采用真空回流焊的情况，真空烧结主要是利用真空烧结炉的真空技术，有效控制炉内气氛，通过预热、排气、抽真空、升温、降温和进气等过程，设置出相应的温度和气体控制曲线，从而实现烧结的全过程。相较于普通的焊接工艺，真空烧结工艺有以下优点：①与普通的焊接工艺相比，真空烧结工艺没有助焊剂的参与，所以不存在助焊剂残留问题，无须清洗；②通过抽真空，隔绝了绝大多数大气中的氧，有效控制了氧气含量，因而能有效避免氧化物的产生；③真空环境下烧结，所有气体在烧结完成前就会从焊料边缘逸出，从而使焊接面不含气泡。所以对比非真空加压烧结方式，主要是烧结焊料的形式不同，非真空情况下采用的银浆类型含有有机成分，必须在烧结过程中通过氧化反应烧蚀掉，而真空情况下多是采用焊片的形式，从而没有有机物因而无须挥发烧蚀。两种材料的不同决定了采用的工艺方法也有所不同。各种烧结焊料因其各自的特性适用于不同的应用场合，例如，含银的烧结焊料易于与镀层含银的端面接合；含金、含铟的合金焊料易于与镀层含金的端面接合；金锡焊料硬而脆，伸长率小，韧性差不适宜焊接大面积的芯片；背面为 Si 的芯片适宜烧结在镀金基片上，并对镀金层厚度有一定要求，优选金锑和金硅焊料等。烧结焊料选择的一般原则见表 3-2。

表 3-2 烧结焊料选择的一般原则

芯片背面材料	基板烧结区材料	烧结焊料
Ti Ni Ag Cr Ni Ag Ti Ni Au	PdAg 或 PtAg	Pb36Sn62Ag2
		Pb70Sn30
		Pb88Sn10Ag2
		Pb90Sn10
		Au88Ge12
		Au80Sn20
Ti Ni Ag Cr Ni Ag Ti Ni Au Ni	Ni	Pb70Sn30
		Pb88Sn10Ag2
		Pb90Sn10
		Au80Sn20
Ti Ni Ag Cr Ni Ag Ti Ni Au	Au	Au88Ge12
		Au80Sn20

(续)

芯片背面材料	基板烧结区材料	烧结焊料
Si	Au	Au98Si2
		Au97Si3
		Au99.5Sn0.5
		Au98Sb2

一般情况下，随着芯片面积和烧结层厚度的增加，其剪切强度也会有降低的趋势。在烧结时，若基片、载体和烧结焊料，或芯片背面受到了污染，就会造成在烧结过程中合金不能完全扩散，从而影响烧结的效果。此外，若基片、芯片或烧结焊料存放时间过长，会使表面氧化层过厚，烧结前难以将其全部去除，烧结过程中，焊料熔化后留下的氧化膜会在烧结后形成空洞。在烧结过程中向炉腔内充入少量氢气，可起到还原部分氧化物的作用。为了获得满意的烧结效果，在烧结过程中，在芯片表面上施加一定的压力，可以有效减小芯片和基片间的间隙，减少焊接空洞。如果将压力直接作用于芯片表面也会对芯片表面造成一定的损伤，可在芯片表面放置一个面积相当的保护硅片，压力作用于保护硅片，避免损伤待烧结的芯片。

在烧结的过程中，由于有气流变化，芯片可能会移动，因此必须用夹具定位，夹具除了有良好的高温机械特性外，必须导热好，高温不变形，基本上常用的烧结夹具采用高纯石墨来制作，可以满足上述要求。烧结的过程主要是预热、保温和冷却三个阶段，和前述焊料装片类似，合理的温度曲线设置是十分重要的。一般而言，烧结温度设定要高于烧结焊料合金的共晶温度点 30~50℃，需要指出的是烧结的过程不是简单的共晶焊接，有点类似但不完全相同。其金相结构比较复杂，多为金属间多重合金相互渗透形成的固溶体组织，有点类似合金熔融再结晶的过程。

与软钎焊料装片的检测不同，由于银烧结的内部空洞一般在微米或亚微米级别，不会出现尺寸过大的空洞，在 X 光扫描和超声扫描的手段下，无法发现内部微小的空洞，只有通过芯片推剪等破坏性试验来验证装片质量。微小空洞对剪切应力的影响无法得到验证。从结合力的表现来看，通过烧结银技术所得到的银烧结层强度非常高，以至于在推力试验时，发生的破坏状况基本是芯片碎裂了但烧结层还是完好的。所以从产品的质量可靠性来说，主要考虑的不是焊料层的强度和疲劳失效的问题，更多的是热应力匹配的问题，由于不同材料间的热膨胀系数（CTE）不同，在温度变化时，芯片的表面和底面（和烧结焊料结合层）上膨胀收缩的程度不同，产生不同的芯片表面受拉压应力不同，在交变应力的作用下，容易产生应力差值，在这个差值过大的情况下会导致芯片裂纹扩展最终碎裂等失效状况。而烧结银的强度较大但比较薄，不像软钎焊料也可以有一定的蠕性形变，能吸收应力，从而使得上下表面的应力差值不那么大，而减少对芯片的损害，所以烧结银对材料强度相对较小的硅基芯片，在使用这种工艺时要综合考虑材料的 CTE 匹配，从选材到结构上综合考量,先做仿真应力计算,优选材料,包括塑封料。也基于此,烧结银工艺更适合于第三代宽禁带半导体器件,例如典型的功率 SiC 模块。SiC 的结温高于硅基的上限 150～175℃,达到 175～200℃甚至更高,强度也高,非常适合大功率银烧结的工艺情况。银烧结技术在以 SiC 为代表的宽禁带半导体器件封装中具有良好的应用前景。银烧结层具有优异的导电和导热性能,高达 961℃的熔点使其可靠性得到极大提高,而烧结温度与传统软钎焊工艺相近,烧结材料不含铅,属于环境友好型材料。

总之,银及其他金属烧结技术由于其较高的焊接强度和可靠性,早先大量应用于高可靠性的军用领域,随着大功率汽车模块封装技术的发展,烧结技术尤其是银烧结技术,由于其具备高导电和导热性、热阻小、功率密度高的特点,近年来发展迅猛,该工艺成熟可靠,但设备和材料均比传统的焊料装片更为昂贵。相信随着技术的发展,以及降本增效的新设备和材料的开发,银烧结技术未来会成为芯片焊接的主流方式,尤其在第三代半导体 SiC 的封装上优势明显。需要指出的是,材料参数的匹配是装片乃至整个封装行业永恒的话题,如何使得材料的热膨胀系数接近,何种结构可以给出最优结果,这些都是未来众多半导体封装从业技术人员需要考虑的问题。一种材料的性能优秀不是目的,而是多种封装材料形成的整个封装体的密封性、热、电性能各方面都能有优秀的表现才是封装选材和工艺开发的最终目标。

3.3.6 瞬态液相扩散焊

目前的焊接或连接方法根据母材是否熔化进行分类,大致分为熔焊、钎焊和固相连接。熔焊是用电弧或电子束等热源熔化焊条(有时不使用),同时熔化大量母材(被接合材料)。钎焊是通过钎料的润湿使之与母材融合结合的方法,母材几乎不会熔化。固相连接是在低于母材熔点以下的温度进行结合,固相连接除扩散连接外,还有摩擦压接、锻接、热压连接、常温压接(冷间压接)、爆炸压接、气体压接等。

扩散焊是固相连接的一种方法。这是一种连续加热和加压并使用原子扩散实现其连接的方法,连接材料在受控气氛中被保护,以防止其表面被氧化,使母材相互紧密接触,在母材熔点以下的温度条件下,对其施加压力以尽可能不引起塑性变形,利用接触面之间产生的原子扩散进行键合(焊接)的方法。扩散焊是压焊的一种,是指相互接触的表面在高温压力的作用下,被连接表面相互靠近,局部发生塑性变形,经一定时间后结合层原子间相互扩散而形成整体的可靠连接的过程。扩散焊的过程大致可分为 3 个阶段,第 1 阶段为物理接触阶段,被连接表面在压力和温度作用下,总有一些点首先达到塑性变形,在持续压力的作用下,接触面积逐渐扩大,最终达到整个面的可靠接触;第 2 阶段是接触界面原子间的相互扩散,形成牢固的结合层;第 3 阶段是在接触部分形成的结合层,逐渐向体积方向发展,形成可靠连接接头。当然,这 3 个过程并不是截然分开的,而是相互交叉进行的,最终在接头连接区域由于扩散、再结晶等过程形成固态冶金结合，它可以生成固溶体及共晶体，有时生成金属间化合物，形成可靠连接。

在扩散连接中，为了促进扩散和键合，将第三类金属夹在连接表面之间。这种夹层金属被称为"中间层金属"。有中间层金属以固相状态形成金属键结合的情况，也有中间层金属熔化成液相形成金属键结合母材的情况。前者称为"固相扩散键合"，后者称为"液相扩散键合"。

功率半导体由于其工作电压高、电流大、放热量大等特点，尤其是新一代宽禁带半导体器件因其优异的性能可以提高工作温度和功率密度，展现出较好的应用前景，这对与之匹配的封装材料和工艺提出了更高的要求。随着工作温度的不断升高，高温环境和运行环境不稳定等安全问题亟须解决，对功率半导体芯片封装连接构件的高温可靠性提出了更高的要求。且由于高铅焊料不满足环保要求，高温无铅焊料的研制与对相应连接技术的研究成为当前的研究重点。瞬时液相扩散焊（Transient Liquid Phase Diffusion Bonding，TLPDB，简称 TLP）技术通过在低温下焊接形成耐高温的金属间化合物接头，以满足"低温连接，高温服役"的要求，在新一代功率半导体的耐高温封装方面有良好的应用前景。针对 TLP 技术的耐高温封装材料有 Sn 基、In 基和 Bi 基等。目前 TLP 焊料主要有片层状、焊膏与焊片三种形态。其中片层状 TLP 焊料应用最早，且国内外对于其连接机理、接头性能和可靠性已有较为成熟的研究。近些年开发的基于复合粉末的焊膏与焊片形态的 TLP 焊料具有相对较高的反应效率，但仍需大量理论与实验研究来验证其工业应用前景。

TLP 键合也被称为固液间扩散键合（SLID 键合）。低温熔融金属和对应金属的复合材料对应金属与低温熔融金属/合金反应形成液体合金，然后凝固，通过键合界面的扩散改变合金的组成。结合层的合成熔化温度会高到足以供高温使用。初始复合材料可以是金属板或金属粉末混合物形式的层压板。

图 3-24 显示了具有 Au/In 层结构的 TLP 键合的示例[8]。它是一种低温熔化金属，在 156℃下熔化，而 Au 的熔化温度为 1064℃。当温度上升至 200℃时，只有金属 In 熔化。在液体中立即与 Au 反应形成 Au/In 金属间化合物（IMC）。由于相互扩散，所有液体消失，产生高熔化温度的金属间化合物组成。本例中的反应可以在 200℃下于 30min 内完成。很难在有限时间内去除界面上的所有液相。此外，也很难去除许多空隙。优化 Au/In 合金的组成、反应时间和压力是必要的。即使在高达 3MPa 的高压下，界面处仍有 40% 的未键合区域。基于 Sn 的 TLP 键合是另一种选择。目前，Sn-Cu 体系反应已被用于硅通孔（TSV）的超细间距区域阵列键合。Cu 柱与最初镀在其上的液体 Sn 发生反应，形成高熔点的金属间结构化合物（Cu_3Sn 和 Cu_6Sn_5）。这种 TLP 反应可以用于芯片焊接。例如，Sn 在 250℃的 Cu 上的焊接反应形成了 Cu_6Sn_5，其熔化温度接近 400℃[14]。与昂贵的 Au 和 In 元素相比，这种方法具有显著的成本效益。Cu 和 Ni、Ag、Co 等反金属的粉末混合物可以成为 Sn 基 TLP 键合的另一种形式。例如，Sn 和 Cu 粉末在 250℃下相互反应，该

温度高于 Sn 的熔化温度 232℃，形成了 Cu_6Sn_5 的骨架结构。

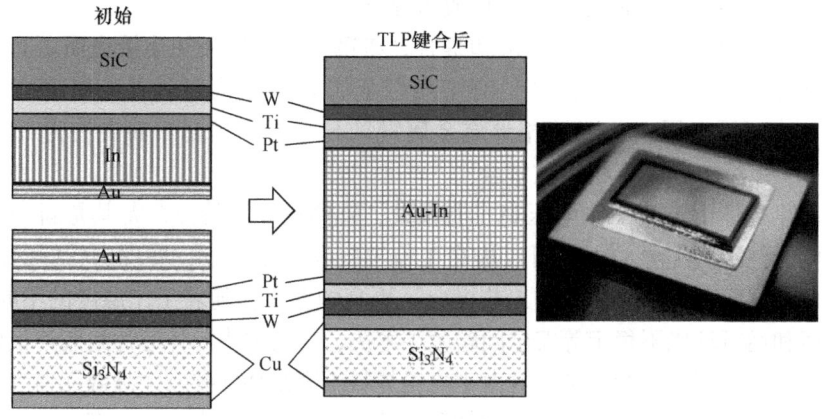

图 3-24 具有 Au/In 层结构的 TLP 键合

TLP 键合的缺点是会形成大量脆性金属间化合物，难以去除空隙，并且需要较长的反应时间和较大的压力。此外，许多金属间化合物没有很好的导热性。由于这些缺点，TLP 键合似乎适用于小型芯片键合[9]。

实践表明焊片类型的复合焊料可以满足高效生产的实用性，但对于可靠性和失效机理的研究目前还不充分，期待随着时间和数据的积累，TLP 发挥出不亚于烧结银的性能和成本优势。

3.4 内互联键合

装片完成后，芯片被固定在载体（基板或框架）上，但芯片上所设计的焊盘（IO 口）没有和封装体形成连接，所以需要内互联，这道工序就是把芯片表面指定的焊盘与载体指定的外引脚或焊盘通过焊接的方式连接起来，以实现导电通信号的功能。这个过程的本质是焊接，因为传统的内互联方式一般采用丝焊形成接头，犹如给芯片焊上导线的过程，这个形成接头的过程，因为形成了金属间的金属键结合，所以通常称为键合，英文表述为 Bonding。英文中关于焊接的标准统称是 Welding，Welding 是焊接的总称，可以理解为内互联。关于 Bonding 我们先从焊接技术的整体上来理解一下，焊接技术是一门古老的技术，历史可追溯到我国春秋战国时期的冷兵器制造工艺。焊接就是异种或同种金属相互连接，达到原子间结合的程度。焊接需要采用加热、加压或加压同时也加热的方法来促使两个被焊金属的原子间达到能够结合的程度，以获得永久牢固的连接。焊接可分为熔焊、压焊、钎焊三大类，如图 3-25 所示。

熔焊：利用局部加热使连接处的母材金属熔化，加入（或不加入）填充金属使其与母材金属相结合的方法，是工业生产中应用最广泛的焊接工艺方法。熔焊的特点是焊件间的结合为原子结合,焊接接头的力学性能较好,生产率高,缺点是产生的应力、变形较大。

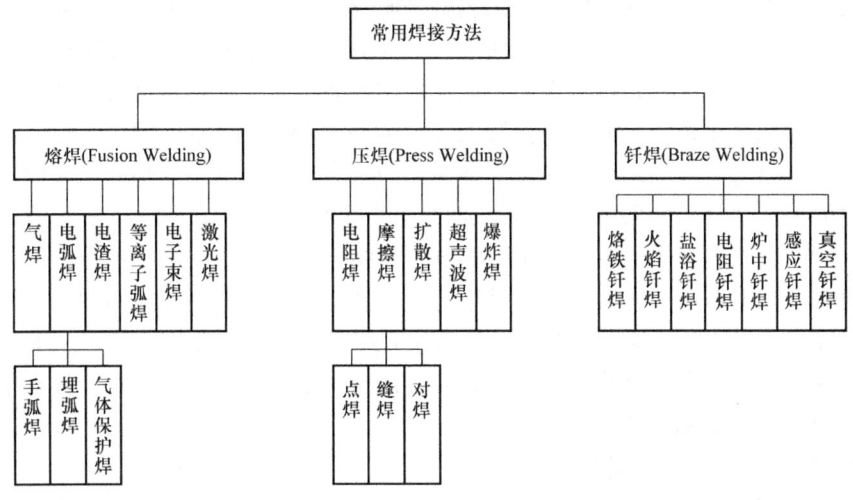

图 3-25　焊接方法分类图

压焊:在焊接过程中,必须对焊件施加压力,加热或不加热完成焊接的方法。虽然压焊件焊缝结合也为原子间结合,但其焊接接头的力学性能较熔焊稍差,适合于小型金属件的加工,焊接变形极小,机械化、自动化程度高。内互联主要的方法就是压焊,而且能量来自于超声波的高频振动,因此,又称超声波焊。超声波焊是一种压力焊,借助于超声波的机械振荡作用,可以降低所需要的压力,压力焊接时,压力使接触面发生塑性变形,温度使塑性变形部分发生再结晶,并加速原子的扩散。此外,表面张力也可以促使接触面上空腔体积的缩小。这种加热的压力焊接过程与粉末冶金中的热压烧结过程相似。冷压焊时,虽然没有加热,但由于塑性变形的不均匀性,所释放的热局限于真实接触的部分,因而也有些微加热的效应。同时,超声波焊可以实现高速自动化焊接,工艺效率很高,如传统的超声波热压金丝球焊。现代的自动化高精密焊接可以实现每秒钟十几根到二十根的焊接,精度可以达到 $1\mu m$。

钎焊:采用熔点比母材金属低的金属材料作为钎料,将焊件和焊料加热到高于焊料熔点、低于母材熔点的温度,利用液态的焊料润湿母材,填充接头间隙并与母材相互扩散实现连接焊件的方法。钎焊的特点是加热温度低,接头平整、光滑,外形美观,应力及变形小,但是钎焊接头强度较低,装配时对装配间隙要求高。前面的焊料装片本质上就是钎焊的表现形式。

3.4.1　超声波焊原理

超声波焊是焊接的一种,其特征是母材不熔化,不需要填充焊料,需要通过加压来达到原子间结合的程度。主要应用于板材加工,如电梯、汽车、轴的连接,以及半导体工业，尤其是半导体工业，由于采用了超声振动能量作为焊接能量，具有清洁、快速和易于实现自动化的特点，在半导体芯片的内互联中发挥了主要的作用。因此可以说研究半导体内互联工艺就是研究超声波焊接工艺，也是通常行业中的共识。众所周知，焊接材料的表面清洁状况对焊接质量的好坏起决定性作用，在半导体封装业，在进行超声波焊前，往往采用等离子对焊接材料进行清洗，以去除表面的油污和氧化物，从而保证良好的焊接质量。超声波焊的物理过程非常复杂，至今还未十分清楚。但是有这样一个事实：即具有未饱和电子结构的金属原子相互接触便能相互结合。如果两种相同（或不同）金属的表面绝对清洁和光滑，彼此贴紧，则两金属表面层的原子的未饱和电子将结合成为真正的冶金键合。

通常状态下普通金属表面并不是绝对清洁和光滑的，即使经过精加工，金属表面还有厚度约为 200 个原子直径的，具有很强吸引力的不平整层。它可从大气中吸收和捕获氧，形成金属氧化物结晶体，而且像自由金属表面原子一样，具有未饱和键的表面分子。这种金属氧化物的分子对水汽的吸引力很强。因此，在金属氧化物表面会凝聚成液体、气体和有机物质薄膜，这层薄膜和氧化层，在金属表面形成一个"壁垒"，阻碍具有未饱和结构的原子相互接触，如图 3-26 所示。所以，要实现两种金属的焊接，必须首先消除这个"壁垒"。

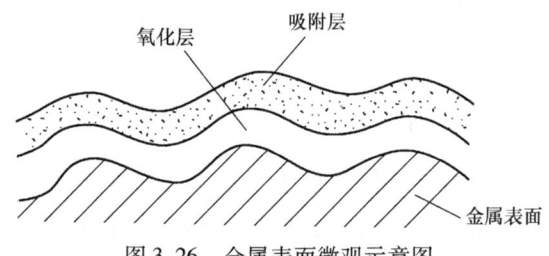

图 3-26 金属表面微观示意图

在超声波焊过程中，超声频率的机械振动通过劈刀在焊接处产生"交变剪应力"，同时在劈刀上端施加一定的垂直压力使被焊工件紧密接触。在这两种力的作用下，两种金属之间发生超声频率的摩擦。其作用一方面消除两种金属接触处的表面"壁垒"；另一方面在焊接界面处产生大量的热量，使两种金属发生塑性形变，从而实现纯净的金属表面的紧密接触，形成金属间的牢固冶金结合。

总而言之，半导体内互联技术实际上是基于焊接技术的一门分支和综合性技术，它采用了各种焊接方法、工艺来保证得到高质量的焊接接头。这项技术涉及的材料、设备和工艺往往是要求比较高的，掌握半导体内互联技术就是掌握了半导体封装工艺的关键技术。

3.4.2 金/铜线键合

常见的内互联连接方法是采用焊线键合（Wire Bonding）的方法，此外还有铜焊片（Clip）、载带焊（TAB）和倒装焊（FC）等工艺。最常见和比较成熟的工艺是焊线工艺，在焊线工艺中，根据焊线材料和设备工艺的不同，又分为冷超声和热超声工艺。通常，采用金线作为焊丝的工艺称为热超声工艺，而冷超声工艺多指铝丝焊接工艺。热超声金丝球压焊工艺过程示意图如图 3-27 所示。

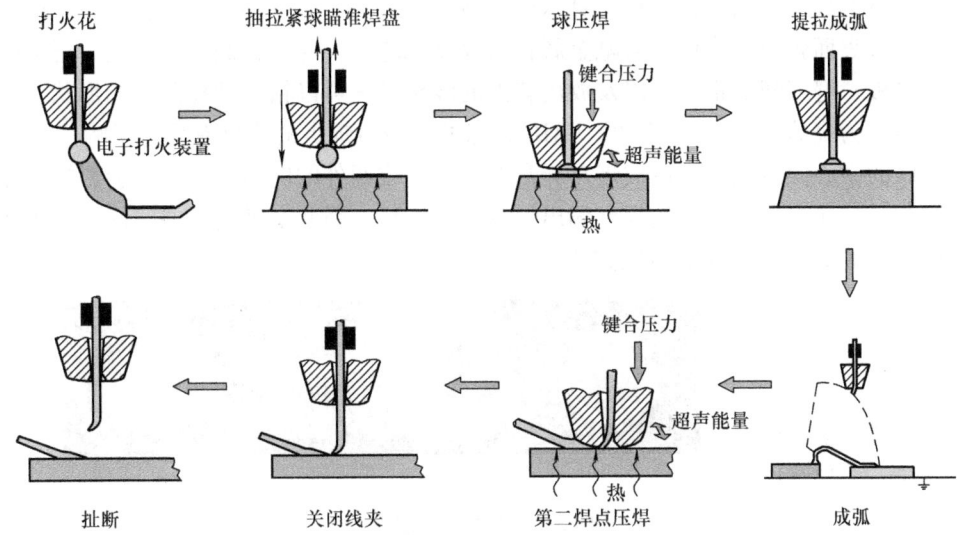

图 3-27 热超声金丝球压焊工艺过程示意图

采用金/铜线的超声波热压焊多用于存储器、处理器，以及专用芯片等的内互联。采用铝丝的超声波冷压焊多用于功率器件、整流器等半导体器件的封装。无论采用哪一种焊接方式，都对焊机的精度提出了较高的要求，都采用了高精度的图像识别系统和自动焊接方式，可以说自动化焊机的研发制造也在一定程度上体现了一个国家的工业水平。对于功率分立器件，由于所处理的电流、电压比较大，通常采用比较粗的铝线冷超声焊接来实现芯片和引脚的内互联。由于功率器件处理的对象是高电压、大电流的情况，因此发热现象是比较常见的，对于功率器件来讲，经受热疲劳冲击的能力是产品质量的重要体现，内互联焊接的可靠性直接影响产品的质量和竞争力。

金丝球压焊类型的焊接在半导体封装业最为成熟、发展最快，这种类型的焊接方式采用热超声工艺，所谓热超声工艺，就是在焊接的时候需要对焊接材料、芯片和框架或基板进行加热，直到一定程度，因为焊接的机理是通过超声高频振动摩擦以达到材料塑性变形的程度，从而施加压力形成金属键，提高温度可以增加金属原子的活力，从而相对减少塑性变形发生时所需要的能量，可以形成快速自动化大规模生产的方式。这种压焊方式，采用的焊丝早些时候是高纯度黄金，其纯度可以达到 99.99% 以上，由于降低成本的驱动力，开发了铜线、合金线等多种焊材。但主要原理都是一样的，由于焊线直径一般不超过 $50\mu m$，因此所能通过的电流有限，一般不用于较大功率的器件场合，但可用于功率器件的门极驱动场合。或者功率模块组件中的控制芯片和相关非大电流场合，本书主要论述的是专注于功率半导体的封装技术，鉴于封装内互联的本质基本类似，以下就金丝球压焊的具体技术及其应用展开讨论。

由图 3-27 可知，球焊的过程首先是要形成一个球，这个形成球的过程是通过电极放电形成火花来熔化焊接工具术语中被称为劈刀（Capillary）的前端一小段金属，因为表面张力的作用，熔融金属自由收缩成球形，通过控制放电电流、通电时间、电极、劈刀间的距离，以及放出劈刀的线头长度可以精确地控制球的形状。此小球被称为烧球（Free Air Ball，FAB），球的直径对焊点的成型有重要影响。

球的中心倾斜偏倚会造成焊点异常变形，造成额外的应力集中点，会影响可靠性，此外，还有可能会导致焊点偏出焊盘造成短路。因此在做键合的时候，首先要设置合理的FAB。FAB电镜图如图3-28所示。

 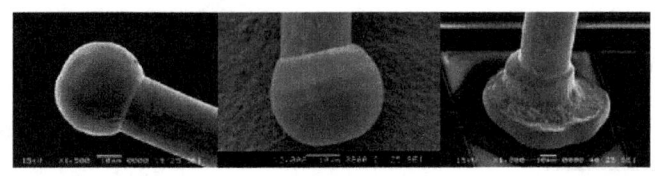

图3-28　FAB电镜图

FAB形成后，劈刀带动球瞄准芯片上的焊盘，下压形成焊点如图3-29所示。

劈刀的端口倒角直径（Chamfer Diameter，CD）决定了焊点和芯片焊盘接触的面积范围，球压缩后变形成类似椭圆柱的形状，其直径称为压球直径（Mashed Ball Diameter，MBD），表征的是球压缩后变形量的大小，一般为FAB的1.2~1.5倍，超过这个上限，球有变形过大的风险，会引起颈缩和根本应力集中导致裂纹产生等可靠

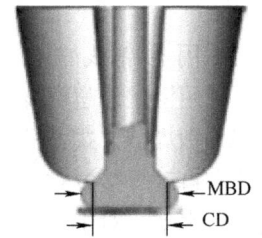

图3-29　焊点成型示意图

性问题，小于下限会有焊接不充分、球脱落的风险。这个焊点形状的控制主要是由压力、超声振动能量和作用时间综合影响决定。设置合理的参数，找到合适的参数设置区间是工艺工程师的主要任务，通常通过实验设计（Design Of Experiment，DOE）和统计分析来决定最佳参数范围和组合。要得到综合满意的焊点，必须先选择合适的工具—劈刀，下面详细介绍一下劈刀。

劈刀的形状如图3-30所示，是一个中间中空穿金线的由陶瓷等材料铸成的超声波压焊工具。

几个名词解释一下：倒角角度（Chamfer Angle，CA）；接触面角度（Face Angle，FA）；倒角直径（Chamfer Diameter，CD）；外倒角半径（Outer Radius，OR）；孔径（Hole，H）；线径（Wire Diameter，WD）；外径（Tip diameter，T）。其中，影响芯片上焊点球形状的参数是CA、CD、H、WD，影响框架或基板上尾部形状的参数是FA、OR、T。以下分别说明这些参数的作用和选择。

H的选择通常是WD的1.2~1.5倍，保证金属丝线进出通畅又能控制线丝的摆动漂移，保证最后成型位置的准确。

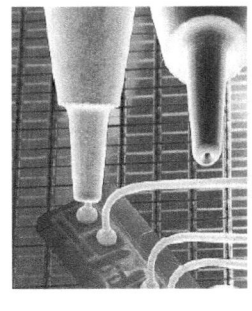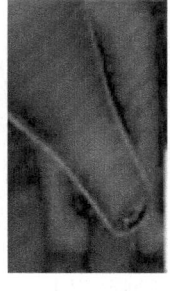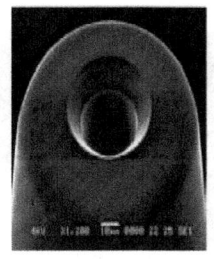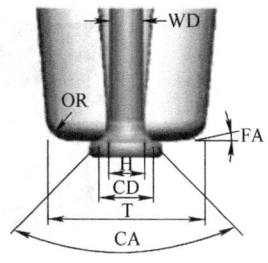

图 3-30　劈刀的形状示意图

CD 的选择是根据芯片焊盘面积尺寸来定的，原则上和 MBD 是一样的作用，因为在显微镜下观察的时候往往看到的是 MBD 而不是 CD，CD 小于 MBD，习惯上如果观察到的 MBD 都在芯片焊盘尺寸内就是可以接受的。设计上 CD 小于焊盘尺寸即可。如图 3-31 所示。

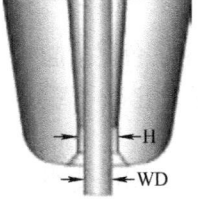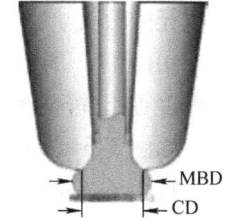

图 3-31　CD 示意图

CA 决定了 MBD 的大小，较大的 CA 使得 MBD 增大，较小的 CD 使得 MBD 变小，焊球厚度（Bond Ball Height）的 CD 也随 CA 变化而变化。如图 3-32 所示。

为了得到所需要的球的形状，前提是做好 FAB，FAB 的体积理论上要大于最后压焊区域类似椭圆柱体的体积，这个可以通

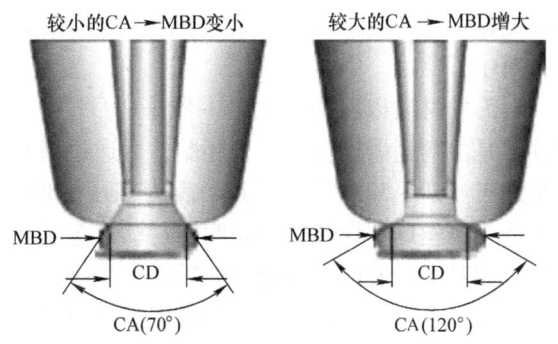

图 3-32　CD 与 CA 相互作用示意图

过仿真计算来精确计算出体积，后指导设置在 FAB 参数设置里的引线长度（Wire length）值。

完成了第一焊点（通常在芯片焊盘上）的球形后，劈刀带动焊丝来到第二焊点（通常是框架引脚或基板），瞄准位置后下压，传递超声振动能量，一定时间（几微秒）后留下一个第二焊点的形状，然后焊丝推出，打火形成 FAB，再找芯片上的另一焊盘做压焊，周而复始直到所有的芯片焊盘都完成压焊为止。第二焊点的成型不是球形，而是一个类似鱼尾的形状，影响这个形状成型的劈刀参数是 FA、OR、T，如图 3-33 所示。

劈刀外径（T）的大小直接决定了有效鱼尾焊接长度（SL）的大小，增大 T 可以增加 SL，可以提高第二焊点的焊接强度，但是 T 受限于芯片焊盘间的中心距，

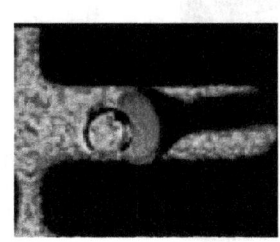 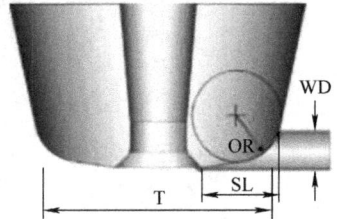

图 3-33　T 及第二焊点成型示意图

要做到连续相邻的两根线之间劈刀可以工作而不干涉到已经形成的焊线,所以 T 不能无限放大。

OR 和 FA 的组合决定了鱼尾抬起的程度是比较陡峭的还是比较平缓的,如图 3-34 所示。

较小的 FA 结合较大的 OR 使得鱼尾变薄,抬起比较陡峭,容易引起根部裂纹,较大的 FA 结合较小的 OR 可以使得抬起比较平缓,有助于减少应力集中。

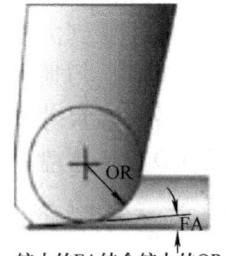 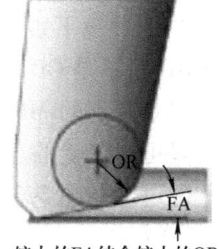

较小的FA结合较大的OR　　较大的FA结合较小的OR

图 3-34　ORFA 第二焊点成型示意图

劈刀的材质以陶瓷为主,一般来说劈刀是由陶瓷铸模烧结成型胚胎,后通过精密机械加工成所需要的尺寸,寿命一般是加工(30~50)万个焊点,因为在压焊的过程中使用的是超声高频振动,劈刀压住金属丝球和焊件表面做摩擦运动,金属残留在劈刀头部逐渐积累,影响到通丝顺畅和对中,所以到一定寿命后必须清洗,因为陶瓷本身的强度不如金属,在多次清洗后尺寸有所变化,这个时候就必须更换了。为提高劈刀使用寿命,通过提高陶瓷的密度细化晶粒度等方案可以适当增加使用寿命,也有用红宝石氧化锆本体压铸制造的劈刀,其寿命是陶瓷类型劈刀寿命的几十倍以上。

超声是如何通过劈刀作用在芯片表面的呢?超声的发生原理和焊接本质是什么?超声是指声波频率超出可听到的声波频率上限(20kHz)的声波,超声本质上是机械波。图 3-35 所示是超声波焊换能器聚能杆结构示意图。

在封装压焊机中,所有的劈刀都是装在一个叫作换能器或者聚能器(Transducer)的装置上面,这个装置是把交流电升频后得到的交变电信号转化成交变超声频率的机械声波元件。把电信号转化成声波信号的元件我们称为电声元件,常见的是压电陶瓷或者喇叭、耳机等,这里是通过声学设计使得这个换能器装置的固有频率达到或接近超声发生的频率,因而有共振或者接近共振的现象产生,焊头振幅速率图如图 3-36 所示。

采用激光干涉振动摄像装置可以观察劈刀装在换能器上后的振动速率,不同的

第3章 典型的功率封装过程 67

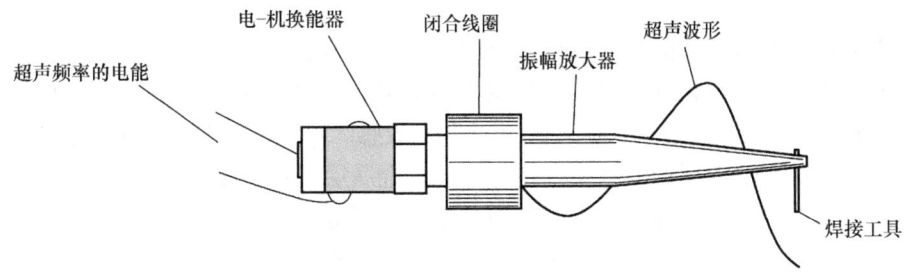

图3-35 超声波焊换能器聚能杆结构示意图

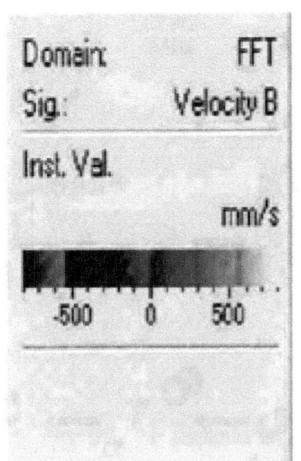
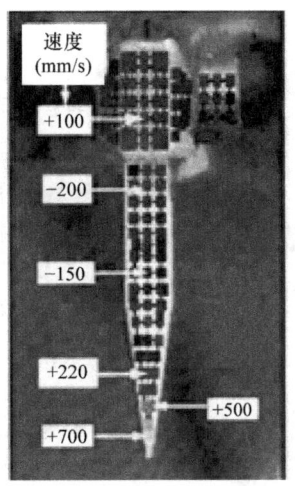

图3-36 焊头振幅速率图

颜色表示了不同的振动速率，可见在头部尖端的小孔，其振动速率可以达到700mm/s[5]。

一个好的焊接过程，除了选择好的焊接工具外，还需要对焊接加工对象的材料有清晰的认识。内互联工序的主要加工对象是芯片，芯片表面焊盘一般是铝，铝层的厚度和芯片下面的结构情况如图3-37所示。

最上面是焊盘镀层，一般是铝层，厚度$2\sim5\mu m$，掺微量铜和硅，铜含量通常不超过0.5%，可以起到细化晶粒，提高焊盘镀层强度、硬度的作用，此外，还可以提高抗电迁移，主要是形成固溶体$CuAl_2$，掺硅的目的是防止铝过度溶入SiO_2，形成Al刺，Si含量不

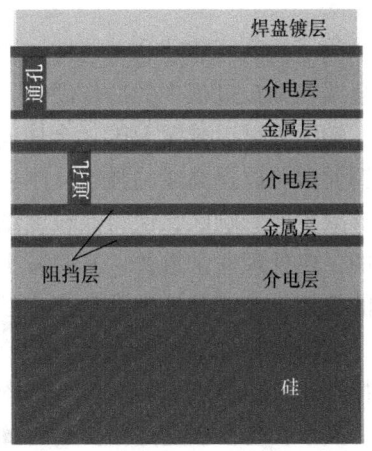

图3-37 常规芯片结构示意图

超过1%。

在表层铝和纯硅之间的介电层、金属层都叫阻挡层,阻挡层的作用就是阻挡金属铝和基体硅之间的相互扩散。常用的介电材料是 SiO_2,介电常数 $k=3.9$,所谓低 k 材料是指 $k<2$ 的材料,信号速度对 k 值敏感。金属层起到支持并提供韧性延展的作用,常用的金属种类有钛、钨等,这些金属层的存在在进行铜线压焊时可以起到抵抗应力防止芯片弹坑不良的作用,是被强烈推荐的结构。

超声波焊(Ultrasonic Bonding)主要是用导线作为焊接的主材,用到的线材主要是金线,后期由于成本问题采用铜线替代,也有综合考虑采用合金线的情形。我们先了解一下金线的具体情况,金线的制造过程如图 3-38 所示。

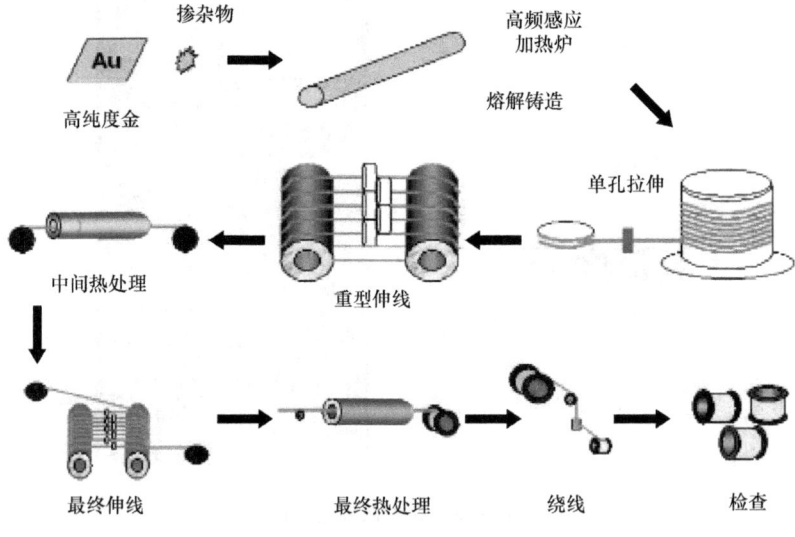

图 3-38 金线制造过程示意图

为了提高可靠性和工艺性,通常在金线中掺杂一些微量元素,掺铍元素可以降低金线在抽拉过程中的冷作硬化,从而提高易加工性,同时能很好地形成线弧。掺钯、铂元素可以减缓 IMC(金属间化合物)的生长,可以抗腐蚀并减少焊接空洞。掺钙元素可以提高线的强度、刚度,使得线抗倒伏能力提升。还可以掺稀土元素,能够减少热影响区,使得晶粒度细化,提高强度韧性和高温强度。在金线制造的过程中,热处理非常重要,其对减少拉伸过程中的机械应力,控制晶粒度起着非常重要的作用,金线热处理晶粒变化图如图 3-39 所示。

金线的热处理过程完成后需要检查其机械特性,有两个指标用来表征金线的机械特性,抗拉强度和伸长率,如图 3-40 所示。

其中,抗拉强度是指拉断时的力;抗拉率是指金线从弹性形变变为塑性形变再到拉断为止比原长增加的比率;弹性形变是指加载到金线的延长,和载荷呈线性关系的那一段,弹性形变时,载荷消失,金线会恢复到原长,而塑性形变则不会恢

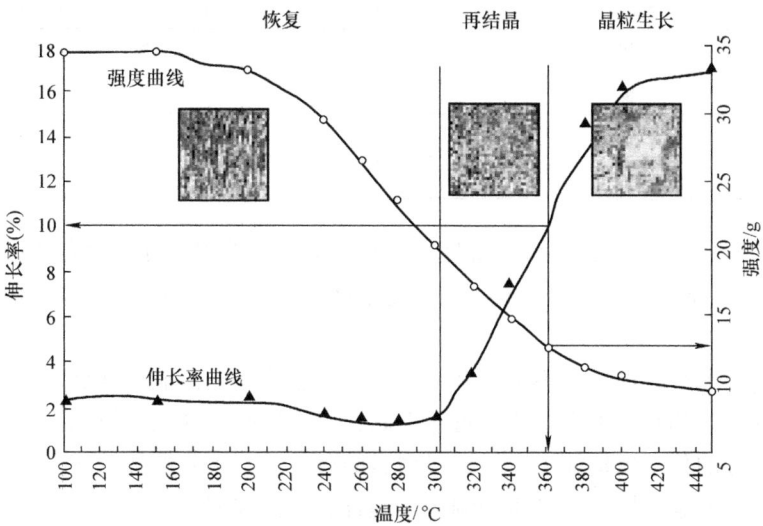

图 3-39　金线热处理晶粒变化图

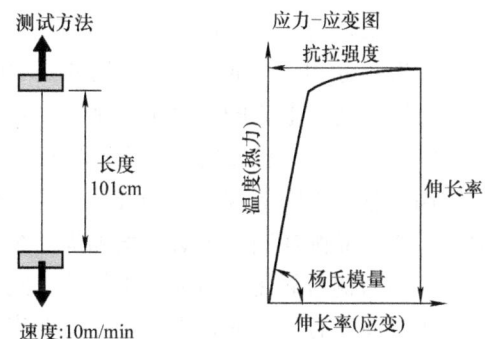

通过测试机的测试,可以得到金线的机械特性值

图 3-40　金线抗拉力学性能表现图

复;杨氏模量 Y = 应力/应变,即弹性形变的斜率值。

金属线材的电阻率特性见表3-3。

表3-3　金属线材的电阻率特性

金属线材	电阻率/(μΩ/cm)
银	1.6
铜	1.7
金 (4N 99.99%)	2.4
金 (2N 99%)	3.0

(续)

金属线材	电阻率/($\mu\Omega/cm$)
铝	2.7
镍	6.8
铁	10.1
铂	10.4

从电阻率的角度来说银和铜最好，可是为何超声波焊一开始没有选择银和铜而是选择了金。要回答这个问题还是要从金的化学、力学性质来讲起，金具有以下特点：

1) 高导电性，虽然比不上银和铜优秀，但也算是电性能表现良好。
2) 在空气和水中不会氧化，可靠性高，可焊性好，这点比银和铜好太多。
3) 良好的化学抵抗能力，塑封成型后的可靠性、工艺性好。
4) 良好的延展性，容易生产制造、键合、拉弧成型。
5) 较少的气体溶解性，可烧制比较圆的焊球。
6) 软硬适中，较少的焊垫损伤。

当然金的缺点就是贵，金银是天然的货币，贵金属的属性限制了其在工业上过量的使用，所以金线直径一般不超过 $50\mu m$，比较常见的是 $20\sim30\mu m$ 的规格。也由于金线做粗了不划算，所以在通大电流的场合不用金线。功率器件通常采用较粗的铝线做内互联来承载大电流。铝线线径较粗的有 $5\sim20 mil^{\ominus}$。由于金价飞涨，近年大多数封装厂积极开发铜线制程以降低成本，铜线价格低，但在键合过程中需要较大的能量才能完成键合，所以晶圆在制造中必须增加焊盘金属层铝的厚度和阻挡层金属的厚度以避免弹坑，因为铜易氧化，需加保护气体，刚性强。且因为铜的延展性问题，在细直径的铜丝方面还有一定的技术难点。需要克服铜的氧化及硬度问题，而铜线直径在达到 $18\mu m$ 左右时存在严重缺陷，另外键合效率低也是不利因素之一。纯铜就是 99.99% 的铜，铜镀钯就是在 99.99% 的铜的外面镀一层钯。前者生产过程中是用混合气（氮氢）作为保护气体，后者可用纯氮气作为保护气体。目前为止，还没有纯银线，不过最近研发出来一种银的合金线，性能较铜线要好，价格比金线要低，也得用保护气体，对于中高端封装来说，不失为一个好的选择。银对可见光的反射率高达 90%，居金属之冠，所以在 LED 应用中有增光效果。银对热的反射或导热也居各金属之冠，因此可降低芯片温度，能够延长 LED 寿命。银线的耐电流大于金和铜（大约为 105%）。此外银线还比金线好管理，遗失可能性较小（无形损耗降低），比铜线好储存（铜线需密封，且储存期短，银线不需密封，储存期可达 6~12 个月）的特点。银合金线成分主要是银、金、钯再加一些

$\ominus$ $1 mil = 25.4 \times 10^{-6} m$。

微量金属元素组成的，具有银的优良性质：导电性最佳（导电性：银＞金＞铜），同时具有金的优良机械特性：伸展和延展性都比较好（伸展和延展性：金＞铜＞银），同时具有钯的优良性质：抗氧化性和导热性较好（抗氧化性：钯＞金＞银＞铜，导热性：银＞铜＞金＞铝）且银线的问题是容易发生打不上球、滑球、断线等工艺问题。铜线硬度大，易氧化，烧球易出现高尔夫球和球形状不圆，通常要在焊线机上加装包含95%氮和5%氢的混合保护气装置。金线是三种线中工艺特性最好的一种，有良好的延展和断裂特性，线弧较好，和芯片的金焊盘和铝焊盘都有良好的结合性。驱动非贵金属焊线铜的主要因素是价格，除了价格外，铜线也有如下优点：从电学性能和导电性来说，铜在20℃时电导为$5.88\Omega^{-1}$，而金为$4.55\Omega^{-1}$，铝为$3.65\Omega^{-1}$，铜的导电性较好，相同直径下的铜线可以运送更多电流。电阻则是相反，铜具有最低的电阻。铜的介电常数也比较低，对于电流的迟滞效应较不显著，利于电荷输送。在热传导系数比较中，铜较高（$39.4kW/(m\cdot K)$），单位时间、单位面积输送的热量较大，在电子产品越做越小、越细微的情况下，散热是不可避免的一环，铜在这块就表现得很优秀。此外，铜的热膨胀系数（CTE）也低，为16.5，而金为14.2，铝为23.1，受热之后，铝的膨胀将最明显。以抗拉强度（Tensile Strength，TS）来说，铜在每单位平方厘米可以抗拉210～370N的强度，而金最多为220N，铝最多只到200N，在打线时，更利于成弧。此外，铜的维氏硬度最高，对于线材越细表现越好。铜的断裂强度（Break Load）表现在推力试验中比金高出许多，但时间一久，金反而比铜高了，研究人员分析之后发现，金线的内部其实出现很多柯肯德尔空洞（Kirkendall Void），这种空洞非常容易造成导电度下降。另外铜在拉力试验（Pull Test）表现中与金的差别不大，但是在相同直径情况下，铜的断裂强度较金更高。金线最为人诟病的是金属间化合物的生成，由于接合焊盘（Bond Pad）材质通常为铝，打金线后，若是生成金属间化合物，将会减弱金铝的结合力。实验结果证明，金于打线后一天，就生成Au_4Cl和Au_2Cl，厚达$8\mu m$，打线后4天更是生成柯肯德尔空洞。而相同实验条件下，铜线于一天内没有生成任何化合物，16天后才生成非常薄的Cu/Al层，128天之后，仅生成约$1\mu m$的金属间化合物，且完全没有柯肯德尔空洞生成。原因在于，铜的电负度（1.9）和铝的电负度（1.6）的差别比较小，而金的电负度（2.5）和铝的差别比较大，电负度差越大反应力越大，且就原子半径来看，铜和铝的差别较大，较不易结合。在比较不易生成金属间化合物的情况下，铜线的可靠性就比金线高得多。但有两点非常致命，从1991年开始有人研发铜线的使用，数十年来一直在对下面两个问题思考解决方法。

问题一，铜线在室温下非常容易氧化，生成CuO或Cu_2O_3，除了考虑电负度的影响之外，关于氧化还原电位（ORP）的比较，铜的氧化力比金大得多，而金则是还原力大，容易得电子，不容易和氧作用提高氧化数，一旦容易氧化，产生的氧化层使得焊接的可靠性就大大下降了。也因此铜线的贮藏寿命（Shelf Life）也很短。铜丝球焊和金丝球压焊一样,需要采用电火花放电(EFO)系统,但对于铜丝来说,若采用传统的 EFO 系统,在成球的瞬间,高温的环境容易使铜焊球发生氧化,氧化后的铜焊球焊接性能明显要差很多。因此铜丝球焊在电火花放电过程中必须增加惰性气体保护功能,以防止焊球氧化。氮气是最容易获得且成本最低的惰性气体,因而很自然地被应用在铜丝球焊过程当中[5]。企业之前采用的金丝球压焊

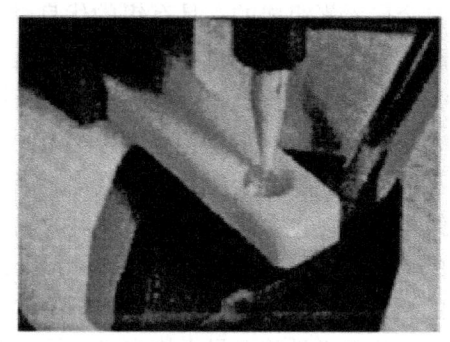

图 3-41 铜线键合气体保护装置

设备并没有气体保护装置,这就需要进行设备改造,改造如图 3-41 所示,称为铜线键合气体保护装置,劈刀头部进入小孔中,里面有打火杆,并通有保护气体[6]。

通常使用惰性气体,例如 Ar,或者氮气,利用惰性气体降低铜和氧气接触的可能性,但是成本较高,也有安全问题,需额外加装混合气体发生器或钢瓶等设备。还有从材料本身考虑,将铜镀上其他金属,如 Ag、Ti、Pd 等,降低铜与氧接触的机会,并改变其机械特性。之前还有一位日本研究人员提出用一特殊溶液在铜表面形成亚铜,这样在存放时就不太需要考虑氧化问题,而打线时加超声波,即可挤出亚铜层,不过可能是因为成本原因无法大量使用。

问题二,铜丝键合弹坑失效如图 3-42 所示,铜的硬度和机械性质非常好,是三种材料中最高的,但是硬度越高,需要将铜进行形变(Deform)时产生键合的

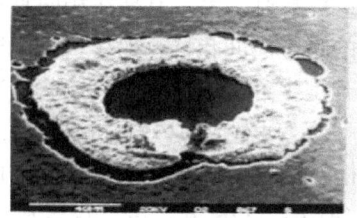
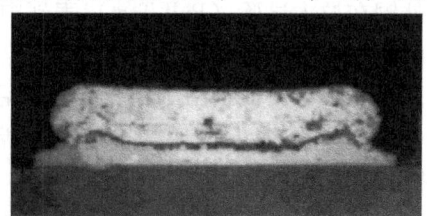

图 3-42 铜丝键合弹坑失效

作用力相对就越大，这对于芯片上的焊盘（Pad）的损害也很大，而且作用力越大，对于第二焊点的可靠性也下降，因此铜线的第二焊点通常良率不是很高。对于第一焊点的解决方法，思路主要是增加芯片的强度，比如在芯片焊盘下的阻挡层增加薄的 Ti 或 W 的金属层，起到增强芯片抗力的作用，也同时将芯片焊盘铝层的厚度增大到 $3\mu m$ 以上，起到更好的缓冲作用。第二焊点主要是框架引脚的镀层，表面镀银可以形成良好的焊点。业界也有纯铜的尝试，如第一焊点芯片焊盘是铜，第二焊点引脚也是铜，理论上同种金属间的结合是最好的，只是氧化的问题，氧化如果能控制好，工艺就可行。需要指出的是铜线产品的开封有如下特点。

对于塑封产品的失效分析，需要开封（Decap）确认内部，进行目检分析并改善。铜线开封与金线产品不同，常规的化学开封方法会腐蚀铜线，无法进行后续的内部目检和键合强度测试分析，需要研究出新的开封分析方案。现在经高成等人研究出铜线的开封流程如图 3-43 所示，已经可以完成良好的开封效果。[7]

此外，铜线产品用 X 射线做无损检查时十分困难。铜线的轮廓在 X 射线下较为模糊，而金线在 X 射线下能清晰可见。这就造成塑封后目检排查过程中，铜线焊点处的异常完全无法通过 X 射线进行确认，必须破坏性开

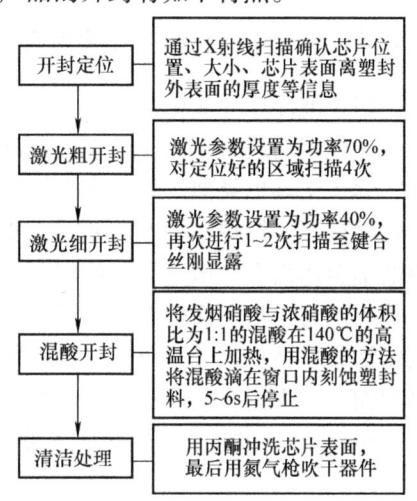

图 3-43　铜线开封流程图

封确认。当然，降低塑封料流动性的影响，保证塑封前焊点的可靠性，可以基本消除此不良影响，现在能够实现量产的企业基本均能达到此水平。

3.4.3　金/铜线键合的常见失效机理

金丝球压焊的一个失效原因，即所谓柯肯德尔空洞（Kirkendall Void），是在键合点周围形成环状空洞。这种失效往往在高温（300℃以上）下容易出现。高温下金向铝中迅速扩散，由于金的大量移出并形成 Au_2Al，因此在键合点四周形成黑色环形空洞，它使键合点周围的铝部分或全部脱开，导致出现高阻或开路。柯肯德尔空洞的形成过程与温度和时间有关，内因是金、铝原子的扩散与化合作用，其中金的扩散起主导作用。外因是温度，温度高于 300℃时才能形成空洞（热压键合时，芯片上的温度高于 300℃，如果时间过长就容易诱发这种失效）。金铝合金失效的器件有一个特点，它在电测试过程中会恢复正常，使开路失效现象消失。因为金铝合金在电压（如 5V）冲击下将打碎而复原。但这种恢复正常的器件的可靠性极差，如果将它进行短时间的高温存储或让它工作一段时间后，开路失效现象又会重新出现。柯肯德尔空洞电镜图如图 3-44 所示。

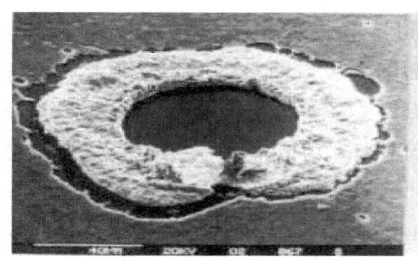
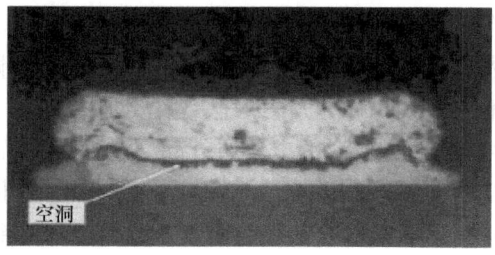

图 3-44 柯肯德尔空洞电镜图

3.4.4 铝线键合之超声波冷压焊

超声波冷压焊又称楔焊（Wedge Bond），有别于热超声的引线键合，虽然都是打线，但用的线材不同，工艺设备也相差甚大。楔焊顾名思义就是焊点类似一个楔，焊头工具也类似。焊丝在焊接过程中没有用到加热的方式，然而金属表面还是会熔融成型。铝焊丝（当然也可是其他金属）被压紧在半导体焊盘表面的一层薄薄的铝金属面上。压紧后，超声振动由焊接工具作用于焊件。振动使焊丝变软，压力使焊丝与焊盘表面的金属原子互相扩散，形成焊接。当焊件相互作用时，焊件表面的污染物被打碎并挤出。这种作用使焊件表面产生塑性变形，同时清洁焊丝和焊盘表面。当焊盘金属原子和焊丝金属原子相互共享电子并形成金属键时就完成了键合（Bonding）的过程。主要工艺步骤如图 3-45 所示。

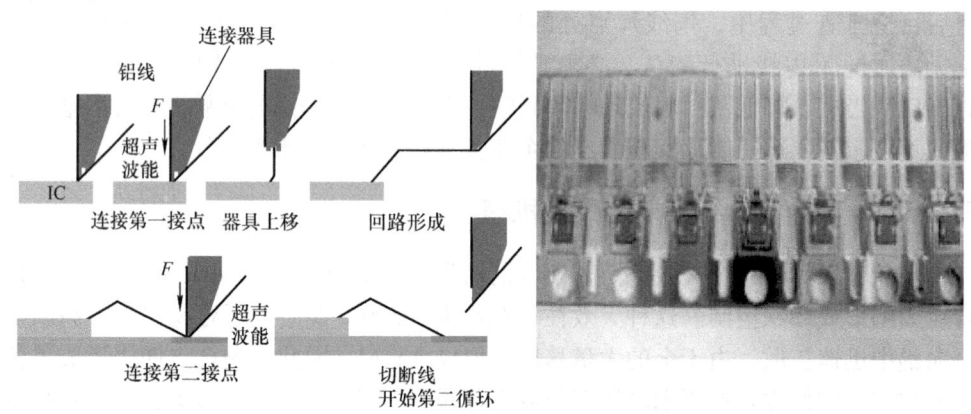

图 3-45 超声波冷压焊示意图

焊接所用的铝丝是高纯度的铝，可以达到 99.99% 的纯度，掺加少量的微量元素，如添加硅可以增加强度和硬度，添加镍可以增加抗腐蚀和抗氧化性，由于功率器件，特别是用于汽车航空等行业的功率器件，一般有比较高的信赖性要求，所以采用含镍的铝丝居多。

焊接所用的锲形工具［Bonding Tool（Wedge）］一般也称为劈刀，是特制的，以碳化钨钢为主要成分,由特殊的数控机床加工而成,一般精度要求是 $2\mu m$。不同粗细的铝丝需要不同尺寸的焊接工具。除了这些主要的焊接工具外,还要有配套的辅助工具,如铝丝导线管、嘴,切断粗铝丝的特制切刀等。另外,粗细铝丝的切断方式是不一样的,细铝丝采用扯断的方式,因此,不需要切刀,但需要特殊的铝丝夹具。

焊接夹具的设计是非常重要的,通常对于半导体设备制造商来说,除了开发机器的一些焊接功能外,有一大半的时间是用来开发设计半导体设备的专用夹具,因为具体到不同客户的实际应用,通常由于半导体芯片焊接的尺寸空间限制,需要考虑在实际的应用过程中,如何保证焊接工具和焊接夹具的精密配合,针对特殊产品的应用,往往需要实际调整测试方可定型,同时,夹具的质量必须考虑其安装调试的便利性和耐磨性,以及互换性等。

功率半导体器件包括模块的主要内互联方式是铝线超声波冷压焊,本书重点是讲述如何制作功率器件的封装,因此,我们有必要详细充分理解一下铝线工艺的技术特点,为后续其他技术的学习打下坚实基础。以下就对铝线焊接性问题有影响的因素总结如下:

1)焊接参数(规范)。
2)焊接材料(引线框架,铝线)的质量。
3)焊接工具(表面质量和几何尺寸)和焊点的几何形状。

3.4.4.1 焊接参数响应分析

焊接参数主要是指焊接时的超声能量,以及作用于焊接工具并施加到铝丝的压力和焊接作用时间。研究表明,单纯增加焊接能量和时间,可以有效地增加焊接结合能力,但是由于在焊接工具的作用下,在铝丝根部有铝的堆积和过变形,容易产生裂纹。焊接压力的作用是在焊接时促进金属间的相对扩散,较大的压力情况下,由于没有充分的变形,反而不容易焊接,太小的压力会导致焊接材料表面过度的相对运动,如同加大超声能量的功效一样,会导致根部裂纹衍生。

超声能量、作用于焊件表面的压力以及一定的超声作用时间,是焊接的三要素。为得到满意的焊点,工件表面必须牢牢地压紧以便超声能量能高效地传输。以下我们将详细讲述合适和不妥的参数的作用和后果[6]。

超声能量的作用是使焊丝变软(塑性变形),能量的设置对焊点的形状有比较大的影响。图 3-46 所示是理想焊点的扫描电镜图。可见,此情况下,理想焊点包含无根部的印记,光滑的顶部,协调一致的尾部,以及在焊点下比较小的挤出。

但对于不同的焊丝线径,当能量的设置不合适时,会发生什么?一般而言能量设置太高或太低都会有不同的后果,不当的能量设置会影响焊接质量。

图 3-47 所示是能量太高的情况下的电镜图片,过多的铝从焊点挤出,形成了一个耳朵,边缘部分多被烧焦了。铝的结合点在焊接工具半径的后部,使焊点的根部产生凹陷。这容易使器件在温度循环试验中失效。此情况下,焊点出现过多的变

形，过多的挤出（溢出），边缘部分烧焦，在焊接工具半径范围内的快速的铝成型，根部有明显凹陷。

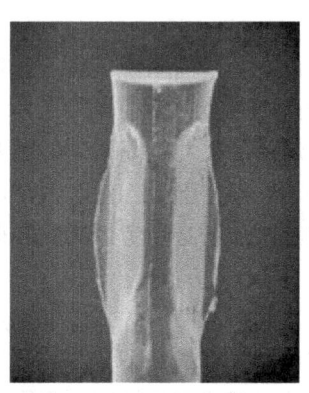

图 3-46　理想焊点的扫描电镜图[8]

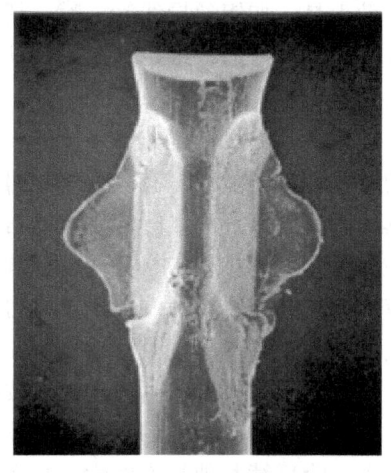

图 3-47　过高能量设定焊点电镜图[8]

如果超声能量设置得太低，焊点是不牢固的。如果不牢固，焊点外观看上去很好，但结合不牢固。从焊点的破坏性数值大小可以反映该类问题。焊点中间有许多未焊接区域，因这些区域中没有足够的能量使焊丝变形，并使许多不清洁的表面污染层残留在焊点金属之间。

焊接压力是通过焊接工具施加到焊接加工表面，为了保证焊接时工件表面的良好接触，焊接压力必须足够大到能使两金属表面在焊接时能相互结合，但不能太大，使接触金属表面间没有相互塑性流动的可能，从而影响超声振动的效果。太大的压力会使焊丝变得平坦，使焊丝从焊接工具中被挤出，过大的压力效果如图 3-48 所示。

图 3-48 中可见过多的扁平状焊丝挤出，焊丝与焊接工具槽上部接触，弱焊点由于较大未焊区存在。

在实际过程中，过大的压力使铝无法发生冷塑性流动，焊点看上去就像焊接工具的一个印迹。虽

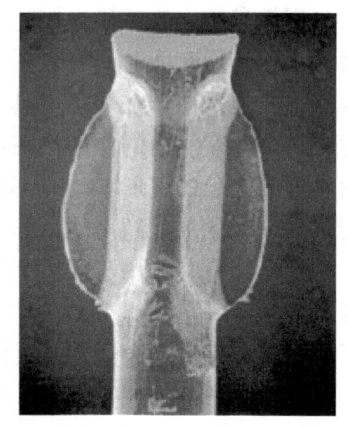

图 3-48　过大压力焊点效果图[8]

然焊点看上去溢出大，但焊点表面光滑，而不同于施加大能量时的焊点表面粗糙。因焊丝由于在预压时已经扁平，这就有可能存在较大的未焊区，致使弱焊点和脱落，这种情况下，措施不是增加能量，而是降低压力。

太小的压力，另一方面，在施加超声能量时会使焊丝来回滑动。这也会导致弱焊点和脱落或无变形的焊点。其他值得注意的太小的压力效应包括芯片弹坑现象

（Die Cratering），以及过多的铝垢残留在焊接工具中，导致焊接工具寿命和焊点质量下降。

太小的压力还会导致较强的焊丝和焊接工具的粘连效果。一些额外的 Z 轴运动会导致过大的芯片弹性力，从而导致"弹坑"现象。另外，焊接工具中的焊丝残留也会导致较低的压力效应，引起焊点根部的凹陷和刮痕。

焊接时间是超声作用的持续时间。在三要素中，有比较大的调整范围，但必须保证足够的焊接时间来完成焊接。过长的焊接时间会导致焊丝过多的挤出，如图 3-49 所示。一种过长焊接时间的现象是在焊点边缘周围会有黑色的区域（氧化物），以及过长的焊接时间会导致焊丝过多的挤出。

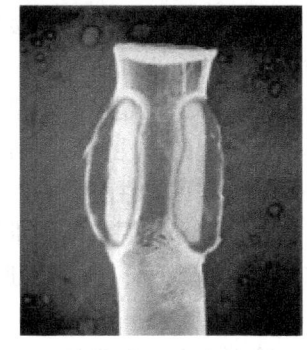

图 3-49 时间过长焊点图[8]

太短的焊接时间会导致超声能量没有足够时间来使焊丝塑性变形。只有金属的塑性变形才能使一些不纯表面和氧化物被打碎和挤出，暴露出纯净的金属才能完成焊接。太小的焊接能量会直接导致焊点脱落或非常弱。

良好的焊接夹具可以保证在施加超声的焊接过程中不会移动，这对获得好的焊点来说非常重要。工件必须完美的静止来保证超声能量从焊丝到焊盘表面的传输。不好的夹具，导致焊接效果就如同太小的压力一样。从专业的角度来说，对焊接夹具的要求也是非常高的，从设计到制造需要专门的人才和知识，在此过程中，也常常使用有限元模拟计算和分析的工具。

综上所述，我们可以认识到，设计合理的参数对于提高焊点的焊接性和可靠性起着直接的关键作用。那么采用什么样的参数才是恰当的呢？要回答这个问题，除了对铝线的焊接过程要有深刻的认识外，还需要有一定的数学知识，通过高效的统计方法，快速地找到合理的参数范围，从而应用到实际的生产实践中去，取得良好的经济效益。

3.4.4.2 焊接材料质量分析

在实际生产过程中，发现焊接材料的表面状况对焊接性能质量也是非常敏感的，尤其是对于细铝丝来说这种情况特别明显。对于焊接材料来说，一般我们指铝丝和引线框架。

1）引线框架表面状况分析[9]。半导体封装中一个非常重要的材料就是引线框架。引线框架（Lead Frame）是半导体封装的三大基本原材料之一（另外两种是塑封材料和晶圆片本身）。引线框架一般由铜或铁镍合金作为基材，经过冲压成型后，还需要经过电镀以便增加可焊性。框架之所以重要是因为焊接工艺直接作用于其表面，作为引线的电气连接点是实现芯片功能和外部电路连接的桥梁。框架的制造过程主要是模具冲压和表面处理。对于内互联来说比较重要的是表面处理，当然对尺寸的控制也是重要的,因为尺寸的差异会影响焊接夹具的夹持质量。至于表面状况,主要有表面粗糙度、电镀层厚度和表面清洁程度(氧化污染程度)。

关于表面粗糙度对焊接质量的影响,国内外对其做了许多研究,一般而言,认为焊接的两个表面越光滑,则原子间的结合和扩散过程越容易进行,从而焊接越容易,但实际上在超声波焊接领域,由于焊接能量是因焊接材料间的相互摩擦产生的热量而引起的塑性变形,所以,并不是表面越光滑,焊接越容易,相反,粗糙度大一点的材料可焊性和接头的机械强度要好,当然,摩擦大到一定程度不能有相互的位移,也会导致焊接的困难和接头机械特性的降低,如前述的压力过大的情况。研究表明,粗糙度、硬度相近的材料,其焊接比较容易,也能得到比较好的焊接效果。

除了表面粗糙度外,框架表面的电镀质量也对焊接质量产生直接的影响,表面电镀金属的致密程度、硬度,以及抗氧化能力等都会对铝丝的焊接产生直接影响,常见的不良是由于焊接接头机械性能差和抗热疲劳程度较差导致的,而解决此类问题的直观方法是加大焊接参数,虽然在一定程度上保证了焊接强度,但由此带来的问题是焊接接头的可靠性降低,应力分布条件恶化,从而导致进一步严重的根部裂纹问题,所以说简单的加大参数的处理方法往往并不是科学的,只有彻底明确了失效产生的根本原因,对其进行思考并加以控制,然后比较经济性,才能得出有效、可靠和低成本的解决方案,取得良好的经济效益。因此从原材料控制的角度出发,有必要了解材料本身的一些特性,同时不能只局限于键合工艺本身,需要关注在此工艺之前的一些工艺手段。功率器件在键合之前的装片多用软钎焊的方法焊接装片(也可归结到内互联的范畴),该工程前文已详述,就是使用软钎焊的方法,把背面有金属层的加工芯片准确快速地贴放在熔融的软焊料上,经过冷却凝固,为内互联做准备。由于该道工艺需要的工艺条件是高于300℃的高温,所以引线框架等原材料易发生氧化现象,为防止氧化,通常使用氮气和氢气混合的保护气体来还原氧化金属,从而保证材料表面没有发生严重的氧化,控制混合气体流量和比例往往对后续的内互联键合工程有比较大的影响,此外,原材料的包装方式,干燥剂的颜色等,往往也是判断材料是否可以用于生产的依据。

关于引线框架表面状况对铝线焊接性能影响,许多引线框架供应商和应用者都在展开这方面的研究,许多研究成果,还没有得到具体的实验数据来说明和表征引线框架的表面状况,最近大量的研究工作是对金属间的表面摩擦系数的研究,研究者希望通过对不同金属间的表面摩擦系数的测定来描述焊接性。表面粗糙度不仅影响结合面的接触,也影响扩散过程,越是细微而且规则的表面凹凸,空隙的消失越迅速,此时,扩散机制起重要作用,而并非空隙总体积小导致接触面自身发生横向移动起主要作用,使结合面生长。当表面凹凸的宽度较大时(较为粗大的痕迹),扩散的作用被减弱,此时接触面附近空隙表面向接触面的移动起主要作用,使结合面生长。图3-50所示为第二焊点焊接过程的机理分析。

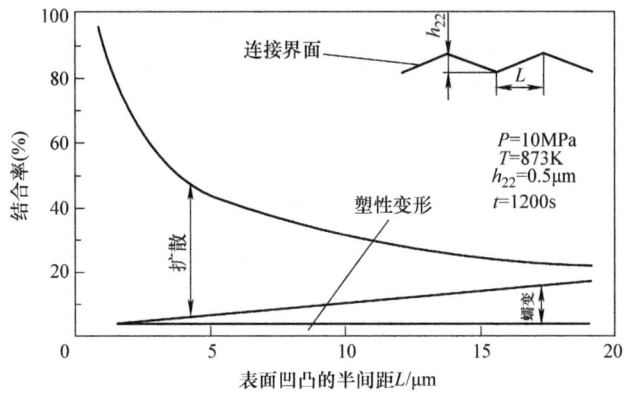

图 3-50　第二焊点焊接过程机理分析图

因为焊接参数固定后，压力和超声能量被设置成定量，所以相对应的塑性变形量也一定，这个时候表面粗糙度的增大使得扩散的作用减小，L 增大的话，蠕变增大。在一定的压力下表面互相接触，局部塑性变形使氧化膜被破坏，产生微小的连接，随时间的延长，紧密接触的部位由于蠕变变形和扩散导致生长扩散继续进行，空隙逐渐消失，连接界面增加并通过体积扩散，导致空隙完全消失，产生互相结晶，最终界面消失。变形与扩散是连接的主要机制，在不同的阶段所占的比重不同。所以变形增加对焊接性的提升是有帮助的。但扩散减少又减缓了金属间的金属键形成，所以对于粗糙度（用 L 来表征）的某一优化点在最快速率下的金属间结合率最高，可以对图 3-50 上面一条曲线建立偏微分方程求得最值找到最优点。具体试验设计的过程中，可以在固定一组焊接参数的情况下，对不同粗糙度表面做焊接试验，后通过拉力推力试验，以及剥离焊点来测量焊点有效接触面积，以此作为考量。

2）铝线金属力学性能分析[9]。铝线的制造是基于母材掺杂调质后的冷拉，冷拉过后经过退火消应力处理，然后是绕线。通常情况下铝丝的纯度达 99.99% 以上，但对于细铝线，由于强度问题，通常会掺 1% 的硅来增加刚度和强度以便于随后的制造工艺和焊接。因此，一般来说一旦选定铝线，其基本特性就大体上定下来了。图 3-51 为贺利氏公司 3mil⊖ 铝线的机械特性随退火时间的变化趋势。

可见随着退火温度和时间的增加，铝线的断裂强度呈下降趋势，而塑性略有增加，特别是含硅型铝线的变化比较显著。一般而言，对用于引线键合的铝线的机械强度要求范围是比较宽的，以 2mil⊖ 铝线为例，大体上要求强度为 38~44gf⊖，塑性为 1.5%~5%。

实际的半导体器件是由许多材料通过不同的加工方法组合在一起的整体，在这个整体中，由于材料本身特性的差异，在温度变化、环境变化的条件下，必然有应

⊖　1mil = 2.54 × 10⁻⁵ m。

⊖　1gf = 0.0098N。

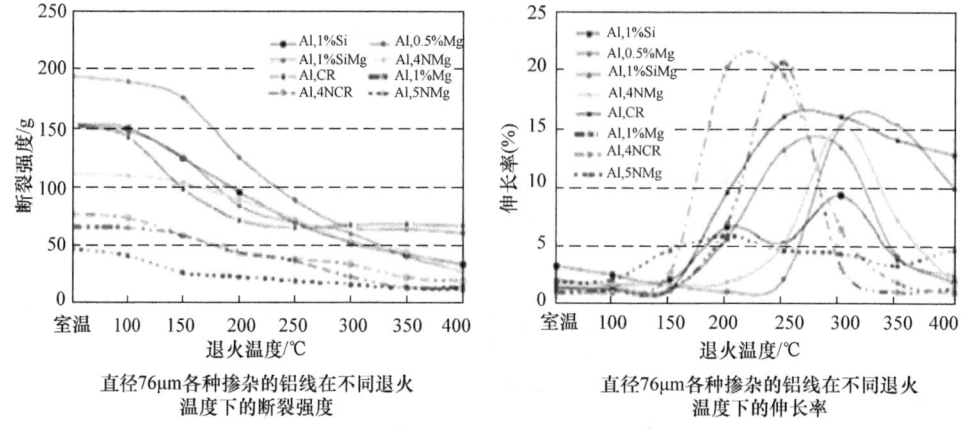

直径76μm各种掺杂的铝线在不同退火温度下的断裂强度

直径76μm各种掺杂的铝线在不同退火温度下的伸长率

图 3-51　贺利氏公司 3mil 铝线的机械特性随退火时间的变化趋势图

力、应变条件的差异，这主要是由于材料的参数，诸如热膨胀系数、杨氏模量、强度和刚度等差异引起的。因此，为了评价一个半导体器件对恶劣环境的忍耐力，需要做信赖性老化试验，以得到产品是否工作可靠的结论。根部裂纹往往是延迟裂纹，也就是说一般不可能在组装完成后通过一次加电测试把不良筛选出来，而是在信赖性老化试验中才能发现，最敏感的信赖性测试方法就是温度循环。温度循环的条件是按照电子设备工程联合委员会（Joint Electron Device Engineering Council，JEDEC）的相关标准制定的，其条件如下：

低温炉：$T_a = -65 +0/-5℃$；高温炉：$T_a = 150 +5/-0℃$。测试时间：高温到低温，低温到高温的转化时间不能超过 1min，在高低温炉的时间应长于 10min，在标准温度下的时间应为 15min。电子特性测试时间应在常温和常湿下进行（温度为 25 +/-3℃，湿度为 50% +/-10% RH）。一般在 -65~150℃ 的温度循环条件下，以达到 500 周期以上没有电特性不良发生为合格。汽车电子产品等要求达到 1000 周期以上。

此外，对于铝线，有必要了解其金属力学性能，尤其是抗拉特性，从而预测其变形和断裂的趋势。纯铝的机械应力—应变曲线如图 3-52 所示。

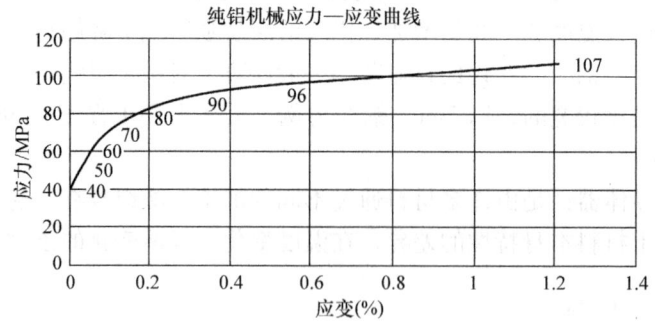

图 3-52　纯铝的机械应力—应变曲线图

其应力—应变数据见表3-4。

表3-4 纯铝应力—应变数据表

应力/MPa	应变（%）
40	0.0005634
50	0.025
60	0.045
70	0.092
80	0.163
90	0.305
96	0.500
107	1.21

实际掺硅的2mil[⊖]铝线的机械应力—应变曲线如图3-53所示。

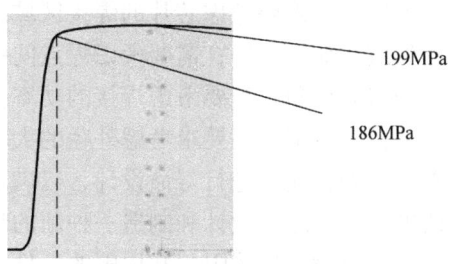

3-53 掺硅的2mil铝线的机械应力—应变曲线

其应力—应变数据见表3-5。

表3-5 2mil铝线拉伸应力—应变数据

应力/MPa	应变（%）
186.1	0.02
186.6	0.03
187.6	0.04
199.2	0.17
198.2	0.2
199.6	0.22

可见，掺硅的铝线，其机械特性和纯铝有很大的区别，具体表现在机械强度明显比纯铝来得高，屈服强度约为186MPa，而纯铝只有约40MPa。同时，这个实验

⊖ $1\text{mil} = 2.54 \times 10^{-5}\text{m}$。

数据告诉我们，2mil 直径的细铝线在受到大于 186MPa 以上的应力载荷时，会发生塑性变形，如果没有显微裂纹的存在，在大约 199MPa 的条件下会发生拉断的情况。但在实际过程中，断裂往往也不是在到达材料的断裂强度的时候才会发生，许多情况是和材料表面的本身状况有关，低应力断裂情况的发生可以用断裂力学的理论来解释，其裂纹扩展的前提条件除了满足裂纹扩展的能量边界条件外，还对材料本身存在显微裂纹做出了假设。而初始裂纹在高倍显微镜下可以观察到。如由于焊接工具的加工毛刺的存在或者是寿命管理不当导致铝垢的积累等，都会对根部产生不同程度的损伤，成为裂纹的发源地。因此，从这个角度说，通过光学检查，也可以在一定程度上发现裂纹。只是，由于半导体的大规模生产，不可能做到 100% 的全检，这对焊接工具的寿命管理和质量管理提出了较高的要求。

3) 焊接工具的影响分析[9]。焊接工具，包括金线和铝线焊接所用的工具，我们统称为劈刀，是直接影响焊点成型的关键。铝线的焊接工具是一种由钨钢特制的，中间可穿过铝线的特殊焊接工具。一般而言，设计开发一种适合生产某些产品的劈刀，需要考虑的方面比较多，需要考虑芯片的焊接区域大小，以保证劈刀在焊接中不会造成电路功能的失效，如短路等；需要考虑焊点间铝线的断裂方式，是采用扯断、压断还是靠外接的刀具切断；需要考虑焊接的功率传输问题，要求和变幅杆一起能使超声频率达到共振的范围；还要求考虑外径的大小，以防止第一、第二焊点之间没有干涉的可能，此外，还要进行寿命设计，以满足生产的需要，需要的话还要考虑表面热处理或电镀。总之，设计和制造一种新的焊接工具，不仅需要考虑焊接材料和工艺本身，还需要考虑环境限制和周围的条件限制，往往比较高效率的设计方法是进行计算机仿真模拟，我们所应用的劈刀截面如图 3-54 所示。

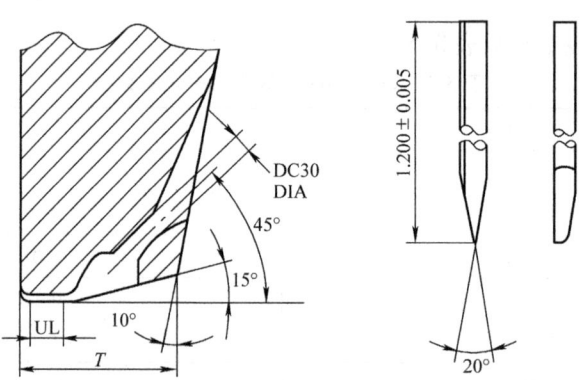

图 3-54 劈刀截面示意图

由前所述的材料热膨胀系数的差异是引起应力应变的根源，铝线、封装材料、引线框架、半导体硅芯片由于材料热膨胀系数的差异，各种材料的膨胀速度有快有慢。因此对材料本身来说，就相当于局部受拉或受压的应力，在温度急剧变化的状况下，通过有限元计算并考虑材料的形变和非线性的位移变化来得到相对精确的应力分布状况，从而明确危险点和载荷情况。分析整个电子元器件的物料结构，主要包含引线框架、芯片、钎料、铝线和塑封材料，DPAK 封装的内部结构示意图如图 3-55 所示。

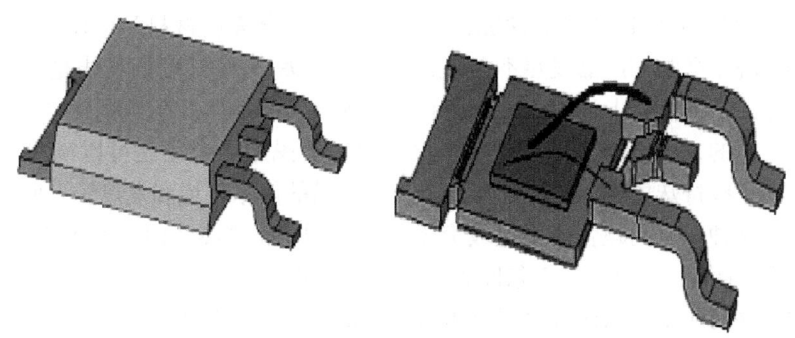

图 3-55 DPAK 封装内部结构示意图

3.4.5 不同材料之间的焊接冶金特性综述

超声波压焊的焊丝材料主要是金、铜、铝及合金线，所要实施的焊接母材材料的芯片端主要是铝、金、铜；框架或基板的母材表面主要是铜、银、镍和金。以下就这些材料间的焊接冶金特性做些分析。金-铝系列，或者是铝-金系列是比较常见的冶金体系，前者主要是金线焊接在铝表面，一般是芯片焊盘，后者主要是铝线焊接在镀金表面的基板上的情形。

金和铝相对比较亲和，容易相互扩散成固溶体或形成金属间化合物，金丝球压焊的冶金系统是金-铝系统，主要是指金线与芯片上铝层之间的键合点。由于金、铝两种金属的化学势不同，经长期使用或存储后，它们之间会产生一系列金属间化合物，如 $AuAl_2$、$AuAl$、Au_2Al、Au_5Al_2 和 Au_4Al。这五种金属间化合物的晶格常数、膨胀系数以及形成过程中的体积变化都是不同的，而且电导率都比较低。因此，器件经长期使用或遇到高温后，在金-铝键合处出现键合强度降低、变脆，以及接触电阻增大，或时好时坏的现象，最后导致开路或性能退化。这些金属间化合物具有不同的颜色，$AuAl_2$ 呈紫色，俗称"紫斑"；$AuAl$ 呈白色，则称"白斑"，它不仅脆而且导电率低，极易从相界面上产生裂缝，对键合点的可靠性危害最大。白斑成形机理如图 3-56 所示。

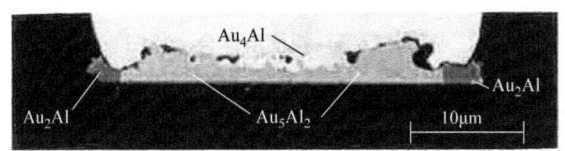

图 3-56 白斑成形机理

至于铝线打在镀金层面上的情形，其冶金特性相同，需要指出的是，打铝线一般采用的是冷超声，所以前期不加热的情况下，其可靠性比金-铝要好，但因为铝线产品多为功率器件，发热量大，所以从长期可靠性来讲反而不好，因此无论是从成本还是可靠性角度出发都不推荐采用铝线打在镀金层上这种冶金体系。

那么如何提高金-铝的可靠性呢，这里有一个综合考量材料和应用环境的问题，如果应用环境不严酷，产品发热不多，那么传统的99.99%纯度的金线是不需要担心可靠性问题的。即使有上述白斑、紫斑和空洞现象，都是在长期高温及循环交变温度的情形下产生的，虽然焊点的可靠性不高，但一般民用场合还是可以满足质量需求的。然而在一些特殊场合，比如汽车电子或者严酷的使用环境和发热较多而散热不充分的场合，这种焊点问题就变得比较突出了。采用99%的金加上1%的Pt掺杂制造出所谓的2N金线，既有金线工艺性能好的优点，又因为加入了Pt，起到了降低金铝相互扩散速率的作用，从而减少了金属间化合物的产生，提高了可靠性。

金-铝焊接体系是最常见的体系，其固溶体合金相图如图3-57所示。

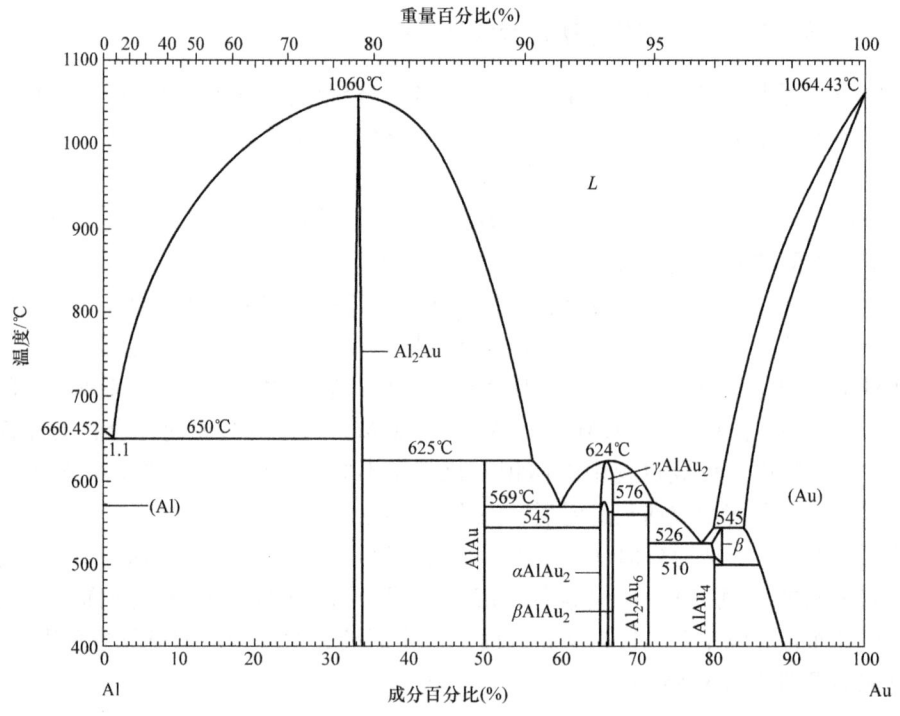

图3-57　金-铝固溶体合金相图

美国学者Narenda Noolu等研究了金-铝的冶金相图，关于金属间化合物得出如下结论：

1）由于金属间化合物的生长，所谓的细间距79μm的键合在175℃和1000h温度的情况下可靠性随间距尺寸缩小而下降，如50μm情形大约在500h，35μm更小。

2）所谓的绿色塑封料可能对化合物的增长起促进作用。

3）等离子清洗是有帮助的,但不能有效去除有机酸,使用 Ta/Ti barrier 界面金属在焊盘下方是有帮助的。

4）新设备的参数规范要进行可靠性设计优化。

5）较高的焊接可靠性就代表着产品的可靠性,值得重视。

他也研究了在形成金属间化合物的时候体积的变化,见表3-6。

表3-6 形成金属间化合物时体积变化表

合金相	金属间界面反应	金属间化合物成分	体积变化(%)
$AuAl\text{-}AuAl_2$	$Au(AuAl) + AuAl_2 \geqslant 2AuAl$	$AuAl$	-18.1
$Au_2Al\text{-}AuAl$	$Au(Au_2Al) + AuAl \geqslant Au_2Al$	Au_2Al	-3.79
$Au_8Al_3\text{-}Au_2Al$	$2Au(Au_8Al_3) + 3Au_2Al \geqslant Au_8Al_3$	Au_8Al_3	-1.07
$Au_4Al\text{-}Au_8Al_3$	$3Au_4Al \geqslant Au_8Al_3 + 4Au(Au_8Al_3)$	Au_8Al_3	-27.15
$Au\text{-}Au_4Al$	$Au_4Al \geqslant 4Au + Al(Au)$	$AuAl$	-0.8

其他金属间焊接性系统如下:

铝-镍体系,铝-铜体系,主要是指铝线焊接在镀镍层框架基板或者直接焊接在纯铜表面的情形。在研究异种金属焊接特性之前,有必要说明一点,从可靠性和焊点成型的容易程度来说,同种金属之间的结合情况是最佳的,拿功率器件的铝线来说,如果焊接在铝表面,一般来说是非常可靠的焊接,而芯片表面的焊盘,一般是表面蒸镀了一层铝,因此铝线焊接主要是考证铝线第二焊点和框架或基板材料的焊接特性。铝因为是两性氧化物,非常容易氧化成稳定的 Al_2O_3 成分,该氧化物不导电,相反绝缘程度很高,是陶瓷的主要成分来源。因此,基板和框架上没有镀铝一说,这点电镀工艺也无法实现,一般镀铝采用真空蒸镀,成本较高,工艺性较差。真空蒸镀金属薄膜是在高真空(真空度低于 $1.333 \times 10^{-6} \sim 1.333 \times 10^{-1} Pa$)条件下,以电阻、高频或电子束加热使金属熔融气化,在薄膜基材的表面附着而形成复合薄膜的一种工艺。被镀金属材料可以是金、银、铜、锌、铬、铝等,其中用得最多的是铝。在塑料薄膜或纸张表面镀上一层极薄的金属铝即成为镀铝薄膜或镀铝纸,多用于食品例如奶粉等的包装,在铜基材上蒸镀铝的工艺还未用于半导体封装,可能是设备成本、工艺性的问题,比如铜基材不能太薄,无法做成卷筒状态,以使用成熟的包装行业的蒸镀产线,而如前道工艺的蒸铝所用的密封坩埚,又不能实现大规模量产,所以成本较高。所以主要是镀银、镀镍、镀金,或者纯铜作为焊接表面。镀银层主要用于金线、铜线合金线超声波球焊工艺,粗铝线也可以焊接在镀银层上,但这种结构非常不稳定,容易在长期高温下发生相互扩散形成焊点结合部的空洞,从而影响焊接机械性能并引起可靠性问题。因此铝线焊接一般不采用镀银层。图3-58所示是 G. G. Haman 编写的书里关于焊接冶金系统及可靠性的综合描述。

这里需要指出的几个原则：

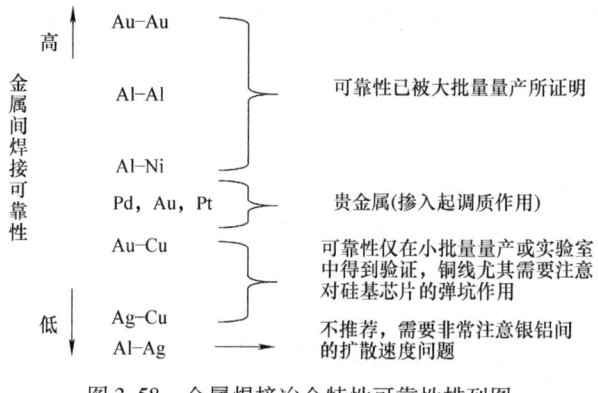

图 3-58　金属焊接冶金特性可靠性排列图

1）同种金属间结合最好，没有由于固溶体相互溶解度不同导致金属原子向对方母材扩散的速率不同引起的金属间化合物（IMC）上产生空洞脆性连接的可能。

2）适当掺杂一些相互不亲和的微量元素，起到阻止亲和金属元素间的相互扩散，同时减缓固溶的速率，从而提高可靠性。

3）金属氧化物的表面处理是个普遍问题，超声波球焊工艺普遍采用焊前等离子清洗以去除有机氧化物的工艺。功率器件的铝线焊接由于线径较粗，超声振动摩擦能量足够大，能够去除表层氧化层，可以不做焊前去氧化处理。但在纯铜表面，氧化非常容易，所以一般是在铜表面镀镍，或者通过密封的轨道通入含氢的混合气体参与氧化还原反应，以保持铜焊接面的清洁。

3.4.6　内互联焊接质量的控制

要考量一个焊点的质量是否满足要求，主要是考察焊接机械性能指标，当然也有考虑电阻率、电感寄生参数的说法，除了特殊的高频产品，不做特别申明的不做此类考量。焊点的机械特性主要是指焊接强度以及和特性有关的焊接有效面积。通常表征焊接强度的指标有两个，焊点拉力和推力值，分别通过对焊点的破坏性试验来得到数值。焊接有限面积的确认是通过采用快速拉扯掉焊点，观察焊点残余面积和被焊母材结合的情况，也是一种破坏性试验，在金线和铜线情况下叫观察 IMC 结合面积，在铝线情况下叫观察铝残留面积。以下就这几种试验方法和判定方法做些介绍：

1）焊点拉力测试（Bond Pull Test，BPT），其基本原理是用钩子在焊线中间或某一不固定位置做上拉的动作，随着拉力的增大，焊线从弹性状态到塑性变形，直到拉断，读出拉断时的拉力值作为焊点拉力强度特性表征，拉力试验原理示意图如图 3-59 所示。

这里提出一个数学问题，当几何结构确定的时候，钩子钩在线的哪个位置体现

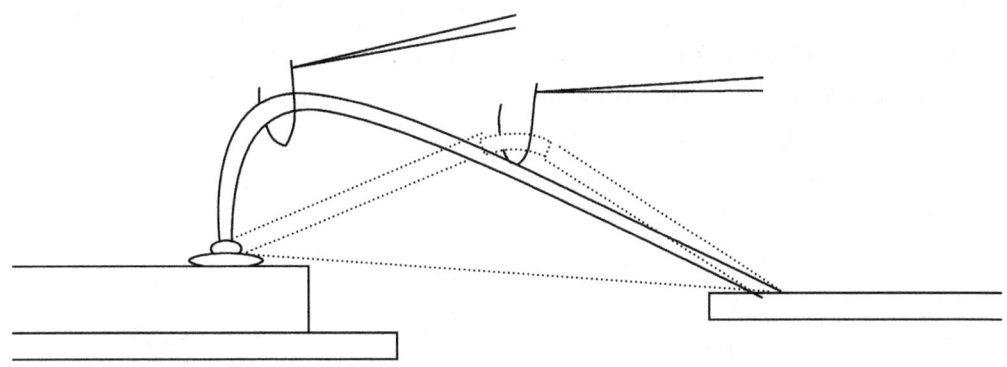

图 3-59 拉力试验原理示意图

的拉力值最大，或者说对焊点的作用力最大？G. G. Haman 的论著里描述了一个拉力计算的模型如图 3-60 所示。

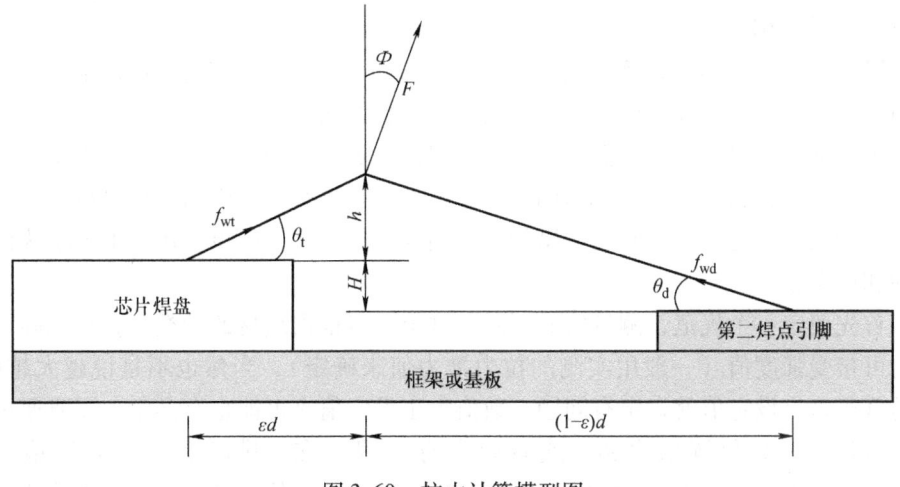

图 3-60 拉力计算模型图

经过计算推演得到如下结果：

$$f_{wt} = F\frac{(h^2 + \varepsilon^2 d^2)^{1/2}\left[(1-\varepsilon)\cos\Phi + \frac{(h+H)}{d}\sin\phi\right]}{h + \varepsilon H} \quad (3\text{-}11)$$

$$f_{wd} = F\frac{\left[1 + \frac{(1-\varepsilon)^2 d^2}{(H+h)^2}\right]^{1/2}(h+H)\left(\varepsilon\cos\Phi - \frac{h}{d}\sin\phi\right)}{h + \varepsilon H} \quad (3\text{-}12)$$

计算表明，f_{wt} 和 f_{wd} 分别是位于第一和第二焊点的与几何形状、焊点位置、弧高、钩子的位置和角度有关的参数。如果钩子是垂直向上的话，角度 φ 等于零，作用力的大小是和钩子在两焊点间的位置 d 有关的函数，在 H 为常数，h 是关于 d 的函数的情况下，角度 θ 也是关于 d 的函数。改写 f_{wt} 和 f_{wd} 并分别对 d 求导数得到极值条件,当导数为零的时候,d 的大小就是极值位置。F 即拉力机读出的数值,f_{wt} 和 f_{wd} 分别是实际作用在焊线上的拉力。铝线的情形与其类似。

2)焊点推力测试。主要是检查两种情况,一是看看焊接的抗剪应力强度,通常元器件在经历高低温循环条件或者环境温度巨变的时候,主要体现在封装材料热膨胀系数(CTE)不完全匹配带来的应力应变,这种情况对焊点的考验主要是剪切方面的拉压应力,因此考证焊点强度的抗剪应力条件也很重要。二是通过推掉焊接母材,观察焊接结合面的面积,通过形成的金属键结合面的大小位置来判断焊接是否充分,也十分有必要。焊点推力的测试模型如图 3-61 所示。

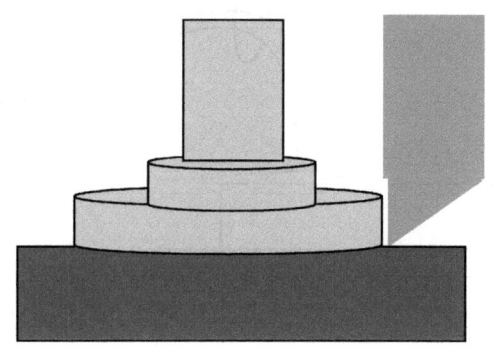

图 3-61 焊点推力测试模型示意图

以金丝球压焊模型为例,抗剪应力强度 $SS = 4SF/\pi D^2$,其中 SF 是推力;D 是球面直径。注意不是线径而是所形成的焊接形状的面积。

焊点强度的表征虽然是数字形式的,但都是破坏性测试,实际生产中不能完全做到全面测试,因此,只能采用抽样检验的方法来检查一批产品的焊接特性。抽样样本量的确定也是一个非常有意思的数学问题。这里我们简单表述一下数学统计的原理和运用。

首先要定一个规范,测量值的下限,这个一般根据线材的种类、直径来确定焊接的可接受强度值(一般用实测的拉力推力值来确定),当然也不是说越大越好,而是低于这个设定值就肯定有问题,数值大于设定值有可能也有异常,需要通过检查测量过程,如果读数出错,或者确实有异因存在,排除后再确认数值。以 125μm 直径的铝线抗拉强度值 40g 为例来说明,这个值按 JEDEC 来说可以满足 1000h175℃条件下的工作可靠性要求。实际上测量远大于 40g,一般超过 80g,那么这么大的数字,我们必须找到一种方法来说明焊接质量是否可靠。

质量的可靠不仅是通过单个测试的单元数值上达到规范要求,更重要的是观察这个过程是否稳定,因此是要从一组数据中观察数值的变化,了解特性的分布,构建一个分布的统计数学模型,从而推断整体过程的稳定和可靠。通常,工程上使用过程能力指数来表示过程满足或达到规范的程度。其计算公式如下:

$$CPK = \frac{USL - Mean}{3\sigma} \text{ 或 } \frac{Mean - LSL}{3\sigma} \qquad (3-13)$$

取其中的较小的值。式中,USL 是规范上限;$Mean$ 是所观察的过程的取样均值;LSL 是规范下限;σ 是过程的标准差。过程能力是指过程满足技术标准的能力,它是用来衡量过程加工内在一致性的,是稳态下的最小波动。过程能力决定于质量因

素人、机、料、法、环、测,而与规范公差无关。从式(3-13)我们可以得到以下几个结论:

1)要使过程能力变大,规范的公差范围越大越好。但规范的范围是设计或者客户的要求所定,不能随意扩大,基本认为这是固定不变的。

2)过程的均值越接近规范的中心值越好,这是过程能力指数最大的情况,即所谓过程均值瞄准规范中心。

3)过程的波动越小越好,σ代表着过程的波动,这个值越小,意味着过程中生产出来的产品特性值的差异越小,趋同化复制能力越强。

那么如何通过抽样一组数据来观察过程能力,并判断整个过程的质量呢?通常采用统计过程控制(Statistic Process Control,SPC)技术来实现这个目的。20世纪20年代美国贝尔电话实验室成立了两个研究质量的课题组,一个为过程控制组,学术领导人为休哈特(Walter a. Shewhart);另一个为产品控制组,学术领导人为道奇(Harold f. Dodge)。其后,休哈特提出了过程控制理论以及控制过程的具体工具—控制图(Control Chart),现今统称之为SPC;道奇与罗米格(H. g. romig)则提出了抽样检验理论和抽样检验表。这两个课题组的研究成果影响深远。总体参数与样本统计量不能混为一谈。总体是包括过去已制成的产品、现在正在制造的产品,以及未来将要制造的产品的全体,而样本只是从已制成的产品中抽取的一小部分。故总体参数值是不可能精确知道的,只能通过以往已知的数据来加以估计,而样本统计量的数值则是已知的。通过观测抽样的一组样本数据来推断总体的质量水平(过程能力)是SPC的理论基础,通过收集样本数据,做出控制图,给工程技术人员某种数据信息,让过程能力和实际表现得到图示化和数据化显示。休哈特控制图的四项基本原则是:

1)休哈特控制图永远只用中心线两侧三倍的σ作为控制界限。
2)计算三倍σ的控制界限时只能使用各不同时段分布统计的平均值。
3)合理的抽样方法和数据组群方式是休哈特控制图的概念基础。
4)唯有能有效地利用控制图上所得的知识,此控制图方得以发挥效用。

产品的特性值一般符合正态分布,如图3-62所示。

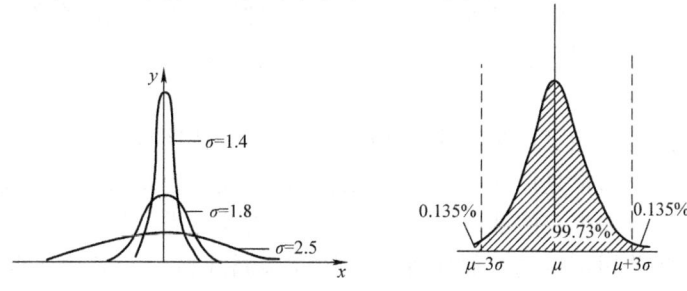

图3-62 正态分布图

若标准差 σ 越大,则加工质量越分散。标准差 σ 与质量有着密切的关系,反映了质量的波动情况。不论平均值与标准差取值为何,产品质量特性值落在 $[\mu - 3\sigma, \mu + 3\sigma]$ 范围内的概率为 99.73%,这是数学计算的精确值。产品质量特性值落在 $[\mu - 3\sigma, \mu + 3\sigma]$ 范围外的概率为 $1 - 99.73\% = 0.27\%$,而落在大于 $(\mu + 3\sigma)$ 一侧的概率为 $0.27\%/2 = 0.135\%$。

将正态分布图按顺时针方向转 90°,得到图 3-63。

若过程正常,即分布不变,则分布点超过 USL 的概率只有 1.35‰;若过程异常,譬如异常原因为磨损,即随着磨损增加,μ 逐渐增大,于是分布曲线上移,分布点超过 USL 的概率将大为增加,可能为 1.35‰ 的几十、几百倍。小概率事

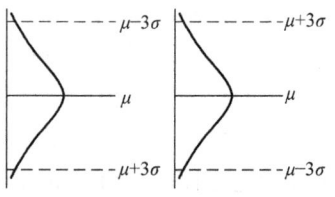

图 3-63 3σ 控制图

件实际上很少发生,若发生即判断为异常,过程正常,分布点出界是小概率 (0.27%) 事件,因此若有点在控制上下限以外,就认为是异常,判断依据是小概率事件在一次实验中不应该发生,如果发生,就不应视为是小概率事件,需要查找原因。从对质量影响的大小来分,质量因素可分为偶然因素(简称偶因,又称为偶然原因或一般原因)与异常因素(简称异因,又称为可查明原因)两类。偶因是过程所固有的,故始终存在,对质量的影响微小,但难以除去,例如机床开动时的轻微振动等。异因则非过程所固有的,故有时存在,有时不存在,对质量影响大,但不难除去,例如磨损等。假定在过程中,异因已经消除,只剩下偶因,这当然是最小波动。根据这最小波动,应用统计学原理设计出控制图相应的控制界限,于是当异因发生时,分布点就会落在界外。因此分布点频频出界就表明存在异因。统计过程控制(SPC)理论是运用统计方法对过程进行控制,既然目的是"控制",就要以某个标准作为基准来管理未来,常常选择稳态作为标准。稳态是统计过程控制(SPC)理论中的重要概念,稳态也称为统计控制状态(State in Statistical Control),即过程中只有偶因没有异因的状态。稳态是生产追求的目标。限于篇幅,本书不再详细介绍统计技术在工程中的应用,有兴趣的读者可以参阅数理统计方面的图书,以及六西格玛管理方面的介绍,从理论上理解统计原理,从应用上掌握统计分析和优化的具体技术,如假设检验、置信区间、回归分析、实验设计等内容。

焊接质量的判定除了可测量的破坏性试验收集的特性数据外,还需要判断焊接的规范是否太过,通常是用强碱溶液腐蚀掉芯片表面的金属层,这个金属层通常是铝,以此来观察施加焊点的部位下方有无弹坑、裂纹之类的损伤。由于超声波焊的本质是通过高频的超声振动,促使焊接材料(金属线材)与芯片或框架基板表面金属产生摩擦,使得材料产生塑性变形后加压形成金属间原子间的结合(金属键),从而形成焊点,因此焊接的夹具和夹持方法非常重要,压得太紧容易使得摩

擦不充分，焊点未形成塑性变形，压得太松容易使得摩擦的接触面失控，造成焊点过分变形或者芯片弹坑损伤。因此对焊接的夹具质量，对压板、压爪的质量、如形状、耐磨、机械强度都有一定的要求。

常见的焊接不良有焊点脱落、焊点疲劳断裂、弹坑损伤、焊接短路、线倒伏等，图3-64是键合金铜线倒伏不良分析的鱼骨图，供工程技术人员研究参考。

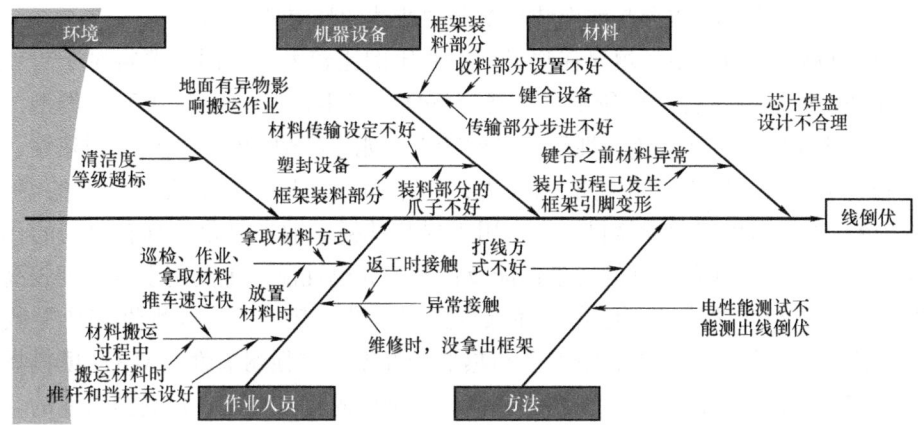

图3-64　键合金铜线倒伏不良分析鱼骨图

3.5　塑　　封

所谓塑封，即把构成电子元器件或集成电路的各个部件按规定的要求合理布置、组装、连接并与环境隔离，以防止水分、尘埃及有害气体对元器件的侵蚀，同时减缓振动，防止外来损伤并且稳定元器件参数。塑封料通过流动包覆的方式把裸芯片及完成内互联后的半成品包封起来使之与外界环境隔绝，固化后形成保护，给下一步的电子组装提供可加工的电子个体，是非常重要的工艺环节，所谓的封装通常以塑封这个环节作为代表。图3-65是简明的塑封工艺过程。

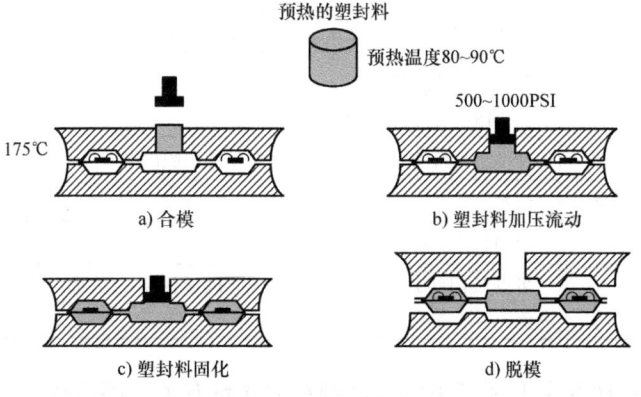

图3-65　塑封工艺过程示意图

性能优异的塑封料必须具备较低的介电常数和介电损耗因子（降低介电常数可缩小信号线路之间的距离，从而提高运行速度），较高的耐热性、导热性、绝缘性，优异的力学性能、阻燃性、电绝缘性，和硅等元器件匹配且可调的热膨胀系数，以及优异的化学稳定性和机械性能，常用的塑封料其成分主要是环氧树脂、填料以及其他微量的添加剂。

1) 环氧树脂。其成分与前面装片章节中所述的环氧树脂相同。

2) 填料。一般来说，填料在塑封料中的比例比较大，不同的填料对于封装的散热性和绝缘性有比较大的影响，主要有 SiO_2、Si_3N_4、Al_2O_3 和 AlN 等类型。填料应具有热膨胀系数低、绝缘性能优良的特点，能提高塑封体的硬度、耐热性、耐磨性和力学强度，降低固化物的内应力，防止开裂变形，降低机电产品的温升。Si_3N_4 填料不仅适用于塑封填料，也适用于封装基板。纳米氮化硅具有很高的化学稳定性，耐高温，具有良好的力学性能及优异的介电性能，主要用于集成度较高的芯片、光电子和光学器件，可有效降低线膨胀系数、热应力、吸水性和成型收缩率，提高力学性能、热导率、阻燃性和热形变温度，增强耐磨性。Al_2O_3 填料具有较高硬度，耐化学腐蚀，适用于高压环境，能降低固化收缩率，提高塑封体的导热性、硬度、强度等性能，但添加过多的话在固化中容易形成应力集中。AlN 填料的导热性非常优异，可以达到 150~300W/(m·K)，是 SiO_2 的百倍，Al_2O_3 的 5 倍，电性能优良，机械性能好。表 3-7 是典型塑封料的成分含量及功能表，可根据特性做不同配比并和以上所述的填料类型做调整。

表 3-7 塑封料主要成分含量及功能表

序号	成分名	主要作用和功能	含量体积（%）
1	树脂	结合剂，主要把塑封料中的各种成分结合在一起。一般是环氧树脂	5~20
2	有机阻燃剂	防止 PKG 在工作过程中因产生大量的热量而燃烧	<2
3	硬化剂	使树脂发生硬化反应	5~10
4	催化剂	加快塑封料的软化速度，促使固化反应的进行	<1
5	填充剂	构成塑封料的主要成分，对金型型腔起填充作用	60~93
6	黏结剂	和树脂一起增加黏度	<1
7	硅油	减小内应力	<5
8	脱模剂	帮助塑封后的封装可以方便地从型腔中脱出	<1
9	无机阻燃物	阻燃	0.5~3
10	染色剂	对塑封体进行染色	<1
11	其他	可以微调塑封料的化学、物理、机械性能的微量元素	<1

塑封料的流动性主要和其中的固体颗粒的含量有关，固体颗粒含量越少，黏度

也越低，流动性相应的也越好，这样，塑封料就更容易流入封装型腔。

当塑封料进行塑封或者预热时，塑封料中的大部分成分还未软化，因此主要是呈固态，随着温度的上升，塑封料中的成分逐渐变为液态参与反应，使其中固体颗粒减少，但由于反应是不可逆的，当物质经液态再次转化为固态后，这种颗粒将不再会变回液态，所以塑封料中由于反应先后顺序不同，永远有固体存在，并随着反应的进行经过一个临界点后增多，所以说塑封料的流动性是先变好后变差。一般塑封料的流动性应在24in⊖以上。影响塑封料的流动性的主要因素包括塑封料的预热程度、金型温度、型腔传导压力和速度等。塑封料的反应状态如图3-66所示。

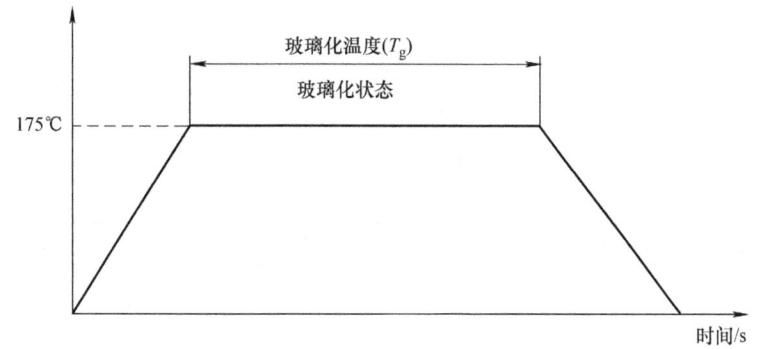

图3-66 塑封料的反应状态示意图

玻璃化状态的时间越长，则塑封料在金型中的流动时间也越长，从而有利于塑封料对型腔的填充。对玻璃化状态持续时间影响最大的是反应速度，也就是温度。温度越高，反应速度越快，玻璃化状态的持续时间越短。因而在实际生产中，通过控制塑封温度、预热温度，可以有效地实现对玻璃化状态持续时间的调整。此外，在生产过程中所使用的塑封料的密度，对实际使用时的流动性及玻璃化状态持续时间也有影响。

由于塑封料在常温下也可发生缓慢的固化反应，温度越高，发生反应的速度越快。而且，水分对塑封成型质量有很大的影响，应尽量减少塑封料中水分的含量，因此，需要把塑封料保存于5℃以下干燥的环境中。当塑封料保存于上述条件下时，其有效期为6个月或一年。塑封料在使用之前，必须经过一个升温过程。由于塑封料保存于5℃以下的冷藏室中，与外界使用环境的温差太大，因而空气中的水分遇上塑封料时，会在它表面凝聚形成水珠，这种现象称为"结露"，塑封料在使用过程中要严格控制水分。由于塑封料结构为颗粒状混合物，吸湿性能好，会把水分吸进内部。进入塑封料中的水分在塑封时遇上170℃左右的工作温度会迅速汽化，在塑封料中形成气泡，从而产生空洞和溢料等不良。为了避免上述现象的产生，应把塑封料在密封状态下在常温下放置24h，使塑封料逐渐达到常温，以避免使用时产生"结露"，这段时间称为醒料时间（Aging Time）。在常温下，塑封料也

⊖ 1in = 2.54cm。

会发生固化反应，因此要控制其使用期限，通常规定在升温结束后的一定时间内，在此期限内未用完的，可密封后与未开封的一起重新冷藏。再次使用需冷藏24h后才可重新按正常方法使用，有效期为24h，但只可重新使用一次。

塑封料的选择首先要考虑塑封料的力学性能是否满足要求；其次考虑基于器件的使用条件、环境保护的要求；最后考虑塑封过程的工艺性、经济性。对于常见的一款塑封料，其材料数据技术手册见表3-8。

表3-8 一款塑封料的材料数据技术手册

	成分及说明	单位	数值
Spiral flow	螺旋流指固化前在特定温度、压力及剪切速率下在标准螺旋流动模具中填充的长度，该数值越高说明树脂流动性越好，填充性越好	cm	140
Gel time	胶固化时间，该数值越大，成型周期越长	s	42
CTE1	塑封料固化前热膨胀系数	$10^{-6}/℃$	12
CTE2	塑封料固化后热膨胀系数	$10^{-6}/℃$	49
Tg	玻璃化转化温度指无定型聚合物（包括结晶型聚合物中的非结晶部分）由玻璃态向高弹态的转变温度。是无定型聚合物大分子链段自由运动的最低温度，也是制品工作温度的上限	℃	170
Flexural strength at RT	室温下的断裂强度	N/mm^2	140
Flexural strength at 260℃	在260℃下的断裂强度	N/mm^2	20
Flexural modulus at RT	室温下的力学模量	N/mm^2	17000
Flexural modulus at 260℃	在260℃下的力学模量	N/mm^2	550
Thermal conductivity	热传导率	W/(m·K)	0.92
Water absorption (boiling, 24hr)	吸水性（24h，水煮）	%	0.2
Specific gravity	比重	—	1.93
Mold shrinkage	塑封后收缩率	%	0.22
pH	酸碱度pH值	—	5~7
Cl	氯元素浓度	10^{-6}	6
Na^+	钠离子浓度	10^{-6}	4

传统硅基芯片的封装中所用的塑封材料耐温低于200℃，无法满足SiC高温运行的需求。因此，需要研发适用于高温工况的塑封材料，满足SiC芯片高温运行的要求并提供良好的绝缘能力。塑封料的研究开发方向是高导热（传统填料向高导热填料发展）、高温固态保持（高Tg）以及保持高效（较短的固化时间），低热应力（CTE匹配），最后是成本，在性能更突出的情况下能保持当前塑封料水平而不大幅增加成本。除了材料的本质研究外，要结合工艺实际，开发出更优秀的塑

封料。

塑封常见的不良主要有：

1）封装体成型不完整。发生的主要原因为气道堵塞、金型有异物、塑封料注射时间太长等。

2）封装体破裂/芯片露出/裂纹。发生的主要原因为封装体受外力撞击，框架变形等。

3）封装体上下/左右错位。发生的主要原因为上下金型前后/左右有错位，框架在金型上定位不准，上下金型前后/左右温差太大等。

4）封装体上有小气泡。发生的主要原因为塑封料质量有问题，成型参数不正确，模具压力不够，气道堵塞等。

5）塑封溢飞边（FLASH）。引脚上有一层塑封产生的薄膜，或封装体上有塑封产生的较薄的飞边，发生的主要原因为引脚变形造成的尺寸偏差，塑封金型磨损，密封性不好，成型压力不足，塑封料流动性过高等。

3.6 电　镀

电镀在功率半导体制程中起到了至关重要的作用，从芯片的前端制程到后端的封装工序中，都离不开电镀工序。目前我国中高档功率器件在晶圆背面金属化方面还存在技术空白，这些技术的突破就需要依靠电镀，通过电镀工序实现功率器件晶圆背面的金属化，能够帮助中高档功率器件承受高电压、大电流，使功率器件的应用场景更广泛。在后端的封装工序中，电镀工序能够帮助功率器件提高可焊性能，有利于良好的传热，同时具有很好的防腐蚀性能，能够保证芯片长时间在一些特殊环境中使用。

在中高档功率器件的制造过程中，芯片正面和背面的金属导出都需要借助于电镀工艺，通过电镀工序实现的表面金属化可以帮助功率器件的性能导出最大化，能够承受高电压、大电流，因此电镀工艺起到了至关重要的作用。

芯片正面的金属导出（见图3-67），是在芯片正面铝基材的基础上，通过二次沉锌，再在沉锌过的表面分别沉积三层金属：镍、钯、金，芯片正面的金层就能确保芯片与金线的可靠连接，确保电路的稳定工作。三层金属，通过增加金属层钯，可以防止镍离子迁移到金层，产生黑金现象，影响焊接的牢靠性。

芯片背面的金属导出（见图3-68），对大功率的功率器件承受高电压、大电流至关重要。传统的真空热蒸的方式只能将金属层的厚度控制在$10\mu m$左右，而通过电镀的方式，背面的金属层可达$80\mu m$左右，能够保证功率器件在高电压、大电流环境下工作。首先借助于真空热蒸的方式在芯片背面依次覆盖三层金属：钛、镍、银，然后通过电镀的方式在银层表面再镀上$80\mu m$的银层，银层的厚度根据功率器件的要求进行设计，目前一般车载和高铁功率器件银层厚度基本在$50\mu m$左右。传统的利用真空热蒸的方式实现的厚银层，只能应用在低档的功率器件中，提高银层厚度后就会出现中间薄、四周厚的情况，同时银层容易分层，影响性能。

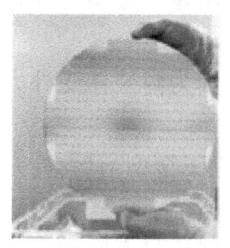

图 3-67　晶圆正金（镍钯金）图

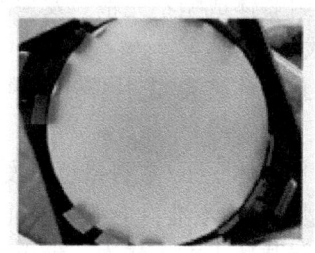

图 3-68　晶圆背金（钛镍银）图

本章节介绍的 TO 类的功率器件的电镀属于引线框架类的电镀，是在功率器件的封装工序中，在芯片引脚上镀覆一层金属锡层，以提高功率器件的可焊性，同时保证功率器件的长久使用而不受腐蚀。

TO 类电镀的第一步是去飞边（Flash）。塑封时，由于设计塑封模具会设计模流的导路，塑封料沿着导路流动，受压力挤压在模腔里填充成型，模具外有塑封料的溢出，这些多余的塑封料经过后烘固化后黏附在框架引脚或基板上，因为塑封料的绝缘特性会影响电气连接，因此有必要在后续的加工前先处理掉这些溢料。此外，为了便于脱模，在塑封料内会添加腊硅脂等润滑剂，在塑封后会在封装体表面形成薄膜，如果不去除，后续的激光打标也会产生质量问题，所以也需要进行表面处理。

去飞边的方式主要有三种，第一种方式是电化学软化加高压去除；第二种方式是化学浸泡软化加高压去除；第三种方式是高压喷砂去除。目前主要采用前两种方式，高压喷砂由于对塑封表面会产生影响，目前不被采用。

另外，随着技术的发展，产生了新的去飞边的方式，为激光烧灼的方式，这种方式原理简单，定位精准，可以比较容易地去除掉多余的溢料，但效率低，成本较高，通常用于功率模块等附加值较高的封装。

电化学方式软化就是利用电化学反应产生的氢气泡让飞边松散，再使用高压水将飞边去除，过程原理如图 3-69 所示。

化学浸泡方式就是将产品浸泡在软化药水中，将飞边软化，

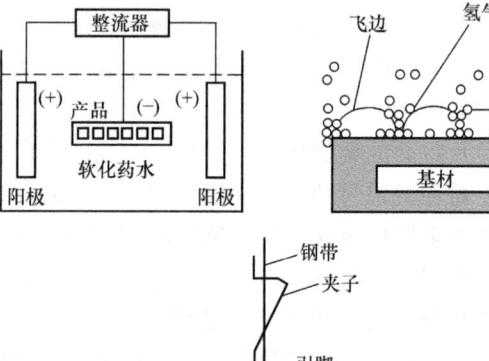

图 3-69　飞边电化学软化过程原理示意图

然后再用高压水去除飞边溢料。

电化学方式采用的高压水的压力相对较低，基本在 50kgf⊖ 左右就可以去除飞边，而化学浸泡方式需要的高压水的压力较大，通常都需要 100kgf 以上的压力。

另外，产品引脚金属表面在空气中容易发生氧化反应，会在引脚金属表面产生一些黑色与红色杂质，电镀前需要清除引脚金属表面的氧化层，通常采用酸进行去除。反应如下：

$$CuO + H_2SO_4 \longrightarrow CuSO_4 + H_2O \quad 反应较快$$

$$Cu + H_2SO_4 \longrightarrow CuSO_4 + H_2\uparrow 反应较难发生$$

在金属表面进行电镀以前，还需要对金属表面进行活化，这样将会得到很强的镀层附着力并且减少电镀不良。表面活化就是在产品表面形成细小的齿痕，通过增大反应表面积来提高反应速度及表面附着性。

去飞边、去氧化、活化过程中，产品表面的反应变化过程（预处理过程）如图 3-70 所示。

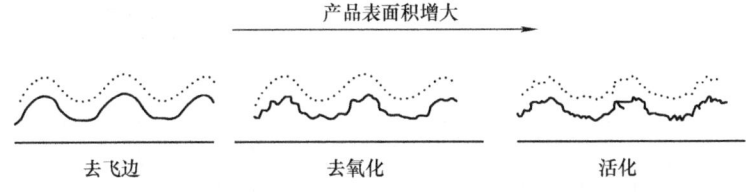

图 3-70　预处理过程原理示意图

以上去飞边、去氧化、活化、预浸过程称为预处理过程，所有这些处理在工程上称为电镀前处理，简称前处理。封装经过前处理后，就可以进行电镀了。

电镀工序的主要目的有：

1）防止引脚表面在外界恶劣环境下氧化和腐蚀。

2）有利于很好的传热，提高可焊性。

3）由于增加了特殊的物理性质，可以提高产品的附加值。

电镀的电化学反应过程如下：在含有游离金属离子的溶液中通以直流电而发生电化学反应，电镀金属在阳极失去电子而成为金属离子溶解于溶液中，由于电流的作用金属离子向阴极移动，在阴极上得到电子而还原成金属并附着在待镀产品引脚表面，在引脚表面形成一层金属薄膜。

1）阳极发生氧化反应，锡呈离子态析出到镀液中。

$$Sn - 2e^- \longrightarrow Sn^{2+}$$

2）阴极发生还原反应，在引脚表面形成锡层。

$$Sn^{2+} + 2e^- \longrightarrow Sn$$

⊖　1kgf = 9.80665N。

$$2H^+ + 2e^- \rightarrow H_2 \uparrow$$

电镀过程中在强电流情况下有 H_2 产生。因此,电镀的时候也需要控制电流和排出的氢气,防止爆燃危险。

电镀工序完成后,还需要进行相应的后处理,主要是去除产品表面附着的酸性溶液(电镀液),并进行产品烘干处理。

去除产品表面附着的酸性溶液主要采用中和反应,利用碱性溶液进行中和,同时防止镀层变色。

电镀过程中常见的不良现象及处理方法见表3-9。

表3-9 电镀过程常见不良现象及处理方法

不良现象	原因	解决对策
引脚短路	1. 关闭电流过晚	培训员工
	2. 产品间隔导致电流大	改善上下料
	3. 钢带剥离不干净	添加溶液或更换钢带
	4. 电镀液脏污	洗槽,更换过滤芯
引脚毛刺	1. 酸浓度降低	添加酸
水污染	1. 喷嘴堵塞	检查喷嘴
	2. 中和温度或浓度	检查温度和浓度
飞边	1. 电化学浓度	检查浓度
	2. 高压泵堵塞	检查高压泵
外观不良	1. 电镀液中全金属浓度降低	调整浓度
	2. 添加剂不足	加入添加剂
	3. 镀温过低	调高镀温
	4. 电镀液浑浊	检查过滤设备,通过沉淀处理
	5. 预处理不良	检查预处理溶液
	6. 镀后中和不好	检查并更换中和药液
镀层厚度薄	1. 全金属浓度低	调整浓度
	2. 电流密度低	调整至规定范围
	3. 电镀液浑浊	通过沉淀处理
	4. 阳极面积过小	检查并更换阳极
	5. 电镀时间不足	调整
可焊性差	1. 前处理不好	检查前处理
	2. 镀层厚度不足	检查电流、阳极棒等
	3. 添加剂分解	活性炭处理
	4. 电镀后中和不好	检查并更换中和药液

常见不良的实物图片如图 3-71 所示。

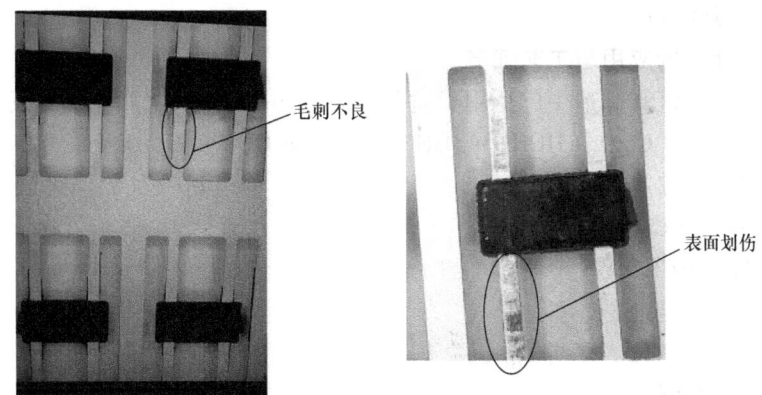

图 3-71 电镀常见不良实物图

早期，引线框架外引脚的可焊性镀层主要采用 Sn-Pb 合金。Sn-Pb 合金镀层以其优良的综合性能以及低廉的成本，被广泛应用于电子连接和组装中，并在长期实践中形成了成熟的生产工艺和完善的性能评价体系。但近几年，世界范围的无铅化运动正冲击着电子行业，打破了以往形成的格局，这将给包括我国在内的电子行业带来新的机遇，同时也会产生巨大的压力。经过多年的研究，可焊性镀层的无铅化已取得了较大的进展，归纳起来主要有 Sn-Cu、Sn-Bi、Sn-Ag 合金镀层及纯 Sn 镀层，以及预电镀（Pre-Plating frame Finish，PPF）技术。现在，许多公司已推出相应的无铅电镀药品和工艺，也得到了实际应用。

3.7 芯片正背面金属化处理

芯片正背面的金属化处理是功率半导体器件制造中的核心工艺，直接影响器件的导电性、散热能力、可靠性和寿命。随着功率器件向高电压、大电流、高频率方向发展，金属化层需满足更严苛的性能要求。本节系统地阐述了化学镀、电镀及蒸镀三种工艺的原理、技术细节及协同应用，并结合实际生产案例，分析常见问题与解决方案，为工艺优化提供参考。

3.7.1 化学镀（Electroless Plating）

化学镀通过自催化反应实现金属沉积，无须外部电流，适用于复杂结构表面处理。化学镀工艺流程示意图如图 3-72 所示。

1. 原理与化学反应

以化学镀镍为例，其核心反应为还原剂（如次磷酸钠）将镍离子还原为金属镍，同时释放氢气，其化学式为

$$Ni^{2+} + H_2PO_2^- + H_2O \rightarrow Ni + H_2PO_3^- + 2H^+$$

反应需在催化表面（如活化后的铝或铜）进行，镀液温度通常控制在85~95℃，pH值为8~10。

2. 化学镀铜的应用与工艺细节

化学镀铜在PCB制造中广泛用于通孔（Through-Hole）金属化，其反应式为

$$Cu^{2+} + HCHO + 3OH^- \rightarrow Cu + HCOO^- + 2H_2O$$

（1）镀液配方

1）硫酸铜（$CuSO_4 \cdot 5H_2O$）。

2）甲醛（HCHO）。

3）EDTA络合剂。

4）稳定剂（如2,2′-联吡啶）：$1 \sim 2 \times 10^{-6}$。

（2）应用案例

1）TSV（硅通孔）填充：在3D封装中，化学镀铜可实现深宽比5:1的无孔洞填充，镀层电阻率≤$2\mu\Omega \cdot cm$。

2）铝基板预处理：化学镀镍（$1 \sim 3\mu m$）用于IGBT模块铝基板，耐盐雾性能提升至500h（ASTMB 117）。化学镀在铝板上的应用如图3-73~图3-75所示。

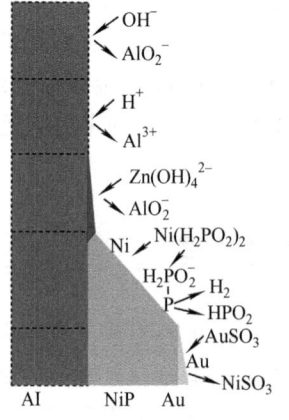

图3-72 化学镀工艺流程示意图

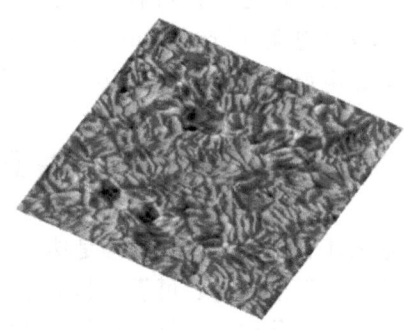

图3-73 纯铝

3. 生产问题与解决方案

（1）镀液分解

1）成因：杂质（如Fe^{3+}、Pb^{2+}）或温度波动导致镀液自发分解。

2）对策：采用离子交换树脂纯化镀液，并安装温度闭环控制系统（精度±0.5℃）。

（2）沉积速率不均

1）案例：在微孔结构中，孔口沉积速率比孔内快50%，导致"狗骨头"效应。

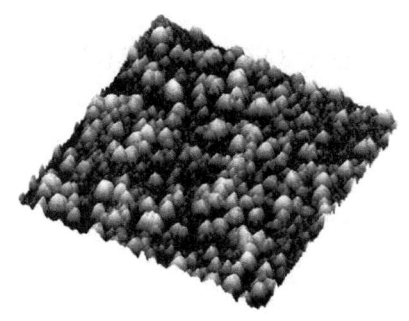

图 3-74　单一镀锌粗大晶体　　　　图 3-75　双重镀锌细小晶体

2）对策：添加聚乙二醇（PEG 600）作为抑制剂，降低孔口反应活性。

3.7.2　电镀（Electroplating）

电镀通过电解反应沉积金属层，是功率器件金属化的主流工艺，尤其适用于高厚度、高可靠性需求场景。

1. 电镀设备与工艺参数优化

（1）关键设备组件

1）阳极：采用高纯度锡（99.99%）或可溶性阳极（如磷铜球）。

2）镀槽：PP 或 PVC 材质，配备循环过滤系统（流量≥10L/min）。

3）电源：直流或脉冲电源（脉冲频率 100~1000Hz）。

（2）锡电镀工艺参数

1）电流密度：2~4A/dm^2（车载器件要求≤3A/dm^2 以防氢脆）。

2）镀液成分：甲基磺酸锡、抗氧化剂、光亮剂。

3）温度：25~35℃（温度过高加速添加剂分解）。

2. 正面金属化（Ni/Pd/Au）工艺细节

1）沉锌处理：铝基材经两次锌酸盐处理（$ZnO + 2NaOH \rightarrow Na_2ZnO_2 + H_2O$），形成均匀锌层（0.1~0.2μm），防止铝氧化。

2）镍层沉积：氨基磺酸镍镀液（pH4.0，温度50℃），厚度 2~5μm，作为扩散阻挡层。

3）钯层作用：0.05~0.1μm 钯层可抑制镍向金层迁移，避免焊接失效。

4）金层键合：可使用氰化亚金钾镀液，确保金线键合强度 >10g/mil[⊖]。

3. 背面金属化（Ti/Ni/Ag）技术挑战

真空蒸镀 + 电镀协同工艺

1）蒸镀基底层：钛（0.1μm，增强附着力）、镍（1μm，阻挡层）、银

⊖　1mil = 2.54 × 10^{-5}m。

(5μm，种子层)。

2) 电镀增厚：银层电镀至 50~80μm，电流密度 3A/dm^2，可用含氰化银钾镀液、光亮剂。

① 问题：银层分层。

② 成因：蒸镀与电镀层间应力不匹配。

③ 对策：引入过渡层（如电镀 0.5μm 镍）或降低沉积速率。

3.7.3 蒸镀（Evaporation Deposition）

蒸镀在真空环境中通过金属蒸发沉积成膜，适合超薄层或高纯度金属需求。

1. 蒸镀技术分类与工艺参数

1) 电子束蒸镀：适用于高熔点金属（如钨、钼），电子束功率 10~30kW，沉积速率 1~5μm/min。

2) 热蒸镀：用于低熔点金属（如铝、银），加热温度 1000~1500℃，真空度 ≤1×10^{-3}Pa。

2. 应用案例与缺陷分析

1) 功率 MOSFET 铝栅极：蒸镀铝层（0.5~1μm），接触电阻 <1Ω·cm^2。

2) 问题：台阶覆盖性差。

3) 案例：蒸镀银层在沟槽结构底部厚度不足（<0.1μm）。

4) 对策：采用离子辅助沉积（IAD）或与化学镀协同（填充沟槽后再蒸镀）。

3. 蒸镀与电镀协同应用

车载 SiC 模块：芯片背面先蒸镀 Ti/Ni（增强附着力），再电镀 Ag（80μm），耐电流能力提升至 300A。

3.7.4 综合工艺对比与协同策略

协同应用案例见表 3-10。

表 3-10 协同应用案例

工艺	厚度范围	均匀性	成本	使用场景	典型问题
化学镀	1~5μm	高	中	复杂结构、预处理	镀液分解、速率不均
电镀	10~100μm	高	低	大电流、厚层需求	氢脆、镀层分层
蒸镀	0.1~10μm	中	高	超薄层、高纯度金属	台阶覆盖性差、材料浪费

1) 大功率 IGBT 模块：正面化学镀镍（3μm）+电镀金（0.3μm），背面蒸镀 Ti/Ni+电镀 Ag（80μm），实现双面散热与高电流承载。

2) GaN 射频器件：蒸镀 Al（0.2μm）作为电极，化学镀 Au（0.1μm）提升抗氧化性。

3.7.5 生产中的关键问题与解决方案

1. 电镀氢脆

工程实例：某车企因引脚氢脆导致 IGBT 模块批量失效，损失巨大。应对策略如下：

1）控制镀液 pH 值，其值过低易导致上述情况发生。
2）控制温度在 20~40℃，温度过高易发生上述问题。
3）控制电流密度，电流密度过大易导致上述情况发生。
4）电镀后烘烤驱散氢气，根据产品实际情况控制烘烤温度及时间。可参考 150~200℃，1~2h。

2. 化学镀液污染

（1）污染来源

金属杂质（Fe^{3+}、Cu^{2+}），有机物分解产物（如甲醛聚合物）。

（2）净化技术

1）电渗析（ED）去除离子杂质。
2）活性炭吸附清除有机物。

3. 蒸镀设备真空泄漏

1）检测方法：氦质谱检漏仪（灵敏度 $\leq 1 \times 10^{-9} Pa \cdot m^3/s$）。
2）维护策略：定期更换 O 型密封圈（氟橡胶材质，寿命 2 年）。

芯片正背面金属化需根据器件需求选择工艺组合：电镀主要用于高可靠性场景，化学镀解决复杂结构，蒸镀实现超薄层。生产中需严格控制工艺参数，防范氢脆、镀液老化等问题。

3.8 打标和切筋成型

完成电镀后，需要在塑封体表面打上产品标识，说明半导体元器件的产品名称、商标、制造日期、批号等信息，称为打标（Marking），如图 3-76 所示。

最早的打标是用白色油墨采用类似喷墨打印的方法，这种方法的优点是对塑封体没有伤害，但缺点是油墨容易褪色，从而丢失产品信息。所以现在大部分元器件都采用激光打印的方法，通过激光烧灼塑封体表面形成所需打印的文字信息。优点是耐久不易磨损丢失信

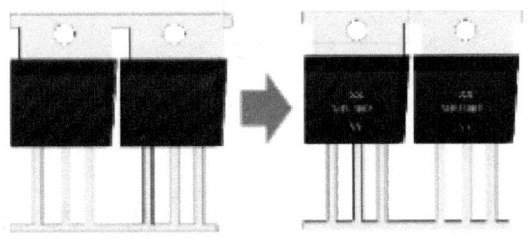

图 3-76 打标示意图

息,对比喷墨打印法自动化程度更高,效率更高,能通过调试激光的能量输出和时间有效控制激光烧灼深度。缺点是对于一些高压有绝缘要求的元器件,需要精确控制打印深度,对塑封体有轻微伤害。

打标完成后,需要把塑封体的联筋切掉,联筋示意图如图3-77所示,切筋成型工艺实际上是分为切筋和成型两个步骤。切筋英文称为Trim,即将封装体与框架完

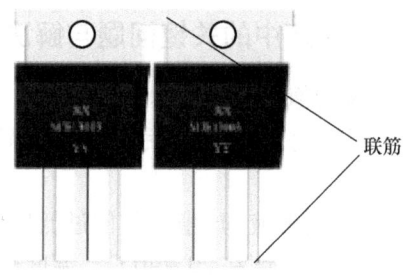

图3-77 联筋示意图

全分离,并切除框架制造中需要的加强筋以实现半导体的功能。成型英文称为Form,即按照封装外形尺寸规范通过金属模具将引脚折弯到规定完成的各种形状。这两种工艺可以分别由两套模具分开进行,也可以在一套模具上完成切筋成型的动作。一般来说,对于直插式的元器件,只要Trim就可以了,而表面贴装式元器件,除了Trim还需要做Form。Trim主要是针对框架类的封装体,基板类的产品一般没有切筋成型的说法,切筋主要是完成以下部位的切除:

1)塑封体与引脚的连筋,如端部和支撑筋。

2)成型时过长的引脚。

3)框架制造时的加强筋,以及前道工序所产生的异物,如多余的塑封料残留,切筋过程中最易出现问题的是联筋切割,易出现毛刺。

成型也主要有如下两种方式(见图3-78、图3-79):

1)滚轮成型,典型的如双列直插式封装(DIP)。

2)强迫撑开式,典型的如表面贴装式封装(SOP、DPAK、QFP)等。

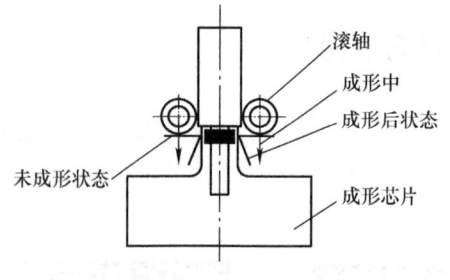

图3-78 滚轮成型示意图

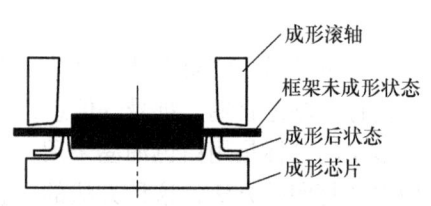

图3-79 强迫撑开式示意图

思 考 题

1. 常见的划片工艺有哪些?硅基和碳化硅划片方法有哪些差异和特点?
2. 常见的装片方式有哪些?功率器件常用的装片方法和原理是什么?

3. 芯片裂纹敏感的工艺控制要点有哪些？
4. 内互联的常见方式是哪些？如何选择合适的内互联方式？
5. 不同金属间焊点可靠性的排列？
6. 如何控制芯片内互联焊接质量？
7. 做键合拉力测试时，钩子钩在何处得到的拉力值最大？
8. 银烧结过程中，如果施加压力的话，如何确定合适的压力？
9. 塑封料的主要成分有哪些，分别起到何种作用？
10. 如何形成可靠的镀层？

参 考 文 献

[1] 杨跃胜, 武岳山. 芯片产业化过程中所使用 UV 膜与蓝膜特性分析 [J]. 现代电子技术, 2013, 36 (4): 3.

[2] 黄昆, 谢希德. 半导体物理 [M]. 北京: 科学出版社, 1958.

[3] 韩微微, 张孝其. 半导体封装领域的晶圆激光划片概述 [J]. 电子工业专用设备, 2010 (12): 5.

[4] 李聪成, 滕鹤松, 王玉林, 等. 银烧结技术在功率模块封装中的应用 [J]. 电子工艺技术, 2016, 37 (6): 5.

[5] 丁兰. NiPdAu 预镀框架铜线键合研究 [D]. 武汉: 华中科技大学, 2012.

[6] 高成, 张芮, 黄姣英, 等. 高温下塑封器件键合铜线的可靠性 [J]. 半导体技术, 2018, 43 (2): 6.

[7] 朱正宇. 半导体封装铝线焊点根部裂纹分析与改进 [D]. 上海: 同济大学, 2006.

[8] 管沼克昭. 宽禁带功率半导体封装-材料、元件和可靠性 [M]. 朱正宇, 方幸泉, 肖广源, 译. 北京: 机械工业出版社, 2024.

第4章 功率器件的测试和常见不良分析

4.1 功率器件的电特性测试

功率器件主要是二极管、晶体管和场效应晶体管,其中场效应晶体管由于采用了平面技术,因此理解场效应晶体管测试项目可以比较典型性地理解功率器件乃至功率模块的测试原理和应用。金属-氧化物-半导体场效应晶体管(Metal-Oxide-Semiconductor Field Effect Transistor,MOSFET)有增强型和耗尽型两种类型,而每一种又有 N 沟道和 P 沟道之分。MOSFET 具有 3 个电极,分别是栅极(Gate)、漏极(Drain)和源极(Source)。它有极高的直流输入阻抗,它的漏源极之间电流受栅源极之间电压控制,是电压控制型器件。

4.1.1 MOSFET 产品的静态参数测试

1) BV_{DSS} 为漏源反向击穿电压。G 与 S 短接时,D 与 S 之间的击穿电压,电路原理图如图 4-1 所示。

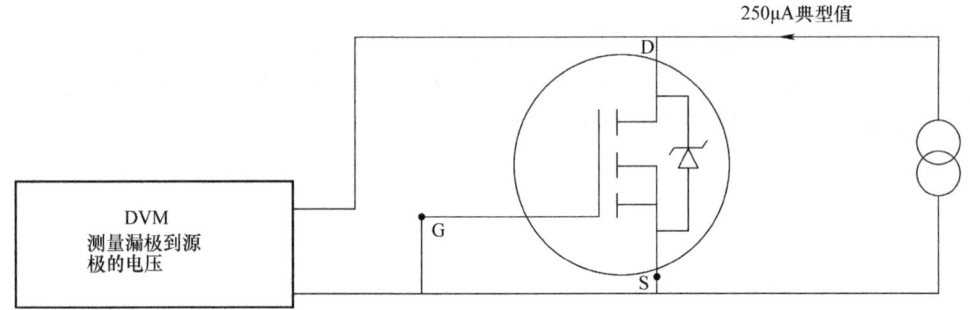

图 4-1 BV_{DSS} 测试电路原理图(注:该图取自参考文献 [1])

2) $V_{GS(TH)}$ 为栅极夹断电压。G 与 D 短接,在 G 极加正电压进行测试。测试电路原理图如图 4-2 所示。

3) I_{GSS} 为栅源漏电流。D 与 S 短接,在 G 极加正电压,测量栅源之间的漏电流。测试电路原理图如图 4-3 所示。

4) I_{DSS} 为漏源漏电流。G 与 S 短接,在 D 极加正电压,测量漏源之间的漏电流。测试电路原理图如图 4-4 所示。

5) $R_{DS(ON)}$ 为漏源导通电阻。此项用于显示 MOS 管在工作状态时的耗散功率。

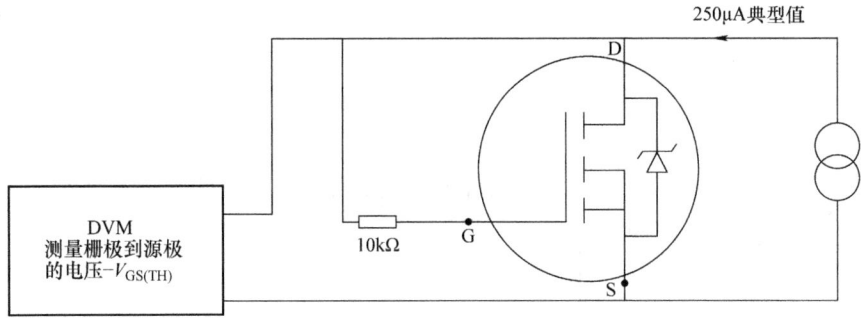

图 4-2 $V_{GS(TH)}$ 测试电路原理图（注：该图取自参考文献 [1]）

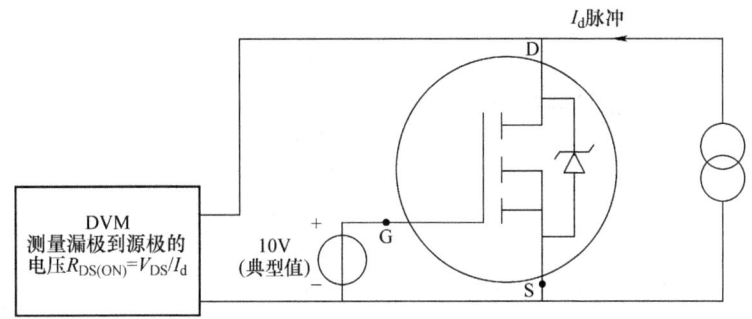

图 4-3 I_{GSS} 测试电路原理图（注：该图取自参考文献 [1]）

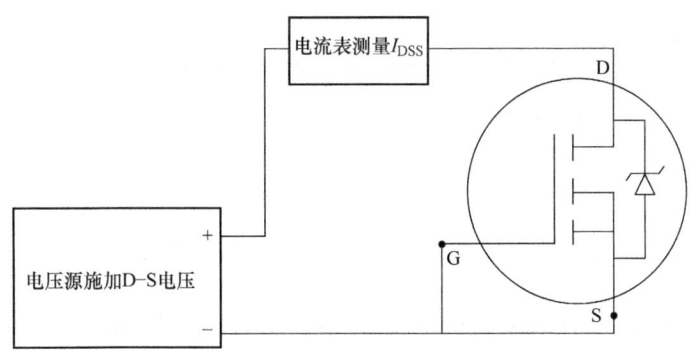

图 4-4 I_{DSS} 测试电路原理图（注：该图取自参考文献 [1]）

测试电路原理图如图 4-5 所示。

6) Curve Tracer 370A 示波器是用来测试 TR 产品 DC 特性波形的一种设备，通过对波形的测试，可以快速直观地看出 TR 产品的不良类型和条目，并可得出具体数值。对于 MOSFET 产品，我们可以通过施加 AC 电压测试其波形的方法初步判断该器件是否为不良，大概哪种不良类型。测试条目、方法及结果如图 4-6 所示（以 N 沟道 IRF630A 的 DC 参数 BV_{DSS} 为例）。

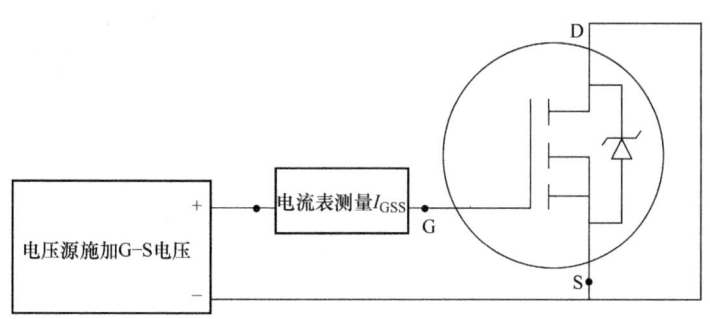

图 4-5 $R_{DS(ON)}$ 测试电路原理图（注：该图取自参考文献 [1]）

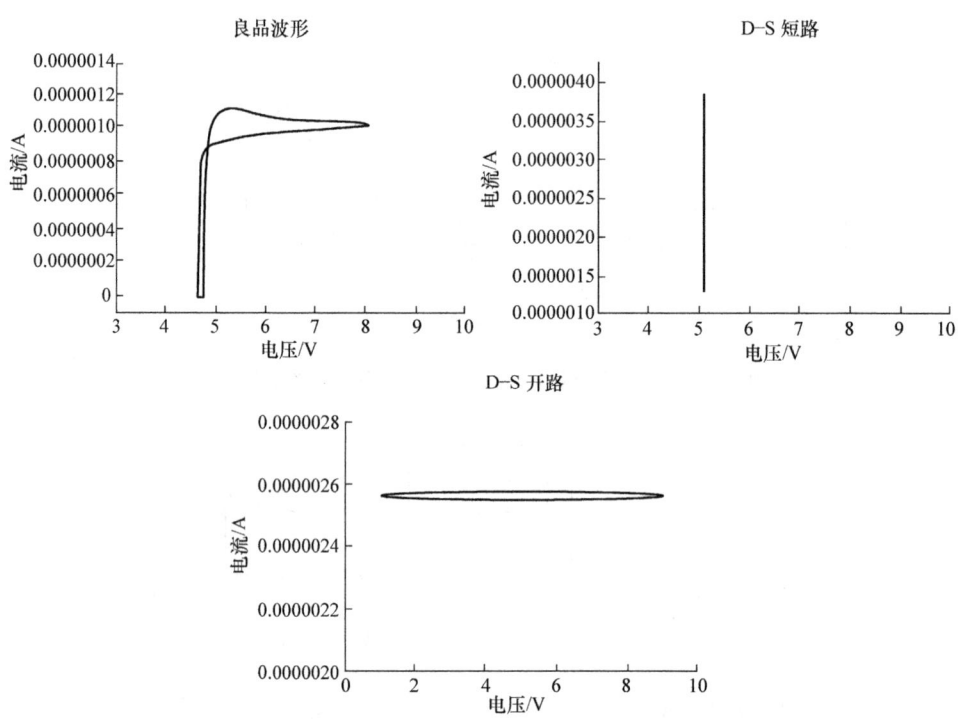

图 4-6 IRF630A 示波器波形图（注：该图取自参考文献 [1]）

MOSFET 静态电特性不良的相应分析方法是首先用测试机或者示波器确认是哪一种不良类型；然后结合测量电路的知识进行一般推测，如果推测是与内互联有关的问题，采用 X 射线、超声扫描等方法进行无损伤的透视分析，如果推测是与芯片有关（如裂纹等）的问题就采用化学或物理的方法，剥除塑封料，用显微镜对芯片进行观察，必要的时候经特殊处理后采用电镜的方式进行观察，涉及芯片制造缺陷的，可以采用热点成像观察或者聚焦离子束（FIB）的方式做芯片结构剖析以找出问题点。后面会详细介绍器件的失效分析手段。

4.1.2 动态参数测试

4.1.2.1 击穿特性

以 AlGaN/GaN HEMT 击穿电压测试为例，器件在放大区的最大输出功率表达式为

$$P = \frac{1}{8} I_{DS,MAX} (V_{BREAKDOWN} - V_{KNEE}) \quad (4-1)$$

式中，$I_{DS,MAX}$ 和 V_{KNEE} 分别为器件在直流扫描下测得的最大输出电流和膝点电压；$V_{BREAKDOWN}$ 为器件的击穿电压。

由式（4-1）可以看出，击穿电压的提高，能够增大最大输出功率，器件的可靠性随着击穿电压的提高也能够得到大幅的提高。

为了改善电流崩塌，可以在栅漏极之间淀积钝化层，不过这又会使击穿电压降低，为了抑制电流崩塌，同时又能使器件的击穿电压增大，这就需要采用场板结构，从而在增大击穿电压与改善电流崩塌之间找到一个平衡点，这对于提高器件功率密度、增益和功率附加效率（PAE）很有帮助，而且因为其在工艺中容易实现，所以这些年来成为 GaN 器件工艺的研究重点之一。

器件击穿电压的测试采用三端测试法。图 4-7 是器件击穿电压示意图，可看出如果定义击穿电流为 1mA/mm，在阈值电压为 -6V 的时候，击穿电压为 50V，此时器件没有损伤。若选用 50mA/mm 作为击穿电流，则击穿电压为 140V，此时为硬击穿[2]。

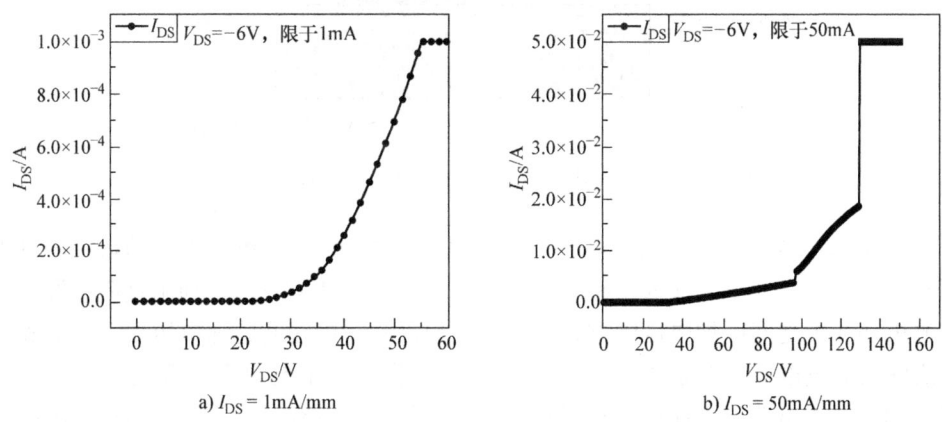

图 4-7 GaN 器件击穿电压示意图（注：该图取自参考文献 [2]）

4.1.2.2 热阻

芯片热阻、烧结热阻、管壳热阻存在于器件内部，通常称为热阻。热阻的测量通常以器件结温与管壳温度的差异，与输入功率之比得到。

为了使热阻的测试具有可比性和参考价值，JEDEC 于 1995 年发布了包含热阻

定义及相关测量方法的系列标准，JEDEC 标准中对于热阻的定义如下：

$$R_{\theta JX} = \frac{T_J - T_X}{P_H} \quad (4\text{-}2)$$

式中，$R_{\theta JX}$ 为从器件到指定环境的热阻；T_J 为在稳定状态下的器件结温；T_X 为指定参考温度；P_H 为器件输入功率[3]。

热阻定义中的结温可按照上节介绍的方法进行测试。根据功率器件的实际使用条件，指定参考温度可分为器件外壳温度和静止空气温度两种，相关的 JEDEC 标准如下：

1）JESD51-1 集成电路热测试方法—电测法（单个半导体器件）。

2）JESD51-2A 静止空气自然对流条件下的结—环境热阻测量。

结—壳热阻测试的理想情况是壳温保持不变，但实际测试中即使采用最好的散热装置也难以实现，因此只能选择测量壳上某点的温度作为壳温 T_C。按照 JESD51-1 标准，测量时将待测件以一定的压力固定在冷板上，穿过冷板安装热电偶用于测量器件外壳某点的温度，并以此作为壳温计算结—壳热阻，具体如图 4-8 所示。

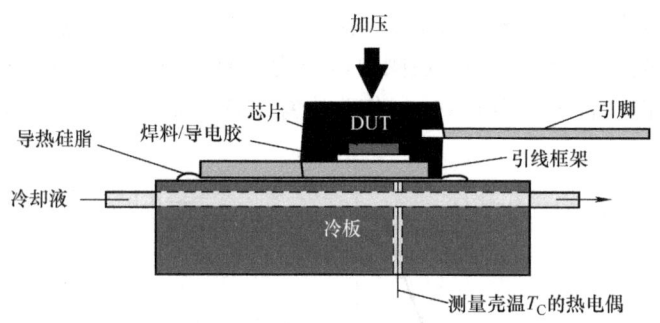

图 4-8　JESD51-1 结—壳热阻测试示意图（注：该图取自参考文献 [3]）

以功率 VDMOS 为例，依据式（4-2）的定义，功率 VDMOS 器件的热阻测试需要建立在结温、壳温、输入功率三者的基础上。输入功率可通过利用直流电源直接在源极和漏极之间施加电压的方式获得。在源极和漏极之间施加电压后，源极和漏极之间会流过电流，在器件内部产生热量。目前的直流电源都带有输出功率显示屏，相应的输出功率可通过显示屏直接读取得到。若没有显示屏，可通过在测试电路中增加电流表和电压表的方式，通过相应的输出值计算得到。壳温可通过热电偶进行测量。测量过程中，将热电偶与器件外部相连接。利用热电偶输出的电压信号，可计算得到壳温。器件本身是否达到热平衡状态，可依据热电偶的输出信号是否稳定进行判断[3-4]。

结温无法通过直接测量的方式得到。功率 VDMOS 器件漏极和源极之间的二

极管正向压降 V_D 具有热敏特性。结温的测量可通过该二极管正向压降特性间接计算得到。伴随着结温的不同，二极管正向压降 V_D 也不同。二极管正向压降 V_D 与温度的关系，可用温度系数进行衡量。根据温度系数和实际测量的二极管压降，可计算得到结温。温度系数的获取是结温测量的关键，它是建立在数据测试分析基础上的。结合油的物理特性，将功率 VDMOS 器件放置到油锅之中。由于器件和油处于相同的热环境中，因此器件的结温与油锅中的油温是相同的。通过油温的测量，可以得到器件结温的变化情况。油温的测量可通过热电偶测量实现。将器件的栅极与源极短接，利用电流信号，产生二极管正向压降。通过改变油锅里面油的温度，可得到不同的结温下，对应的不同的二极管的正向压降[3-4]。

4.1.2.3 栅电荷测试

以功率 MOSFET 为例，功率 MOSFET 是功率半导体应用中的主要器件，广泛应用于计算机外设电源、汽车电子及手机等领域。栅电荷是表征功率 MOSFET 器件动态特性的重要参数之一，而栅电荷的测量对激励源和测试电路的要求较高。国外在功率 MOSFET 器件栅电荷测试方面开展的研究远比我国早，美国军用标准 MIL STD-750F：2012 3474.3《半导体测试方法测试标准》和 JEDEC 标准中的 JESD24.2 对栅电荷参数的定义和测试方法进行了规定，而我国现行标准 GJB 128A—1997《半导体分立器件试验方法》、GJB 548B—2005《微电子器件试验方法和程序》以及 GB/T 4586—1994《半导体器件 分立器件 第 8 部分：场效应晶体管》等均没有关于栅电荷测试方法的规定[5]。

栅电荷由 3 个参数构成：$Q_{g(th)}$ 是栅极总电荷；$Q_{g(on)}$ 是栅源电荷；Q_{gd} 是栅漏电荷。栅电荷测试各部分定义见表 4-1，栅电荷测试波形见图 4-9。

表 4-1 栅电荷测试参数[5]

符号	解释
$Q_{g(th)}$	在栅源之间施加最大范围阈值电压时的栅电荷，与栅极电流 I_D、栅极供电电压 V_{DD} 和结温无关
$Q_{g(on)}$	为了测量器件的导通电阻 $R_{DS(ON)}$，在栅源之间施加电压以达到规范值时的栅电荷
Q_{gs}	使 C_{gs} 达到额定 I_D 值所需要的电荷量，它随栅极电流 I_D 和结温 T_J 变化，是利用栅电荷测试电路在恒定漏极电流负载条件下测量的
Q_{gd}	是在恒定的漏极电流条件下提供给栅漏极的电荷量，电荷量可以改变漏极电压，并且随栅极供电电压变化，但不随漏极电流 I_D 和结温 T_J 变化，与等效栅漏电容有关

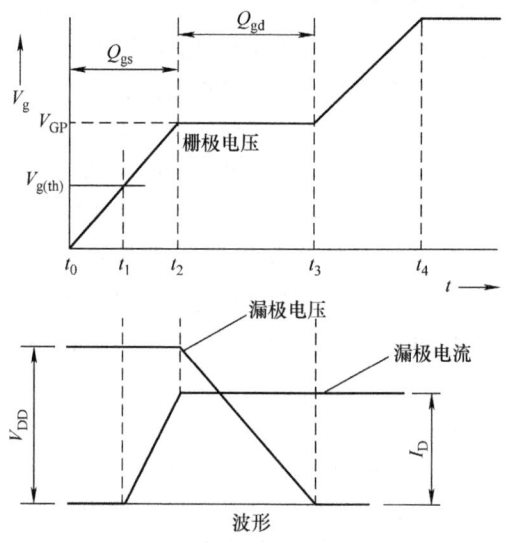

图 4-9 栅电荷测试波形图

栅电荷测试是在恒定栅极驱动电流下测量栅—源电压响应，通过恒定的栅极电流可以依比例得出栅—源电压、时间函数、电荷量函数的比值[5]。

栅—源电压的波形是非线性的，所生成的响应斜率可以反映出器件的有效电容值在开关转换期间是变化的。下面提供了具体、详细的栅电荷测试电路，如图 4-10 所示。测试方法是栅电压作为栅电荷单调函数的一种方法，电荷或电容已在各个栅电压点被明确规定。栅电压保证器件已很好的处于"开"态，测量具有重复性。对于给定的器件，这些电压点的栅电荷独立于漏极电流，且为"关"态电压的弱函数。

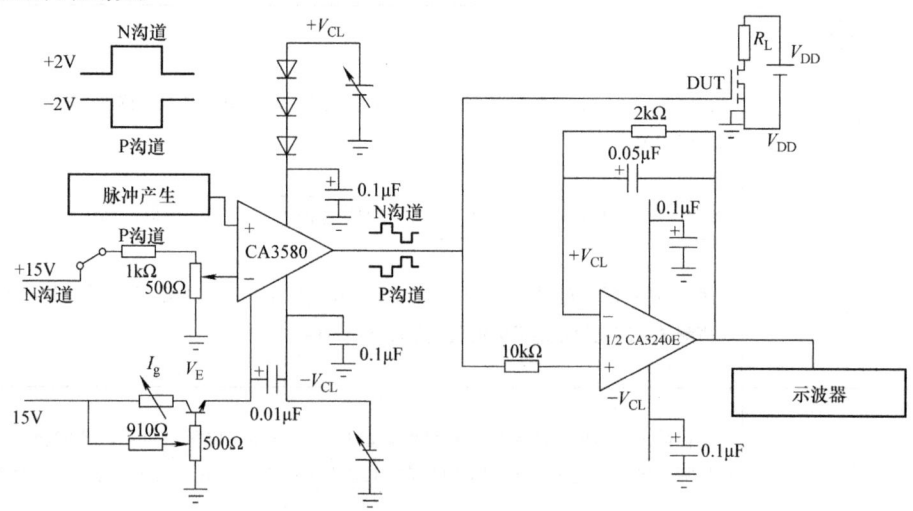

图 4-10 栅电荷测试电路图

4.1.2.4 结电容测试

如图 4-11 所示，SiC MOSFET 含有三个寄生电容，包括栅漏电容 C_{gd}、栅源电容 C_{gs}、漏源电容 C_{ds}。图中 FOX 是指场区；POLY 是指多晶硅区；LD 是指多晶硅栅极和源漏重叠长度。除此之外，通过仪器还可以测试输入电容 C_{iss}、反馈电容 C_{rss}、输出电容 C_{oss}。

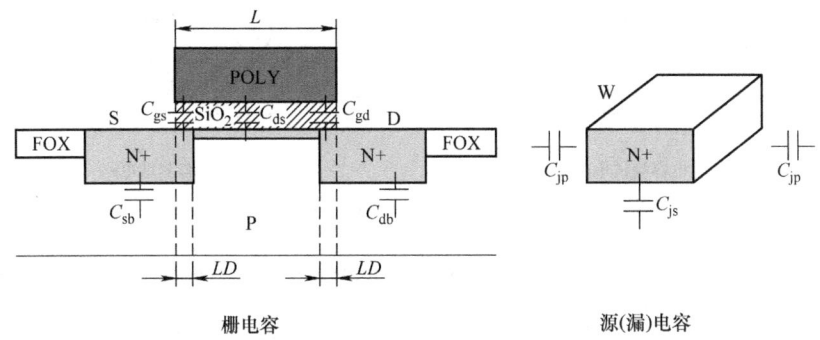

图 4-11 结电容测试分布示意图

$$C_{rss} = C_{gd} \quad (4\text{-}3)$$
$$C_{iss} = C_{gs} + C_{gd} \quad (4\text{-}4)$$
$$C_{oss} = C_{ds} + C_{gd} \quad (4\text{-}5)$$

测试选用 Agilent B1505A 设备进行测试。$f = 1\text{MHz}$，检测电容对测量的高频呈现短路状态，电感用于消除直流电源对测试信号的影响。测试电路如图 4-12a~c 所示，寄生电容随 V_{DS} 变化的曲线如图 4-12d 所示，当 V_{DS} 为 0~300V 时，SiC MOSFET 寄生电容的变化幅度大。当 $V_{DS} > 300\text{V}$ 时，SiC MOSFET 寄生电容随 V_{DS} 基本无变化。测试条件满足式（4-6）和式（4-7）：

$$1/\omega L_1 \ll |y_{ie}| \text{ 和 } \omega C_1 \gg |y_{ie}| \quad (4\text{-}6)$$
$$1/\omega L_2 \ll |y_{oe}| \text{ 和 } \omega C_2 \gg |y_{oe}| \quad (4\text{-}7)$$

式中，y_{ie} 和 y_{oe} 分别为小信号共发射级输入导纳和输出导纳[6]。

4.1.2.5 双脉冲测试

双脉冲测试电路主要由功率器件、直流电源、电感，以及所测功率器件的驱动电路组成。在双脉冲测试电路中，电感的作用主要是用于储存能量，以及平衡 GaN 功率器件等效二极管的反向恢复电流。双脉冲测试电路的原理图如图 4-13 所示。

双脉冲测试电路的电压即加在两个 GaN 功率器件漏极和源极两端的电压，可以通过直流电源供电，控制信号发出一个宽脉冲和一个窄脉冲，这意味着 GaN 功率器件在两个脉冲期间开通关断两次。在 t_1 时刻，给 GaN 功率器件的栅极加上第一个脉冲，宽脉冲到来，V_{GS} 升高，GaN 功率器件导通之后其两端压降降低为导通压降，而双脉冲半桥两端的电压基本都转给了续流电感 L。电感电流呈线性比例增

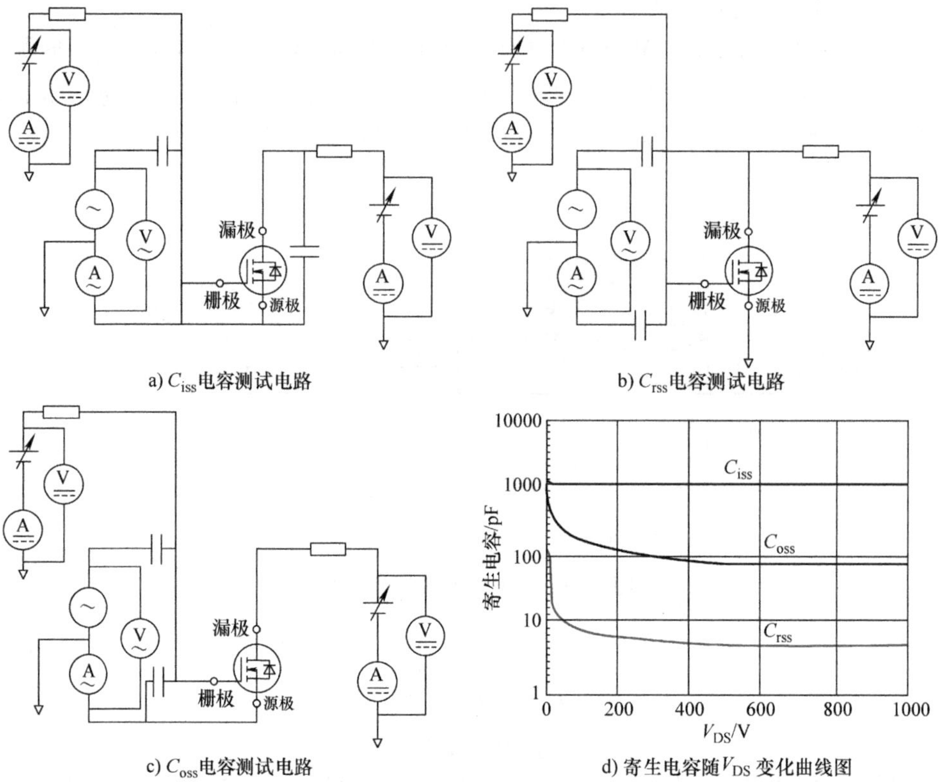

a) C_{iss} 电容测试电路

b) C_{rss} 电容测试电路

c) C_{oss} 电容测试电路

d) 寄生电容随 V_{DS} 变化曲线图

图 4-12 结电容测试电路及寄生电容随 V_{DS} 变化曲线图（注：该图取自参考文献 [6]）

大。此时流经 GaN 功率器件的电流是与电感电流相等的。

t_2 时刻，第一个脉冲完成，V_{GS} 的数值回到低电平，GaN 功率器件关断，而电流流经 GaN 功率器件的等效二极管由于时间极短，电感电流的值可在短时间内认为几乎保持不变。而 t_3 时刻，窄脉冲即第二个脉冲出现，由于存在于 GaN 功率器件的电流已为一定幅值，可研究分析 GaN 功率器件在有一定负载的情况下的导通情况，以及还可以分析研究 GaN 功率器件的等效二极管的电流转换能力，I_D 可表达为式（4-8）：

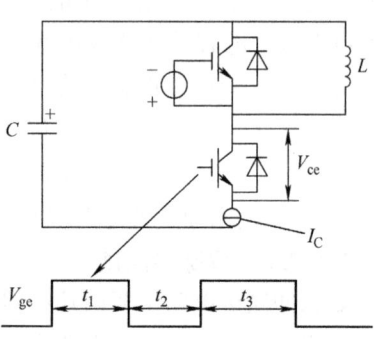

图 4-13 双脉冲测试电路原理图

$$I_D = I_L = \frac{V_{DC1} - V_{DS(ON)}}{L}(t_2 - t_1) \tag{4-8}$$

由于 GaN 功率器件的通态压降非常小，所以漏源极电流 I_D 和电感电流 I_L 的值还可表达为式（4-9）：

$$I_D = I_L = \frac{V_{DC1}}{L}(t_2 - t_1) \tag{4-9}$$

因此可以得出漏源极电流和电感电流的值在 t_2 时刻的大小是由直流母线电压、电感值以及 GaN 功率器件的导通时间来决定的。在 t_3 时刻，双脉冲的第二个脉冲的上升沿来临时，GaN 功率器件第二次导通。相比第一次脉冲到来时的情况，第二次脉冲到来时的 GaN 功率器件的导通波形更具代表性。因为第二次脉冲到来时的 GaN 功率器件不是零电流导通，所以选择第二次脉冲到来时所测得的 GaN 功率器件的导通波形作为 GaN 功率器件动态特性测试的有效导通波形。在这个时间阶段，GaN 功率器件的等效二极管进入反向恢复阶段，反向恢复电流流经功率器件，所以测得功率器件的漏源极电流会有一定的尖峰。而从 t_3 到 t_4 时刻，由于电路中的电感值不变，所以这一阶段电流 I_D 和 I_L 继续线性上升，到

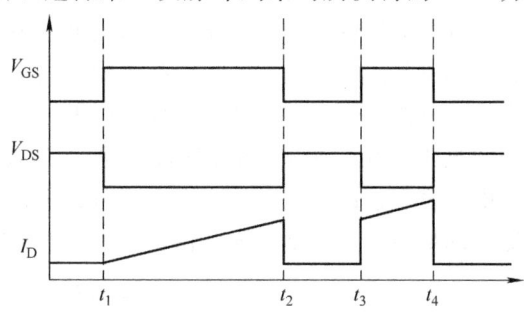

图 4-14 双脉冲测试电路波形图

再次关断时储存在电感 L 中的电量才损失殆尽[3,6]。如图 4-14 所示。

4.1.2.6 极限能力测试

1. 浪涌电流测试

浪涌电流是指在电源接通或断开瞬间，电网中出现的短时间的像"浪"一样由高电压引起的流入电源设备的峰值电流。当某些大容量的电气设备接通或断开瞬间，由于电网中存在电感，将在电网中产生浪涌电压，从而产生浪涌电流。

图 4-15 是一个典型的浪涌电流波形。它有两个尖峰。第一个浪涌电流峰值是输入电压的电源启动时产生的。这个峰值电流流入 EMI 滤波器的电容和 DC/DC 变换器的输入端电容，并被充电至稳态值。第二个电流峰值是 DC/DC 变换器启动时产生的。这个峰值电流通

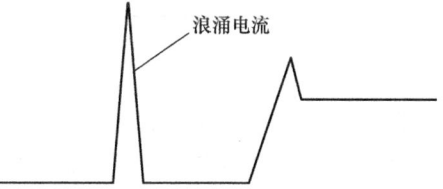

图 4-15 典型浪涌电流波形图

过 DC/DC 变换器的变压器流入到输出端电容和所有负载电容，充电至稳态值。

由于输出滤波电容迅速充电，所以该峰值电流远远大于稳态输出电流。一般不管设备容量大小，都会存在浪涌电流，小容量的电气设备产生的浪涌电流较小，不会产生大的危害，因此常常被我们所忽视。

但是大容量的电气设备会产生一个较大的浪涌电流，浪涌电流比系统正常电流要大几倍甚至几十倍，因而可能使 AC 电路的电压降落，从而影响连在同一 AC 电路的所有设备的正常运行，有时会熔断熔断器和整流二极管等元器件。

为了避免浪涌电流对我们日常生活带来的影响，为了保护电气设备的正常使用，电源通常会限制整流桥、熔断器、AC 开关、EMI 滤波器所能承受的浪涌水平，AC 输入电压不应损坏电源或者导致熔断器熔断。

2. 雪崩能量测试

对于功率场效应晶体管来讲，由于是靠多子实现电流传输的，因此不存在二次击穿。由于存在通态电阻 $R_{DS(ON)}$ 的正电阻温度系数的缘故，在导通状态下，不会产生横向温度不稳定的情况而出现温升的同时，除了因栅极 Poly-Si 电阻引起的延迟效应外，晶体管导通或截止时，横向电场不具备导致二次击穿所需的电流集中条件，但尽管如此，在功率场效应晶体管应用实践中，二次击穿事实上是存在的，根据失效的分析结果，被公认是一种电位失效过程。当 VD MOSFET 反向偏置时，由于漏源电压、电流等变化的作用，当漏源电压增大到一定值时，器件内部电场很强，电流密度也比较大，两种因素同时存在，一起影响正常时的耗尽区固定电荷，使器件内部载流子发生雪崩式倍增，因而发生雪崩击穿现象，如图 4-16 所示。

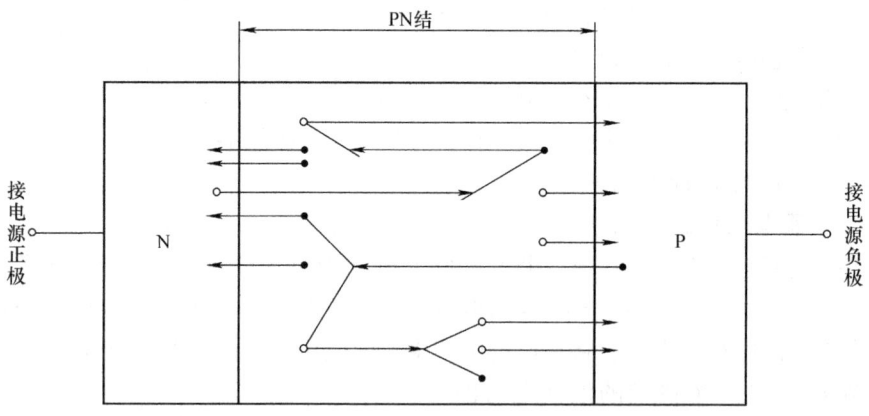

图 4-16　雪崩击穿现象示意图

器件的雪崩能量的测试有可逆测试和不可逆测试，不可逆测试按照实际电路应用原理，不仅可以判定器件是否能承载电路的关断回馈能量，还可以进行器件最大雪崩能量的测试，为达到最大耐量的摸底，所以不会在电路中设立箝位感性开关，这样才能进行模拟测量，达到最大耐量的摸底。器件的雪崩能量存在两个方面，为单脉冲雪崩能量 EAS 和重复脉冲雪崩能量 EAR。EAS 指的是器件关断瞬间能够消耗或承受的最大能量；EAR 指的是在没有设定工作频率，也就是器件稳态下，既不考虑其他损耗，也不考虑器件温升的情况，对器件在理想状态下自身的评估，没有实际应用的意义，因为散热是器件运行首先必须考虑的外部条件，随时对器件产生着影响，雪崩击穿对于任何器件都是可能随时发生的，尤其在器件开关过程中，以及外部环境发生变化时。在验证器件设计是否合理的过程中，对容易发生雪崩击穿的器件，当器件处于工作过程中时通过测试期间的温度，来观察器件是否温度太高，雪崩能量依赖于电感值和起始的电流值。很多器件的开关设计中有必要将器件的有关参数和应用结合考虑，最好结合实际进行验证来评测相互之间的影响，并考虑最适合的条件。

4.2 晶圆（CP）测试

如图 4-17 所示为典型的碳化硅晶圆和分立器件电学测试系统，主要由 3 部分组成，左边为电学检测探针台阿波罗 AP-200，中间为晶体管检测仪 IWATSU CS-10105C，右边为控制用计算机。3 部分组成了一个测试系统[6]。

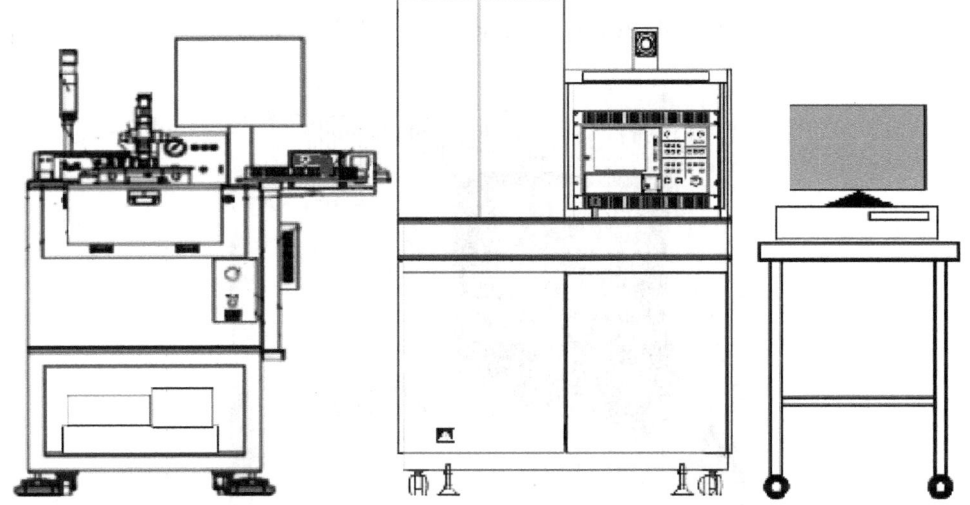

图 4-17　典型的碳化硅晶圆和分立器件电学测试系统（注：该图取自参考文献 [6]）

图 4-18 所示为探针台，主要对晶圆进行电学检测，分为载物台、探卡、绝缘气体供应设备这几部分，载物台用于晶圆的放置，可以兼容 4～8 英寸（in）㊀的晶圆，上面有真空气孔，将晶圆吸附住，防止在绝缘气体和探针测试过程中晶圆发生移位。绝缘气体主要是压缩空气和 N_2 两种，绝缘气体用于防止在测高压过程中发生"打火"现象（电击穿空气）。目前除用气体做绝缘外，最常用的方法是将晶圆浸泡在氟油中，这种方法的测试效果要强于压缩空气的绝缘，并且氟油在测试完成后很容易挥发，不会在晶圆表面造成污染残留。

曲线追踪仪主界面如图 4-19 所示，主要用来输出高电压和大电流，用连线方式传导到探针上。仪器内部含有 2 组电源，分别为集电极电源和步进式信号源，可通过线路的配置将电压加到集电极、发射极和基极上，实现不同的测试要求。设备中包含 7 种固定的测试电路，可用于完成不同的测试项。

㊀　1in = 0.0254m。

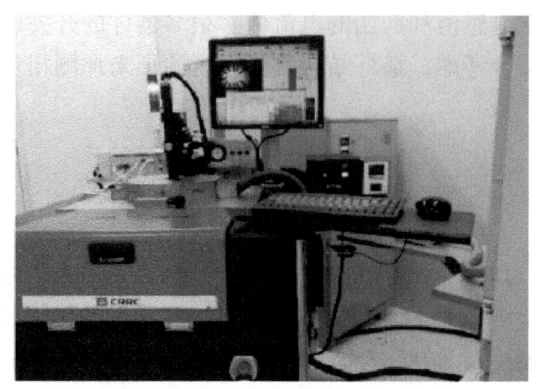

图 4-18　探针台（注：该图取自参考文献 [6]）

图 4-19　曲线追踪仪主界面（注：该图取自参考文献 [6]）

晶圆测试（Chip Probing，CP）在整个芯片制作流程中处于晶圆制造和封装之间。晶圆（Wafer）制作完成之后，成千上万的裸 Die（未封装的芯片）规则地分布在整个 Wafer 上。由于尚未进行划片封装，芯片的引脚全部裸露在外，这些极微小的引脚需要通过更细的探针（Probe）来与测试机台（Tester）连接。在未进行划片封装的整片 Wafer 上，通过探针将裸露的芯片与测试机台连接，从而进行的芯片测试就是晶圆测试。

Wafer 制作完成之后，由于工艺原因引入的各种制造缺陷，导致分布在 Wafer 上的裸 Die 中会有一定量的残次品。晶圆测试的目的就是在封装前将这些残次品找出来，称为晶圆分选（Wafer Sort），从而提高芯片出厂的良品率，缩减后续封测的成本。而且通常在芯片封装时，有些引脚会被封装在内部，导致有些功能无法在封装后进行测试，只能在晶圆中测试。另外，有些公司还会根据晶圆测试的结果，根据性能将芯片分为多个级别，将这些产品投放到不同的市场。

以 SiC SBD 为例，图 4-20a 为 1200V 20A SiC SBD 晶圆，晶圆正面为阳极，背面为阴极。探针台内的步进式电机带动载物台对晶圆进行点测。通过对 1200V 20A 晶圆裸片的测试分析，步进式扫描后会得到图 4-20b 所示的等级 MAP 图，A、B、NG、ERR 分别为相应的等级分类。

对 5 块晶圆的测试结果用 JMP 进行汇总可得图 4-20c 所示的结果，从中可以看出，V_F 基本都在 1.5～1.6V，反向 I_{DSS} 漏电流大部分在 10μA 以下。晶圆正向分布的一致性良好，但是反向特性有通过提高工艺而进一步提升的空间。

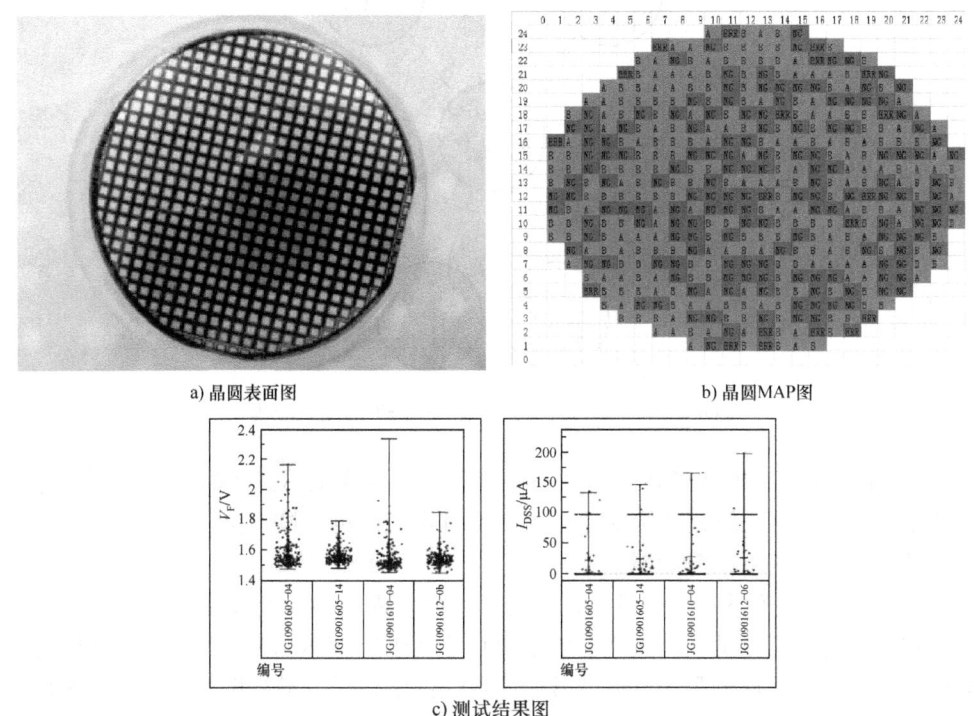

a) 晶圆表面图　　　　　　　　　　b) 晶圆MAP图

c) 测试结果图

图 4-20　1200V 20A SiC SBD 晶圆及测试结果（注：该图取自参考文献 [6]）

4.3　封装成品测试（FT）

封装成品测试（Final Test，FT）是对封装好的芯片进行设备应用方面的测试，把坏的芯片挑出来，FT 通过后还会进行工序质量测试和产品质量测试，FT 是对封装成品进行测试，检查封装厂的工艺水平。FT 的良率一般都不错，但由于 FT 比 CP 测试包含更多的项目，也会遇到低产量问题，而且这种情况比较复杂，一般很难找到根本原因。广义上的 FT 也称为自动测试设备（Automatic Test Equipment，ATE）测试，一般情况下，ATE 测试通过后可以出货给客户，但对于要求比较高的公司或产品，FT 通过之后，还有系统级测试（System Level Test，SLT），也称为试验台试验。SLT 比 ATE 测试更严格，一般是功能测试，测试具体模块的功能是否正常，当然 SLT 更耗时间，一般采取抽样的方式进行。图 4-21 是苏州震坤科技有限公司给出的 FT 的测试流程。

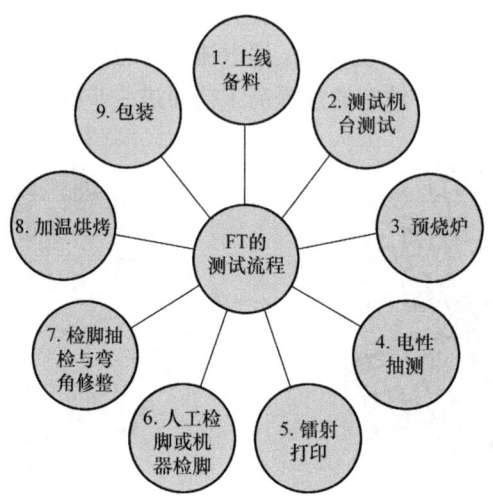

图 4-21　苏州震坤科技有限公司 FT 的测试流程

1）上线备料：上线备料的用意是将预备要上线测试的待测品，放在一个标准容器中，以便于在上测试机台时，待测品在分类机内可以被定位，而使测试机台内的自动化机械结构可以自动地上下料。

2）测试机台测试：待测品在入库后，经过入库检验及上线备料后，接下来就是上测试机台进行测试。测试机台的主要功能在于使 PE Card 上发出待测品所需的电信号，并且接受待测品因此电信号后所反应的电信号，最终做出产品电性测试结果的判断。

3）预烧炉：一般测试高单价芯片时才有此道程序。在测试存储器类产品时，在前两步之后，待测品都会上预烧炉去加热。其目的是在于提供待测品一个高温、高电压、大电流的环境，使生命周期较短的待测品在加热的过程中提早地暴露问题，降低产品在客户使用时的失败率。

4）电性抽测：电性抽测的目的是将完成测试机台测试的待测品抽出一定数量重回测试机台，看其测试结果是否与之前上测试机台的测试结果相一致，若不一致，则有可能是测试机台故障、测试程序有问题、测试配件损坏、测试过程有瑕疵等原因造成的。

5）镭射打印：利用镭射打印机，依客户的正印规格，将指定的正印打到芯片上面，图 4-22 为镭射打印机实物图。

6）人工检脚或机器检脚：此步是检验待测品的正印和接脚的对称性、平整性及共面度等,这部分作业有时会利用镭射扫描的方式进行,有时也会利用人工进行检验。

7) 检脚抽检与弯角修整:对于弯角品,会进行弯角品的修复作业,然后再利用人工进行检脚的抽检。

8) 加温烘烤:在所有测试及检验流程之后,产品必须在烘烤炉中进行烘烤,将待测品上的水汽烘干,使产品在送至客户手中之前不会因水汽的腐蚀而影响待测品的品质。

9) 包装:将待测品依客户的指示,将原来在标准容器内的待测品进行分类包装到客户所指定的包装容器内,并做必要的包装容器上的商标粘贴。

图 4-22 镭射打印机实物图

4.4 系统级测试(SLT)

技术在不断进步,测试需求也在不断演变。比如,如今一个 AI 设备可能包含数十亿个晶体管。随着工艺节点的缩小,即使 ATE 测试的故障覆盖率达到 99.5%,也会有大量晶体管漏检。系统级测试(SLT)可以发现剩下 0.5% 未检测晶体管中存在的故障。

随着技术的发展,SoC、系统级封装(SIP)和软件的复杂程度不断增加。这种复杂性导致异步接口的数量增多,功率、时钟、温度域,以及软、硬件之间的交互更加频繁。ATE 测试 99.5% 的故障覆盖率实现起来也更加困难。而在复杂接口的测试方面,系统级测试(SLT)更为简单、经济。将设备调至任务模式后,就可以对可能存在故障的复杂交互进行测试。

设备制造商面临的另一项挑战是产品上市时间日趋缩短,以及新设备制造工艺缺陷较多。制造商不得不在工艺缺陷率较高时加速出货。为满足市场对产品质量的要求,必须检测出缺陷。SLT 让工程师能够在设备开发早期即提高测试故障覆盖率。所获得的数据可帮助制造商减少后续环节中的返工修复,在更短的时间内达到理想良品率,缩短上市所需时间。

最后,集成电路设计人员纷纷采用前沿的工艺和封装技术。这些技术方面的进步令人振奋,不可或缺,同时也增加了出现潜在故障和新故障模式的概率。SLT 能够在设备出厂前检测到其中的潜在故障,显著降低设备的整体成本。

对于目前应用广泛的 SoC 芯片,其 SLT 的测试主要项目见表 4-2[10]。

表 4-2 SoC 芯片 SLT 测试主要项目

序号	测试项目
1	电气性能（功耗、交流/直流参数、噪声等）
2	模拟 IP 核性能（ADC、DAC 等）
3	数字 IP 核性能（DSP、逻辑等）
4	处理器性能
5	存储器性能

SLT 的通用流程如图 4-23 所示。

1）选定 SoC 芯片。选择需要测试的 SoC 芯片，并准备充足的样本。

2）设计 SoC 系统板。在选定了 SoC 芯片后，需要设计相应的系统板。通常参照 SoC 芯片手册中的外围电路并补充一些必要的电阻、电容和电感等。

3）制定测试方案。在考虑测试成本（时间、复杂度等）和测试质量等因素后，确定需要测试的项目。

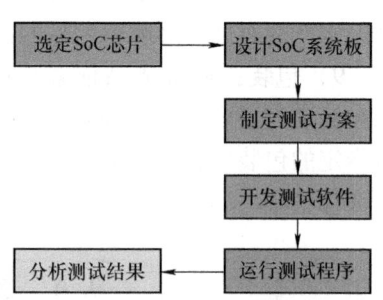

图 4-23 SLT 通用流程图
（注：该图取自参考文献 [10]）

4）开发测试软件。由于 SoC 芯片内部集成了很多不同的 IP 核，所以需要选择合适的软件开发语言，对应于需要测试的项目开发相应的测试用例，确保软件代码的简洁从而避免产生额外故障[11]。

5）运行测试程序。测试程序的编写需要注意 IP 核相互之间的通信与软硬件兼容性问题。

6）分析测试结果。一旦出现故障，需要依靠测试工程师的经验来判断到底是 SoC 芯片设计的问题、SoC 系统板设计的问题还是测试软件的问题。

4.5 功率器件的失效分析

如前节所述，在通过电特性测试后，一般可以得出器件是良品或不良品的判断，当然除了外观不良外，电特性不良是可以通过仪器来测量检出的，那么所谓的失效分析就是指对器件的电特性失效采取恰当的分析手段，明确不良现象发生的原因和机理，并能提出相应的预防措施和建议。常见的失效分析手段分为无损检查和有损检查，所谓无损检查即经过检查分析，器件还是停留在原始的封装体状态，没有变化，其主要方法是利用射线穿透，如 X 射线、3DCT 等，或超声扫描，如 S-scan、T-scan 断层扫描等。

所有的半导体器件失效均需要通过失效分析的手段来明确定义失效模式现象，

从而为解决方案提供有力的实验论据。失效分析是通过对现场使用的失效样品、可靠性试验失效样品和筛选失效样品的解剖分析，得出失效模式（形式）的失效机理并准确判断失效原因，为迅速提高产品的可靠性提供科学依据。失效分析和失效机理研究立足于微观世界，把半导体器件不单纯地看成是具有某种功能的"黑盒子"，而是从物理、化学的微观结构上对它进行仔细观察和分析研究，从本质上探究半导体器件的不可靠因素，探索其工作条件、环境应力和时间等因素对器件发生失效所产生的影响。

半导体器件常见的失效模式可分为几大类：开路、短路、无功能、特性退化（劣化）、重测合格和结构不好共六类。最常见的失效有烧毁、漏气、腐蚀或断腿、环氧树脂（封装材料）裂纹、芯片黏结不良、键合点不良或腐蚀、芯片表面铝腐蚀、铝层伤痕、光刻/氧化层缺陷、漏电流大、PN 结击穿、阈值电压漂移等。作者实际遇到的问题往往有综合性，也就是说，一些失效现象并不是孤立的，举个例子，就开路而言，就有其复杂性，有关于本书所指的键合点不良造成的开路，也有芯片设计上的缺陷造成的开路，也有实际使用过程中，由于过负载造成的局部开路，也有接触不良类型的开路，如在常温下测试的情况下是正常，但随温度的升高（使用时间的延长）而表现为开路现象等。其原因五花八门，一个失效现象的出现，可能是许多因素的综合作用结果，需要系统的分析手段加以分析和论证，找到正确的失效原因，从而做出有效的改进和预防措施[7]。

电子器件是一个非常复杂的系统，其封装过程的缺陷和失效也是非常复杂的。因此，研究封装缺陷和失效需要对封装过程有一个系统性的了解，这样才能从多个角度去分析缺陷产生的原因。

4.5.1 封装缺陷与失效的研究方法论

封装的失效机理可以分为两类：过应力和磨损。过应力失效往往是瞬时的、灾难性的；磨损失效是长期的累积损坏，往往首先表现为性能退化，接着才是器件失效。失效的负载类型又可以分为机械、热、电气、辐射和化学载荷等。造成封装缺陷和失效的因素是多种多样的，材料成分和属性、封装设计、环境条件和工艺参数等都会对其有所影响。确定影响因素是预防封装缺陷和失效的基本前提。影响因素可以通过试验或者模拟仿真的方法来确定，一般多采用物理模型法和数值参数法。对于更复杂的缺陷和失效机理，常常采用试差法来确定关键的影响因素，但是这个方法需要较长的试验时间并且需要进行设备修正，效率低、花费高。在分析失效机理的过程中，采用鱼骨图（因果图）展示影响因素是行业通用的方法，以第 3 章键合质量分析为例。鱼骨图可以说明复杂的原因及影响因素与封装缺陷之间的关系，也可以区分多种原因并将其分门别类。生产应用中，有一类鱼骨图被称为 6Ms，它是从机器、方法、材料、测量度、人力和自然力这 6 个维度分析影响因素。用鱼骨图对塑封芯片分层分析原因，从设计、工艺、环境和材料 4 个方面进行分析。通过鱼骨图，清晰地展现了所有的影响因素，为失效分析奠定了良好的基础。

4.5.2 引发失效的负载类型

如上所述，封装的负载类型可以分为机械、热、电、辐射和化学载荷，是按照失效机理加以分类的。

1) 机械载荷：包括物理冲击、振动、填充颗粒在硅芯片上施加的应力（如收缩应力）和惯性力（如宇宙飞船的巨大加速度）等。材料对这些载荷的响应可能表现为弹性形变、塑性形变、翘曲、脆性或柔性断裂、界面分层、疲劳裂缝的产生和扩展、蠕变以及蠕变开裂等。

2) 热载荷：包括芯片黏结剂固化时的高温、引线键合前的预加热、成型工艺、后固化、邻近元器件的再加工、浸焊、气相焊接和回流焊接等。外部热载荷会使材料因热膨胀而发生尺寸变化，同时也会改变蠕变速率等物理属性。如发生热膨胀系数（CTE）失配进而引发局部应力，并最终导致封装结构失效。过大的热载荷甚至可能会导致器件内易燃材料发生燃烧。

3) 电载荷：包括突然的电冲击、电压不稳或电流传输时突然的振荡（如接地不良）而引起的电流波动、静电放电、过电应力等。这些外部电载荷可能导致介质击穿、电压表面击穿、电能的热损耗或电迁移。也可能增加电解腐蚀、树枝状结晶生长，引起漏电流、热致退化等。

4) 化学载荷：包括化学物品使用环境导致的腐蚀、氧化和离子表面树枝状结晶生长。由于湿气能通过塑封料渗透，因此在潮湿环境下湿气是影响塑封器件的主要问题。被塑封料吸收的湿气能将塑封料中的催化剂残留萃取出来，形成副产物进入芯片黏接的金属底座、半导体材料和各种界面，诱发导致器件性能退化甚至失效。例如，组装后残留在器件上的助焊剂会通过塑封料迁移到芯片表面。在高频电路中，介质属性的细微变化（如吸潮后的介电常数、耗散因子等的变化）都非常关键。在高电压转换器等器件中，封装体击穿电压的变化非常关键。此外，一些环氧聚酰胺和聚氨酯如果长期暴露在高温、高湿环境中也会引起降解（有时也称为"逆转"）。通常采用加速试验来鉴定塑封料是否容易发生这种失效。

需要注意的是，当施加不同类型载荷的时候，各种失效机理可能同时在塑封器件上产生交互作用。例如，热载荷会使封装体结构内相邻材料间发生 CTE 失配，从而引起机械失效。其他的交互作用，包括应力辅助腐蚀、应力腐蚀裂纹、场致金属迁移、钝化层和电解质层裂缝、湿热导致的封装体开裂，以及温度导致的化学反应加速等。在这些情况下，失效机理的综合影响并不一定等于个体影响的总和。

4.5.3 封装过程缺陷的分类

封装过程缺陷主要包括装片空洞、键合不良、翘曲、芯片破裂、分层、塑封空洞、不均匀封装、塑封毛边、外来颗粒和不完全固化等。

1. 装片空洞

装片空洞是指在装片过程中由于密封不好或者装片机的参数设置不当，或者被焊芯片表面存在异物比如氧化物等引起的芯片和框架基岛之间存在未形成黏结或钎接的空洞，这些空洞严重的情况可以引起导电性不良，影响功率器件的 $R_{DS(ON)}$ 值，通常表现为 ΔV_{DS} 超标。此外，空洞的存在使得芯片导热不充分，容易形成热量聚集点，同时在温度和功率循环的过程中，由于受力不均匀，容易形成焊料层的裂纹，进而发展成为电特性不良，影响封装产品的可靠性。因此一般功率芯片都对空洞的大小

图 4-24　装片空洞 X 光扫描图

和总面积有规定，在非车规级产品中要求总面积不超过芯片面积的 10%，单个不超过 5%。装片空洞 X 光扫描图如图 4-24 所示。

2. 键合不良

键合不良包括的种类较多，比如引线短路（焊点接触到其他焊盘，或者焊线之间短路），尤其是对功率器件来说，一般接触的是大电流、高电压，所以不同极性的焊线之间的距离至少大于 400μm 或者 1 倍的线径距离，短于这个距离有可能发生击穿短路，这点在封装体的设计的时候也要考虑进去。此外，还有损伤芯片的弹坑，第二焊点的虚焊或者键合强度弱造成在受到交变应力情况下的接触不良。功率器件封装乃至整个半导体封装，键合质量是非常关键的一环，一个封装的质量基本可以通过键合质量来表征。因为封装质量问题中，短路和开路是永恒的话题，基本可以囊括封装质量问题的 90% 以上。常见键合不良如图 4-25 和图 4-26 所示。

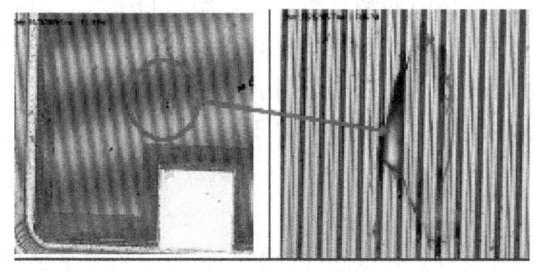

图 4-25　弹坑实物照片

3. 翘曲

翘曲是指封装器件在平面外的弯曲和变形。因塑封工艺而引起的翘曲会导致分层和芯片开裂等一系列的可靠性问题。

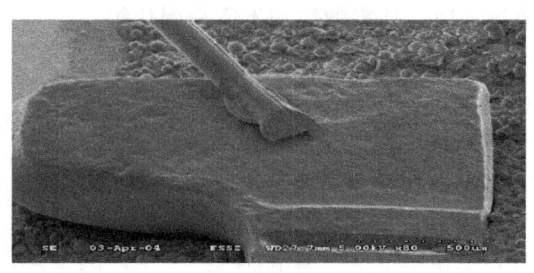

图 4-26　虚焊实物照片

翘曲也会导致一系列的制造问题，如在塑封球栅阵列（PBGA）器件中，翘曲会导致焊料球共面性差，使器件在组装到 PCB 的回流焊过程中发生贴装问题。翘曲模式包括内凹、外凸和组合模式 3 种。在封装行业，有时候会把内凹称为"笑脸"，外凸称为"哭脸"。如图 4-27 所示。

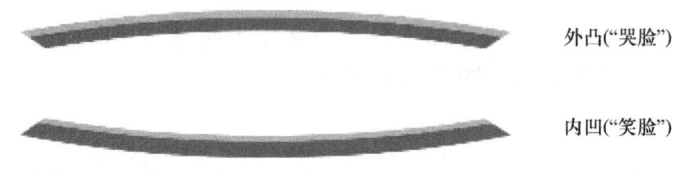

图 4-27　翘曲示意图

导致翘曲的原因主要包括 CTE 失配和固化/压缩收缩。后者一开始并没有受到太多的关注，随着深入研究发现，塑封料的化学收缩在 IC 器件的翘曲中也扮演着重要角色，尤其是在芯片上下两侧厚度不同的封装器件上。在固化和后固化的过程中，塑封料在较高的固化温度下将发生化学收缩，被称为"热化学收缩"。通过提高玻璃化转变温度并降低 T_g 附近的 CTE 变化，可以减小固化过程中发生的化学收缩。导致翘曲的因素还包括诸如塑封料成分、塑封料湿气、封装的几何结构等。通过对塑封料的成分、工艺参数、封装结构和封装前环境进行把控，可以将封装翘曲降低到最小。在某些情况下，可以通过封装电子组件的背面来进行翘曲的补偿。例如，大陶瓷电路板或多层板的外部连接位于同一侧，对它们进行背面封装可以减小翘曲。

4. 芯片破裂

封装工艺中产生的应力会导致芯片破裂。封装工艺通常会加重前道组装工艺中形成的微裂缝。晶圆或芯片减薄、背面研磨，以及芯片焊料装片都是可能导致芯片裂缝产生的原因。破裂的、机械失效的芯片不一定会发生电气失效。芯片破裂是否会导致器件的瞬间电气失效还取决于裂纹的生长路径。功率器件常见的裂纹导致的电特性不良通常是由于短路而不是开路。裂纹是致命的，往往不能通过一次电特性测试筛选出来，因为裂纹的扩展需要时间，所以有裂纹的芯片能通过功能检测，但很有可能在后续的使用环境中出现问题,这也大大影响了产品的使用寿命并且在某些重要场合会带来安全隐患。因此,必须严格控制封装过程尤其是划片过程中的崩角(Chipping)大小,以防止裂纹产生,装片过程中必须选择合适的工艺参数以减少对芯片的机械冲击,同时确保有足够的焊料厚度(BLT)来保证裂纹不能扩展,选择合适的冷却速率可减少热应力冲击。较厚的焊料层可以吸收热应力,以减少由于封装材料 CTE 失配带来的热应力影响。键合时的夹具设计,框架基岛的平面度与夹具垫板的贴合,夹持压力以及塑封时的成型转换压力等工艺参数都应该予以重视,以防止芯片受到额外的机械应力而产生裂纹。芯片裂纹实物照片如图 4-28 所示。

图 4-28 芯片裂纹实物照片(来源于 Fairchild)

5. 分层

分层或黏接不牢指的是塑封料和其相邻材料界面之间的分离。分层位置可能发生在塑封微电子器件中的任何区域;也可能发生在封装工艺、后封装制造阶段或者器件使用阶段。封装工艺导致的黏接不良界面是引起分层的主要因素。界面空洞、封装时的表面污染和固化不完全都会导致黏接不良。其他影响因素还包括固化和冷却时的收缩应力与翘曲。在冷却过程中,塑封料和相邻材料之间的 CTE 失配也会导致热—机械应力,从而导致分层。可以根据界面类型对分层进行分类。图 4-29 为典型功率器件封装的分层示意图[8]。

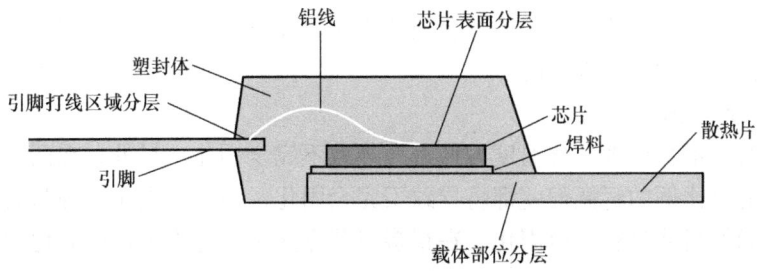

图 4-29 典型功率器件封装分层示意图(注:该图取自参考文献 [8])

6. 塑封空洞

封装工艺中，气泡嵌入环氧材料中形成了空洞，空洞可以发生在封装工艺过程中的任意阶段，包括转移成型、填充、灌封和塑封料被置于空气环境下的印刷。通过最小化空气量，如排空或者抽真空，可以减少空洞，据报道采用的真空压力范围为 1～300Torr⊖。模流仿真分析认为，是底部熔体前沿与芯片接触，导致了流动性受到阻碍。部分熔体前沿向上流动并通过芯片外围的大开口区域填充半模顶部。新

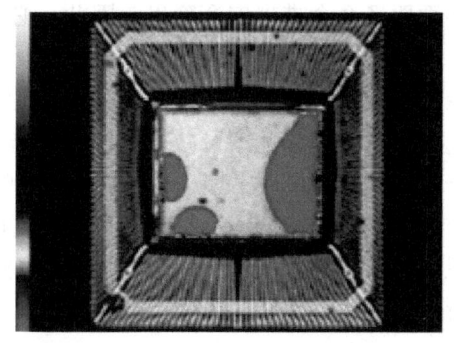

图 4-30 塑封空洞超声扫描图

形成的熔体前沿和吸附的熔体前沿进入半模顶部区域，从而形成气泡。塑封空洞超声扫描图如图 4-30 所示。

7. 不均匀封装

不均匀的塑封体厚度会导致翘曲和分层。传统的封装技术，诸如转移成型、压力成型和灌注封装技术等，不易产生厚度不均匀的封装缺陷。晶圆级封装因其工艺特点，特别容易产生不均匀的塑封厚度。为了确保获得均匀的塑封层厚度，应固定晶圆载体使其倾斜度最小以便于刮刀安装。此外，还需要进行刮刀位置控制以确保刮刀压力稳定，从而得到均匀的塑封层厚度。在硬化前，当填充粒子在塑封料中的局部区域聚集并形成不均匀分布时，会导致不同质或不均匀的材料组成。塑封料的不充分混合将会导致封装灌封过程中不同质现象的发生。

8. 塑封毛边

毛边是指在塑封成型工艺中通过分型线并沉积在器件引脚上的模塑料。夹持压力不足是产生毛边的主要原因。如果引脚上的模塑料残留没有被及时清除，将导致组装阶段产生各种问题。例如，在下一个封装阶段中键合或者黏附不充分。树脂泄漏是较稀疏的毛边形式。

9. 外来颗粒

在封装工艺中，封装材料若暴露在污染的环境、设备或者材料中，外来颗粒就会在封装中扩散并聚集在封装内的金属部位上（如芯片和引线键合点），从而导致腐蚀和其他的后续可靠性问题。

10. 不完全固化

固化时间不足或者固化温度偏低都会导致不完全固化。另外，在两种封装料的灌注中，混合比例的轻微偏差都将导致不完全固化。为了最大化实现封装材料的特性，必须确保封装材料完全固化。在很多封装方法中，允许采用后固化的方法确保

⊖ 1Torr≈133.322Pa。

封装材料的完全固化，同时要注意保证封装料比例的精确配比。

4.5.4 封装体失效的分类

在封装组装阶段或者器件使用阶段，都有可能发生封装体失效。特别是当封装微电子器件组装到 PCB 上时更容易发生，该阶段器件需要承受较高的回流温度，会导致塑封料界面分层或者破裂。

1. 分层

如上所述，分层是指塑封料在黏结界面处与相邻的材料分离。可能导致分层的外部载荷和应力包括水汽、湿气、温度以及它们的共同作用。在组装阶段常常发生的一类分层被称为水汽诱导（或蒸汽诱导）分层，其失效机理主要是相对高温下的水汽压力。在封装器件被组装到 PCB 上的时候，为使焊料融化，温度需要达到 220℃甚至更高，这远高于塑封料的玻璃化转变温度（110~200℃）。在回流高温下，塑封料与金属界面之间存在水汽蒸发，会形成水蒸气，产生的蒸汽压与材料间热失配、吸湿膨胀引起的应力等因素共同作用，最终导致界面黏结不牢或分层，甚至导致封装体的破裂。无铅焊料相比传统铅基焊料，其回流温度更高，更容易发生分层问题。吸湿膨胀系数（CHE）又称湿气膨胀系数（CME），湿气扩散到封装界面的失效机理是水汽和湿气引起分层的重要因素。湿气可通过封装体扩散，或者沿着引线框架和塑封料的界面扩散。研究发现，当塑封料和引线框架界面之间具有良好黏结时，湿气主要通过塑封体进入封装内部。但是，当这个黏结界面因封装工艺不良（如键合温度引起的氧化、应力释放不充分引起的引线框架翘曲或者过度修剪和形式应力等）而退化时，在封装轮廓上会形成分层和微裂缝，并且湿气或者水汽将易于沿这一路径扩散。更糟糕的是，湿气会导致极性环氧黏结剂的水合作用，从而弱化和降低界面的化学键合。表面清洁是实现良好黏结的基本要求。表面氧化常常导致分层的发生（如第 3 章中所提到的例子），如铜合金引线框架暴露在高温下就常常导致分层。氮气或其他合成气体的存在，有利于避免氧化。塑封料中的润滑剂和附着力促进剂会促进分层。润滑剂可以帮助塑封料与模具型腔分离，但会增加界面分层的风险；另外，附着力促进剂可以确保塑封料和芯片界面之间的良好黏结，但却难以从模具型腔内被清除。分层不仅为水汽扩散提供了路径，也是树脂裂缝的源头。分层界面是裂缝萌生的位置，当承受较大外部载荷的时候，裂缝会通过树脂扩展。研究表明，发生在装片基岛和树脂之间的分层最容易引起树脂裂缝，其他位置出现的界面分层对树脂裂缝的影响较小。

2. 气相诱导裂缝（爆米花现象）

水汽诱导分层进一步发展会导致气相诱导裂缝。当封装体内的水汽通过裂缝逃逸时会产生爆裂声，和爆米花爆裂的声音非常像，因此又被称为爆米花现象。裂缝常常从芯片底座向塑封底面扩展。在焊接后的 PCB 中，通过外观检查难以发现这些裂缝。QFP 和 TQFP 等大而薄的塑封形式最容易产生爆米花现象；此外也容易发生在芯片底座面积与器件面积之比较大、芯片底座面积与最小塑封料厚度之比较大的器件中。爆米花现象可能会伴随其他问题，包括键合球从键合盘上断裂以及键合球下面的硅凹坑等。

塑封器件内的裂缝通常起源于引线框架上的应力集中区（如边缘和毛边），并且在最薄塑封区域内扩展。毛边是引线框架表面在冲压工艺中产生的小尺寸变形，改变冲压方向使毛边位于引线框架顶部，或者刻蚀引线框架（模压）都可以减少裂缝。减少塑封器件内的湿气是减少爆米花现象的关键。常采用高温烘烤的方法减少塑封器件内的湿气。前人研究发现，封装内允许的安全湿气含量约为 1100×10^{-6}（0.11wt%）⊖[9]。在125℃下烘烤24h，可以充分去除封装内吸收的湿气。爆米花现象原理图和实物图如图4-31所示。

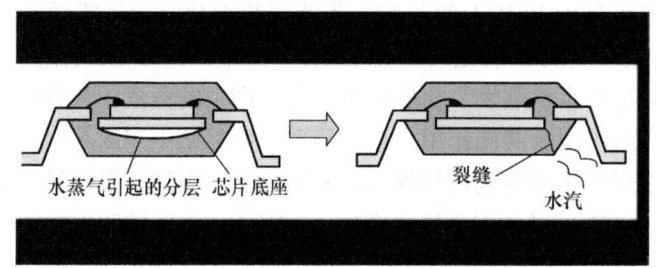
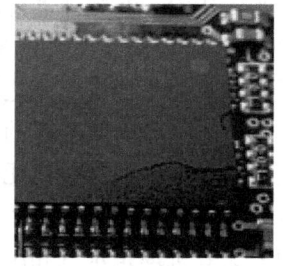

图4-31 爆米花现象原理图和实物图

3. 脆性断裂

脆性断裂经常发生在低屈服强度和非弹性材料中（如硅芯片）。当材料受到过应力作用时，突然的、灾难性的裂缝扩展是起源于如空洞、夹杂物或不连续等微小缺陷。关于芯片裂纹的产生和扩展在第3章已有介绍，这里不再赘述。

4. 韧性断裂

塑封材料容易发生脆性和韧性两种断裂模式，主要取决于环境和材料因素，包括温度、聚合树脂的黏塑特性和填充载荷。即使在含有脆性硅填料的高加载塑封材料中，因聚合树脂的黏塑特性，仍然可能发生韧性断裂。

5. 疲劳断裂

塑封材料遭受到极限强度范围内的周期性应力作用时，会因累积的疲劳断裂而发生断裂。施加到塑封材料上的湿、热、机械或综合载荷都会产生循环应力。疲劳断裂导致的失效是一种磨损失效机理，裂缝一般会在间断点或缺陷位置萌生。疲劳断裂机理包括3个阶段：裂纹萌生（阶段Ⅰ）；稳定的裂缝扩展（阶段Ⅱ）；突发的、不确定的、灾难性的失效（阶段Ⅲ）。在周期性应力作用下，阶段Ⅱ的疲劳裂

⊖ 质量百分率 wt% =［(B的质量/(A的质量+B的质量)］×100%，水汽的质量为B，封装体其余物质的质量为A，A+B即所有物质的质量，烘干前后称量计算得出的相对质量百分比。

缝扩展指的是裂缝长度的稳定增长。塑封材料的裂缝扩展速率要远高于金属材料疲劳裂缝扩展速率的典型值（约3倍）。

4.5.5 加速失效的因素

环境和材料的载荷和应力，如湿气、温度和污染物，会加速塑封器件的失效。塑封工艺在封装失效中起到了关键性作用，如湿气扩散系数、饱和湿气含量、离子扩散速率、热膨胀系数和塑封材料的吸湿膨胀系数等特性会极大地影响失效速率。导致失效加速的因素主要有湿气、温度、污染物和溶剂性环境、残余应力、自然环境应力、制造和组装载荷以及综合载荷应力条件。潮气能加速塑封微电子器件的分层、裂缝和腐蚀失效。在塑封器件中，潮气是一个重要的失效加速因子。与潮气导致失效加速有关的机理包括黏结面退化、吸湿膨胀应力、水汽压力、离子迁移以及塑封料特性改变等。潮气能够改变塑封料的玻璃化转变温度 T_g、弹性模量和体积电阻率等特性。温度是另一个关键的失效加速因子，通常利用与塑封料的玻璃化转变温度、各种材料的热膨胀系数，以及由此引起的热—机械应力相关的温度等级来评估温度对封装失效的影响。温度对封装失效的另一个影响因素表现在会改变与温度相关的封装材料属性、湿气扩散系数和金属间扩散等。

污染物和溶剂性环境污染物为失效的萌生和扩展提供了场所，污染源主要有大气污染物、湿气、助焊剂残留、塑封料中的不洁净粒子、热退化产生的腐蚀性元素以及芯片黏结剂中排出的副产物（通常为环氧）。塑料封装体一般不会被腐蚀，但是湿气和污染物会在塑封料中扩散并到达金属部位，会引起塑封器件内金属部分的腐蚀。残余应力导致芯片黏结会产生单向应力，应力的大小主要取决于芯片黏结层的特性。由于塑封料的收缩大于其他封装材料，因此模塑成型时产生的应力是相当大的。可以采用应力测试芯片来测定组装应力。自然环境应力作用在自然环境下，塑封料可能会发生降解。降解的特点是聚合键的断裂，常常是固体聚合物转变成包含单体、二聚体和其他低分子量种类的黏性液体。升高的温度和密闭的环境常常会加速降解。阳光中的紫外线和大气臭氧层是降解的强有力催化剂，可通过切断环氧树脂的分子链使其降解。将塑封器件与易诱发降解的环境隔离，采用具有抗降解能力的聚合物都是防止降解的方法。需要在湿热环境下工作的产品要求采用抗降解聚合物。对于制造和组装载荷，制造和组装条件都有可能导致封装失效，包括高温、低温、温度变化、操作载荷以及因塑封料流动而在键合引线和芯片底座上施加的载荷。进行塑封器件组装时出现的爆米花现象就是一个典型的例子。综合载荷和应力条件在制造、组装或者操作的过程中，诸如温度和湿气等失效加速因子常常是同时存在的。综合载荷和应力条件常常会进一步加速失效。这一特点常被应用于以缺陷部件筛选和易失效封装器件鉴别为目的的加速试验设计。

4.6 可靠性测试

半导体器件完成封装后，为了评估其质量的长期稳定程度，需要进行可靠性测试。可靠性是指一个系统、产品或组件在规定条件下和规定时间内，完成规定功能的能力，所谓规定功能是指系统、产品或组件满足在工作状态下无故障地工作。在功率半导体封装领域，可靠性通常用概率来度量，表示为在规定条件下和规定时间内无故障运行的概率。常用的度量指标包括平均故障前时间（MTTF）、平均故障间隔时间（MTBF）和故障率。MTTF是指产品从开始使用到首次故障的平均时间，而MTBF则是在连续运行中两次故障之间的平均时间。故障率是指单位时间内发生故障的平均概率，通常用每小时故障次数来表示。

封装的可靠性受到多种因素的影响，其中设计因素起着决定性作用。选择合适的材料、优化结构设计，以及实施冗余设计都是提高可靠性的关键。例如，使用耐高温、高导热的材料可以减少因温度变化引起的应力，从而提高封装的可靠性。此外，制造过程中的质量控制也对可靠性有着直接影响。在生产过程中，严格的质量控制措施可以确保每个封装单元都达到设计标准，减少缺陷率。使用和维护也是影响封装可靠性的关键因素。正确的操作方式、定期的维护保养，以及适宜的环境条件可以显著延长封装的使用寿命。

为了确保功率半导体封装的可靠性，工程师们采用多种方法来识别潜在的失效模式及其影响。故障模式与影响分析（FMEA）是一种系统性的技术，用于评估产品设计或制造过程中可能出现的故障模式，并分析其对系统性能的影响。通过FMEA，工程师可以确定哪些故障模式最有可能发生，以及它们对系统的影响程度，从而采取相应的预防措施。故障树分析（FTA）则是一种自上而下的逻辑分析方法，通过构建故障树来分析导致系统故障的各种原因。它有助于工程师识别和理解复杂系统中潜在的故障路径，从而设计出更可靠的系统。加速寿命测试是一种通过在比正常工作条件更严酷的条件下测试产品，以预测其在正常条件下的寿命的方法。通过加速测试，可以在较短的时间内获得产品在正常工作条件下的寿命信息，从而评估产品的可靠性。

为了预测和分析功率半导体封装的可靠性，工程师们通常会采用不同的模型。统计模型使用统计方法来预测和分析产品的可靠性。这些模型基于历史数据和概率论，可以提供关于产品寿命和故障概率的定量信息。物理模型则基于物理原理来预测产品故障。例如，通过模拟封装内部的热应力分布，可以预测在不同工作条件下封装的热疲劳寿命。混合模型结合了统计和物理模型的优点，以提高预测的准确性。这些模型可以帮助工程师在设计阶段就预测到潜在的可靠性问题，并采取相应的设计优化措施。

为了验证封装的可靠性，工程师们会进行一系列的测试。环境应力筛

（ESS）是一种测试方法，通过施加高于正常工作条件的应力来剔除潜在的早期故障。可靠性增长测试则是在产品开发过程中进行的，目的是通过测试发现并修复缺陷，从而提高产品的可靠性。寿命测试是用来评估产品在规定条件下能够正常工作多长时间的测试。通过这些测试，工程师可以确保封装在实际应用中的可靠性。

为了提高功率半导体封装的可靠性，工程师们会采取多种措施。设计优化是通过改进设计来提高产品的可靠性。例如，通过优化封装的几何形状和材料选择，可以减少热应力和机械应力，从而提高封装的可靠性。质量控制是在生产过程中实施严格的质量控制措施，以确保每个封装单元都达到设计标准。预防性维护是通过定期检查和维护来预防故障的发生。例如，定期清洁封装表面可以防止污染物导致的短路故障。

为了确保功率半导体封装的可靠性，国际标准如 IEC、MIL-STD 和 ISO 等为可靠性工程提供了指导和规范。这些标准定义了可靠性测试的方法、数据的收集和分析，以及报告的格式等。遵循这些标准可以帮助工程师们确保他们的产品满足行业要求，并且可以在全球市场上参与竞争。

可靠性、可用性和可维护性（Reliability、Availability、Maintainability，RAM）是相互关联的，共同影响系统的总体效能。可靠性关注产品在规定条件下的无故障运行能力；而可用性关注产品在需要时能够正常工作的能力；可维护性则关注产品在发生故障后能够被快速修复的能力。这三者之间的平衡对于确保系统的高效运行至关重要。

在功率半导体封装中，软件可靠性同样重要。软件可靠性关注软件系统在规定条件下无故障运行的能力。为了提高软件可靠性，通常会通过严格的软件测试和代码质量控制来实现。软件测试可以发现潜在的错误和缺陷，而代码质量控制则通过代码审查和静态分析来确保软件的稳定性。

可靠性是一个持续改进的过程。工程师需要不断地收集数据、分析故障原因、实施改进措施，并验证改进效果。通过持续的改进，可以确保功率半导体封装的可靠性随着时间的推移而不断提高。

功率半导体封装的可靠性对于整个电子系统的性能和寿命至关重要。通过理解可靠性工程的各个方面，包括定义、度量、影响因素、工程方法、模型、测试和提升措施，工程师们可以设计和制造出更加可靠的产品。同时，遵循国际标准和规范，同时关注软件可靠性，可以进一步提高系统的总体效能。持续改进是确保长期可靠性的关键，它要求工程师们不断地学习、适应并改进他们的设计和制造流程。

功率器件封装以分立器件为例，常见的可靠性测试一般有以下几种：

1）高温存储寿命（High Temperature Storage Life，HTSL）测试，测试条件是在 150℃ 的储存箱内，器件放入其中不通电，分别在 168h、500h、1000h 后做通电测试并与在常温下的特性值进行比较，在测试规范内及比较特性参数不超过 20% 的波动为通过，样本数是 3 批，每批 77 个，采用 0/1 判断基准（有 1 个不良品出现即认为整个项目的可靠性测试未通过)。

2) 高温反偏 (High Temperature Reverse Bias, HTRB) 测试, 测试条件是在 150℃的储存箱内, 80%的湿度条件下, 对功率器件基极或门极加载反偏电压, 持续 168 500 1000h 后分别读取电特性值, 并与在常温下的特性值进行比较, 在测试规范内及比较特性参数不超过 20% 的波动为通过, 样本数是 3 批, 每批 77 个, 采用 0/1 判断基准。

3) 高温工作寿命 (High Temperrature Operating Life, HTOL), 测试条件是在 125℃的储存箱内, 对功率器件的 V_{ccs} 设置规范内的最高电压值, V_{dd} 采用正常的工作电压值加载, 持续 168 500 1000h 后分别读取电特性值, 并与常温下的特性值进行比较, 在测试规范内及比较特性参数不超过 20% 的波动为通过, 样本数是 3 批, 每批 77 个, 采用 0/1 判断基准。

4) 温度—湿度偏置测试 (Thermal Humidity Bias Test, THBT), 又称双八五测试, 测试条件是在 85℃ 及 85% 湿度条件下, 加以 V_{cc} 最低工作电压持续 168 500 1000h 后分别读取电特性值, 并与在常温下的特性值进行比较, 在测试规范内及比较特性参数不超过 20% 的波动为通过, 样本数是 3 批, 每批 77 个, 采用 0/1 判断基准。

5) 温度循环测试 (Temperature Cycling Test, TCT), 测试条件有两种选择, 一种是 -65~150℃ (30min 一个循环), 分别读取第 200 次和 500 次循环结束后的电特性值, 并与在常温下的特性值进行比较, 在测试规范内及比较特性参数不超过 20% 的波动为通过, 样本数是 3 批, 每批 77 个, 采用 0/1 判断基准。还有一种是温度范围是 -55~150℃, 分别读取第 500 次和第 1000 次循环结束后的电特性值, 其他条件不变。

6) 压力锅测试 (Pressure Cooker Test, PCT), 测试条件是把测试元器件封装体放入 121℃的水容器中 (压力锅) 加以 15psi⊖ 的压力持续 96h 后读取电特性值, 并与在常温下的特性值进行比较, 在测试规范内及比较特性参数不超过 20% 的波动为通过, 样本数是 3 批, 每批 77 个, 采用 0/1 判断基准。

7) 高温加速应力试验 (High Temperature Accelerated Stress Test, HTAST), 这是测试条件最严苛的一种测试, 把测试对象封装体放入 130℃的容器内施加 85% 的湿度, 加以 19.5psi 的压力, 再在基极或门极上加以规范 80% 的反偏电压, 读取 96h 后的电特性数据, 并与在常温下的特性值进行比较, 在测试规范内及比较特性参数不超过 20% 的波动为通过, 样本数是 3 批, 每批 77 个, 采用 0/1 判断基准。这个测试一般来说可以快速检验产品的可靠性, 经常用这个测试的结果来取代 1000h 的 HTRB 的结果。因为其严苛性, 所以经常作为参考项而不列入正常可靠性考核项。

⊖ 1psi = 6.895kPa = 0.0689476bar。

关于可靠性测试样本量的选择实际上是基于对风险的判断，以下举例说明样本数量和风险等级。可靠性的取样数参考 JESD47L：Stress-Test-Driven Qualification of Integrated Circuits（应力测试驱动的集成电路鉴定），JESD47L 主要用于对消费级和工业级半导体产品可靠性认证的指引，汽车电子、军工等有各自相应取样数量的规定。关于样本量 N 的计算：

$$N \geqslant 0.5[\chi^2(2C+2,0.1)]\left(\frac{1}{\text{LTPD}} - 0.5\right) + C \tag{4-10}$$

式中，$\chi^2(2C+2,0.1)$ 表示 90% 置信度的卡方分布（自由度为 $2C+2$，尾概率为 0.1）；批允许不良率（Lot Tolerance Percent Defective，LTPD），表示 90% 置信度的批允许不良率；C 为允收的不良数。据式（4-10）计算，可以得出表 4-3，用于直观确定所需的样本数量。

表4-3 在90%的置信水平下，最大缺陷百分比的样本量

序号	LTPD	LTPD	LTPD	LTPD	LTPD	LTPD	LTPD
C	10	7	5	3	2	1.5	1
0	22	32	45	76	114	153	230
1	38	55	77	129	194	259	389
2	53	76	106	177	266	355	532
3	67	96	134	223	334	446	668
4	80	115	160	267	400	533	800
5	94	133	186	310	465	619	928
6	107	152	212	352	528	702	1054
7	119	170	237	394	590	786	1179
8	132	188	262	435	652	868	1301
9	144	205	287	476	713	949	1423
10	157	223	311	516	773	1030	1543

77 颗样本考核允许有 1 颗故障，表示有 90% 的信心认为此批产品可靠性故障率 $\leqslant 5\%$；若 77 考核后 0 颗故障，表示有 90% 的信心认为此批产品可靠性故障率 $\leqslant 3\%$。77>76，故数量可用 77 来代替 76，而 76 对应的 LTPD 是 3%，所以可以认为产品可靠性故障率 $\leqslant 3\%$。77×3（批），表示有 90% 的把握认为可靠性故障率 F：

$$F = 1 - [1 - (3\%)^3] = 0.0027\% = 27 \times 10^{-6}（注：6\sigma 是 34 \times 10^{-6} 的质量水准）$$

LTPD 越小，取样数量越大，试验的结果更接近真实情况，在条件允许的情况

下，应尽量增大抽样数量。

对于可靠性测试项目的选择，分立器件方面的测试规范和理论比较全面，在特殊的场合，比如汽车半导体应用的场合，可靠性测试项目往往不仅是考察1000h后的电特性结果，还需要结合破坏性物理分析（Destructive Physical Analysis，DPA）的结果，通常的做法是取样，按照失效分析的步骤做全面的结构解剖，从封装体的结构表现上来论证封装体的可靠性表现，比如危险的应力集中点、湿气通道、变形度等来找到进一步提高封装质量的线索和启示。此外，对于分立器件中所有的采用贴装在电路板上的器件（SMD）的可靠性测试，在做正式可靠性测试之前还需要做预处理（Pre Condition），其测试条件是在室温加入一定的湿度条件下，封装体历经若干个温度循环和3次模拟后续PCB贴装的回流炉条件后再测试样品的电特性。

另外，要说明的是晶须测试（Whisker Test），该测试的目的是为了考察在一定条件下封装体引脚电镀层金属须生长的情况，测试条件是3个月以上的烘箱，一般对于引脚间距比较小的封装体要求进行这项测试，或者通过电流密度比较大的功率器件，以评估在未来的较长时间的应用中，晶须的生长状况而造成短路失效的风险。

下面就可靠性测试的设计和条件进行解读，以便读者更好地理解可靠性测试条件的来龙去脉，进而在新型封装开发的过程中逐步掌握可靠性测试的设计，为产品快速地上市提供强有力的技术支持。

表4-4分别列举了3种加载条件，热模式，热+机械应力综合模式，以及温湿度模式。以汽车在15年内发动机工作时间和开闭次数为计算加载的假设，分别就器件的寿命模型计算出相应的循环寿命模式，这里没有特别指出风险系数，应该是默认的90%的置信度。从而揭示了环境寿命的循环测试标准来源。有兴趣的读者可以进一步分析解读，掌握数学模型为创造新的测试方法奠定基础。需要指出的是，标准的假设是以传统燃油车为背景，并主要是考核硅基半导体功率器件，虽然大多数情况都适合新能源汽车的应用场景，但也有些方面值得深思和探索，特别是基于应用场景以及新型宽禁带功率器件诞生的情形。因此，在充分理解传统理论的基础上，在新的应用和半导体器件方兴未艾的时刻，研究和创造新的可靠性理论和方法大有可为。

表4-5和表4-6是美国仙童（Fairchild）公司对功率分立器件做可靠性验证的全部质量验证计划（Qualification Plan），供读者参考。

表 4-4 不同加载条件下的发动机寿命周期

加载	应力测试	寿命假设输入	应力条件	加速模型（所有温度变为K，不是℃）	模型参数	计算结果和寿命周期
热	高温反偏（HTRB）/高温栅偏（HTGB）	发动机开启：$t_u=12000h$（15年内发动机平均开机时间）$T_u=100℃$（发动机开启模式下的平均结温）	$t_t=150℃$（测试环境中的结温）	阿伦尼乌斯公式：$A_f=\exp\left[\frac{E_a}{k_B}\cdot\left(\frac{1}{T_u}-\frac{1}{T_t}\right)\right]$ 也适用于高温存储HTS试验	$E_a=0.7eV$（活化能；0.7eV典型值，取决于实际失效机理，范围 $-0.2\sim1.4eV$）$k_B=8.61733\times10^{-5}$ eV/K（玻尔兹曼常数）	$t_t=916h$ $t_t=\frac{t_u}{A_f}$
		发动机关闭：$t_u=3000h$（15年内发动机平均关闭时间）$T_u=55℃$（发动机关闭模式下的平均结温）				$t_t=12h$ $t_t=\frac{t_u}{A_f}$
						相加得：$T_t=928h$
热+机械应力	温度循环（TC）	$n_u=54750$次循环（发动机15年以上的开关次数）$\Delta T_u=70℃$（平均热循环温度，使用环境温度：T_u @ engine on 100℃ T_u @ engine off 30℃）	$\Delta T_t=205℃$（热循环温度变化 $-55\sim150℃$）	Coffin Manson $A_f=\left(\frac{\Delta T_t}{\Delta T_u}\right)^m$	$m=4$（Coffin Manson指数；4用于硬质金属合金的裂纹，实际值取决于失效机理，范围从延展性的1到脆性材料的9）	$n_t=744cls$ $n_t=\frac{n_u}{A_f}$
	同步运行寿命（IOL）和功率循环（PTC）	$n_u=54750$次循环（发动机15年内开关次数）$\Delta T_u=55℃$（平均热循环温度，使用环境温度：T_u @ engine on 125℃ T_u @ engine off 70℃）	$\Delta T_t=100℃$（热循环温度变化 $25\sim125℃$）		$m=2.5$（Coffin Manson指数；2.5用于芯片键合焊点疲劳，实际值取决于失效机制，范围从延展性的1到脆性材料的9）	$n_t=12283cls$
湿温度	高温高湿反偏（HTRB）和高温加速应力试验（HAST）	发动机开：$t_u=12000h$（15年以上的发动机平均开机时间）$RH_u=20\%$（开模式下平均湿度）$T_u=100℃$（开模式下的平均结温）	$RH_t=85\%$（环境相对湿度）$T_t=85℃$ for H3TRB $T_t=110℃$ for HAST/110 $T_t=130℃$ for HAST/130（测试环境温度）	Hailteng-Pack $A_f=\left(\frac{RH_t}{RH_u}\right)^p\cdot\exp\left[\frac{E_a}{k_B}\cdot\left(\frac{1}{T_u}-\frac{1}{T_t}\right)\right]$	$p=3$（Peck指数，3用于键合焊盘退化腐蚀的情形）$E_a=0.9eV$（活化能；0.9eV）$k_B=8.61733\times10^{-5}$ eV/K（玻尔兹曼常数）	$t_t=505h$（H3TRB）$t_t=75h$（HAST/110）$t_t=19h$（HAST/130）
		发动机关：$t_u=3000h$（15年以上的发动机平均关机时间）$RH_u=30\%$（关模式下平均湿度）$T_u=55℃$（关模式下的平均结温）				$t_t=73h$（H3TRB）$t_t=11h$（HAST/110）$t_t=3h$（HAST/130）
		发动机不工作时间：$t_u=116400h$（15年以上的发动机平均不工作时间）$RH_u=75\%$（不工作状态下的平均湿度）$T_u=30℃$（不工作模式下的平均结温）				$t_t=402h$（H3TRB）$t_t=60h$（HAST/110）$t_t=16h$（HAST/130）

表 4-5 可靠性测试项目表

测试项目	测试周期	样本批数	样本数量/每批	接受判据	参考规范	备注
电性能测试	所有测试产品均遵循产品规范		不适用		产品数据手册	测试在室温进行
外观检查	所有可靠性测试的产品				Mil Std 750 Method 2017	—
HTSL@150℃	168h、500h、1000h				—	
HTRB @ 150℃, 80%的击穿电压设定	168h、500h、1000h				JESD22-A108	—
HTOL @ 125℃ V_{cc} = 最高工作电压, V_{dd} = 正常工作电压	168h、500h、1000h	3	77	0/1	—	
THBT, 85℃/85% RH, V_{cc} = 最低工作电压	168h、500h、1000h				JESD22-A10-B JESD22A-101	—
TMCL @ -65~150℃, 30min/循环	200h、500h 循环				JESD22-A104	国际标准要求读出最终的直流测试参数
TMCL @ -55~150℃, 30min/循环	500h、1000h 循环				JESD22-A104	*仅供参考,国际标准要求读出最终的直流测试参数
ACLV @ 121℃, 15psi, 100% RH	96h				JESD22-A102	—
HAST @ 130℃, 19.5psi, 85% RH, 80%的击穿电压设定	96h				—	*仅供参考

表 4-6 晶圆或组装水平测试项目表

测试项目	测试条件	样本批数	样本数量/每批	接受判据	备注
结构分析/开封后结构分析	AEC-Q101-004 第四节	3	2	NA	样品从通过 TMCL 及 THBT 中抽取
芯片剪切试验	根据 MIL-STD-883 Method 2019	3	11 颗	0/1	记录读数

(续)

测试项目	测试条件	样本批数	样本数量/每批	接受判据	备注
键合强度	根据 JESD22-C100	3	11 根	0/1	记录读数
键合剪切测试	AEC-Q101-003	3	11 根	0/1	记录读数
芯片弹坑试验	根据质量规范	3	11 颗	0/1	—
焊料厚度（BLT）	根据质量规范	3	3 颗	0/1	不小于1mil(25.4μm)
X 射线检查空洞	不适用	3	5 个单元	0/1	检查空洞率，总体<10%
外观尺寸	JESD22 B-100	1	1 条	0/1	需满足产品外观封装规范
引脚及封装体外尺寸	J-STD-002 JESD22-B105	1	30	0/1	记录读数
RSDH	JESD22-B106	3	30	0/1	记录读数
可焊性测试——在245℃蒸汽环境中放置8h	JESD22-B102	1	22 颗	0/1	记录读数
超声扫描	—	3	1 条	0/1	
电性能终测	根据产品数据手册	3	100%	不适用	需满足良率不低于95%，对测试不良品至少选5个做失效分析以了解原因
外观检查	MIL-STD-750 method 2017	3	所有测试产品	不适用	打标及外观不良
直流/交流参数测试	根据产品数据手册	3	最少做25个直流测试和5个交流测试	不适用	—
热阻测试	JESD24-3/4	3	10	—	
晶须测试	根据 Jedec/Nemi 标准	1	根据质量规范	0/1	必须有数据

对于功率模块的可靠性测试和质量评价标准，都是基于分立器件的可靠性评价标准而言的，由于功率模块的复杂性，其抽样和检查的标准和分立器件有很大的区别，后续章节将详细介绍。

思 考 题

1. 功率器件 MOSFET 常见的测试参数有哪些？
2. 功率器件动态参数测试有哪些？

3. 系统级测试（SLT）的通用测试流程是什么？
4. 常见的封装不良有哪些？
5. 功率器件封装常见的可靠性测试项目有哪些？

参 考 文 献

[1] 三星半导体苏州有限公司. 半导体入门培训教材［Z］. 1996.
[2] 艾君. AlGaN/GaN HEMT 功率器件测试及封装技术研究［D］. 西安：西安电子科技大学，2011.
[3] 陈铭，吴昊. 功率器件热阻测试方法发展与应用［J］. 集成电路应用，2016（8）：34-38.
[4] 单长玲，许允亮，刘琦，等. 功率 VDMOS 器件热阻测试［J］. 机电元件，2018，38（2）：47-49.
[5] 张文涛，皓月兰. 功率 MOSFET 器件栅电荷测试与分析［J］. 电子与封装，2016，16（6）：21-23.
[6] 孙铭泽. 1200V 碳化硅功率器件测试及建模［D］. 湘潭：湘潭大学，2020.
[7] 朱正宇. 半导体封装铝线焊点根部裂纹分析和改进［D］. 上海：同济大学，2006.
[8] 刘旭昌. 塑封功率器件分层研究［J］. 电子工业设备，2017（4）：263.
[9] 王莹. 中国功率器件市场分析［J］. 电子产品世界，2008（1）：30-32.
[10] 王小强，刘竞升，罗军，等. SoC 系统级测试研究综述［J］. 中国测试，2020，46（S2）：1-6.
[11] SABENA D. On the Automatic generation of optimized software-based self-test programs for VLIW processors［J］. IEEE Transactions on Very Large Scale Integration (VLSI) Systems，2014，22（4）：813-823.

第5章 功率器件的封装设计

一般而言功率封装的设计需要考虑3个方面：①材料和结构设计；②封装工艺设计；③封装的散热设计。

封装考虑的不仅仅是提供芯片的保护和工作平台，封装是各种异质材料的混合体，一个传统的功率封装通常包含铜、树脂，以及硅基芯片，这些材料的热膨胀系数（CTE）均不相同，会在发热的过程中产生额外的拉压和剪切应力。此外，内互联的设计决定了芯片是否能正常工作并对工作寿命有影响。散热是功率器件永恒的话题，功率器件往往面对的是高压、大电流的状况，而硅的结温上限不超过150℃，超过这个温度半导体的PN结就会失效。热量不能及时散出会对器件的工作产生严重影响，重要的应用场合往往会产生严重后果。

好的产品和高质量在很大程度上是设计出来的。这一章将详细针对功率器件的设计展开讨论。

5.1 材料和结构设计

功率器件的材料和结构设计主要是指框架或基板的设计，塑封料的选择虽然也是设计的时候需要考虑的内容，但更多是结合材料特性进行仿真计算去做优选，本章不详细介绍塑封料的选型问题，后面章节讲到仿真的时候会有涉及。所以针对框架或基板有以下设计原则。

5.1.1 引脚宽度设计

引脚的宽度 a 如图5-1箭头所示，在正常的打金线或铝线情况下，a 的最小值设计经验值如下：

1) 线径<1.5mil 金线单点：$a=8$mil。
2) 线径<1.5mil 金线多点：$a=$焊点数量乘以 $4.5+2$mil。
3) 线径≥1.5mil 金线单点：$a=4$倍的线径 $+2$mil $-$ 冲压精度。

图5-1 引脚宽度设计示意图

4) 线径≥1.5mil 金线多点：$a=$焊点数乘以 $6.0+2$mil。
5) 线径<6.0mil 铝线：$a=15$mil。
6) 线径≥6.0mil 铝线：$a=2.5$倍的线径 $+2$mil $-$ 冲压精度 $+5$mil（切刀距离）。

叠层键合技术（Bond Stick On Ball，BSOB）的情况，a 的最小值设计原则：
1）线径＜1.5mil 金线单点：$a = 6.5$mil。
2）线径＜1.5mil 金线多点：$a =$ 焊点数量乘以 4.5 + 2mil。
3）线径≥1.5mil 金线单点：$a = 3$ 倍的线径 + 2mil - 冲压精度。
4）线径≥1.5mil 金线多点：$a =$ 焊点数乘以 6.0 + 2mil。

5.1.2　框架引脚整形设计

框架的引脚需要整形以保证键合质量并锁住塑封料，其整形尺寸如图 5-2 所示。

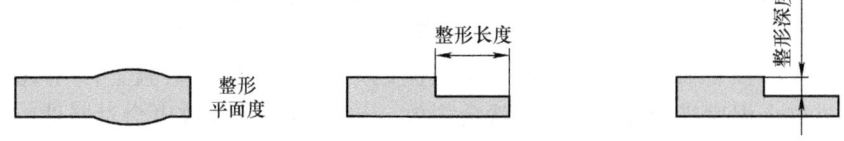

图 5-2　框架引脚整形尺寸工艺示意图

1）整形深度（Coin depth）= 0.2~2.0mil；
2）整形长度（Coin length）= 到引脚边最小 20mil，或最小 30mill（若制造过程中宽度方向的整形平面度（Coin flatness）经过 80% 的整形。）

5.1.3　框架内部设计

框架的基岛形状及在不同厚度情况下的间距 b 设计要点如图 5-3 所示。

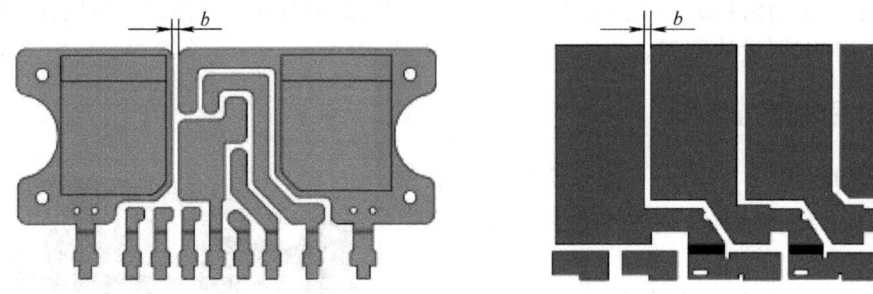

图 5-3　框架内部设计示意图

做了表面平整和电镀后，金属基岛间距最小值：
1）框架厚度＜0.127mm，$b = 0.10$mm。
2）框架厚度≥0.127mm，$b = 0.8$ 倍的框架厚度值。

引脚锁孔起到锁住塑封料以防止湿气进入的功能，如图 5-4 所示。
引脚锁孔边缘到封装体边缘的距离通常设计为 8mil，特殊情况下可以调整为 5mil，引脚锁孔到封装体边缘如能设计成 10mil 更好，因为需要在剪切成型工艺中

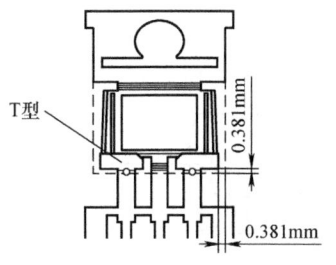
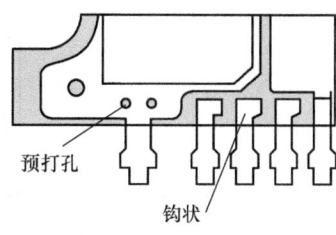

图 5-4　引脚锁孔示意图

给切筋打弯模具留有更多的分离空间。角上的引脚必须保证最小值为 0.254mm。锁孔形状可以是 T 型或者钩状以保证良好的锁定功能。引脚可以设计成圆弧状态，圆弧的中心线位于基岛，这种概念不适用于多芯片多基岛封装框架。框架引脚到基岛的最小距离必须是框架厚度的 1 倍以上，特殊情况下可以放宽到 0.8 倍的框架厚度值。

对封装体外部到引脚的距离示意图如图 5-5 箭头所示。

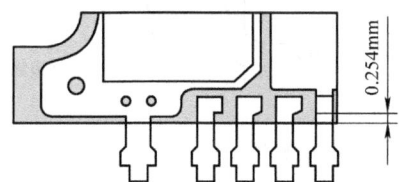
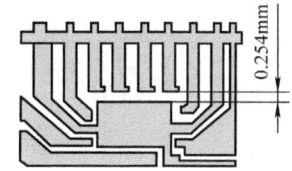

图 5-5　封装体外部到引脚的距离示意图

封装体外部到引脚的距离参考引脚锁孔到封装体边缘的设计准则：引脚边缘到封装体外沿距离设计不小于 0.254mm；没有设计引脚的基岛边缘到封装体边缘最小距离为 0.305mm；设计引脚间距时，基岛内引脚排布应考虑在做键合时需用到的夹具压板的空间分布。尖锐的倒角应该尽可能避免，一般来说倒角圆角半径以 0.8 倍的框架厚度为宜。内引脚排布倒角示意图如图 5-6 所示。

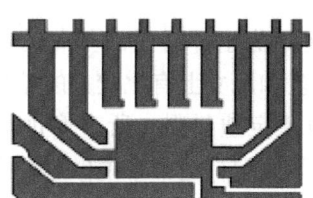
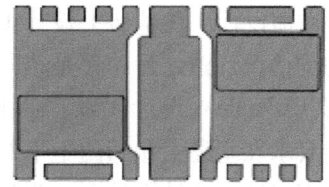

图 5-6　内引脚排布倒角示意图

为了保证绝缘安全，也定义了芯片边缘到封装体外沿的距离如图 5-7 所示。从芯片上边缘到封装体外沿的垂直距离最小不小于 0.254mm。

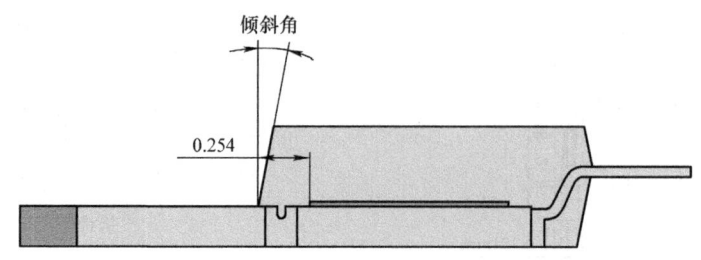

图 5-7　芯片边缘到封装体外沿距离示意图

支撑筋（Tie bar）的作用是起到在封装过程中支撑整条框架的作用，对于元器件本身来说一般并无功能，为了保证基岛的稳定性和固定必须考虑在支撑筋末端设计 V 型沟槽以便在脱模过程中封装体稳定，同时该 V 型沟槽的设计还有锁定塑封料，防止湿气沿外引脚进入封装体内部的作用。支撑筋设计如图 5-8 所示。

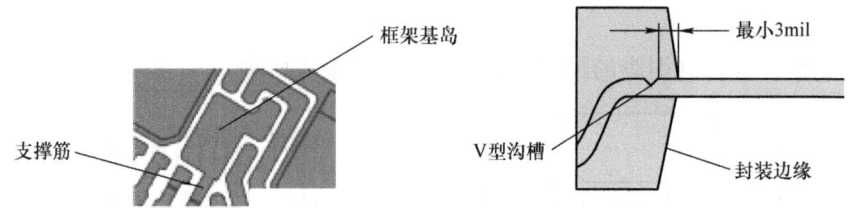

图 5-8　支撑筋设计示意图

一般来说，支撑筋的宽度最小值不得小于 1.5 倍的框架厚度，典型的经验值是设计为 0.254mm 以上。

V 型沟槽设计：V 型沟槽设计在框架的表面和底面，开槽位置的选择最好避开框架引脚的薄弱点，通常指交接变形处、应力集中点等，如图 5-8 所示。V 型沟槽的深度设计范围是 0.05~0.5mm，开槽倒角角度设计为 90°，距离引脚平整区至少 0.125mm，同时距离封装体外沿 0.075mm（在封装引脚上沟槽中心最小间距 0.2mm 的情况下）。

U 型沟槽设计：在基岛上设计 U 型沟槽，起到防止焊料溢出基岛的作用。各种形状的沟槽设计图，目的都是相同的，而在工艺和尺寸上有比较大的差异。

酒窝（Dimple）设计：为了在基岛上更好地锁定塑封料，所有腐蚀类型的框架一定会要求在基岛上做凹凸不平的小圆点的表面处理，通常来说做这种类似酒窝的处理有直接冲压成钻石外形，半切割成 U 型和冲压成内倒角类似鸽子尾巴形状三种方式，如图 5-9 所示。U 型酒窝一般用于空间足够的场合，鸽尾形的酒窝通常用于冲压类框架，而钻石类型的酒窝一般用于框架比较薄的情形。

下沉距离（Downset）设计如图 5-10 所示。

支撑筋上的下沉设计必须在原始的引脚和基岛之间，这是为了在采用热压超声

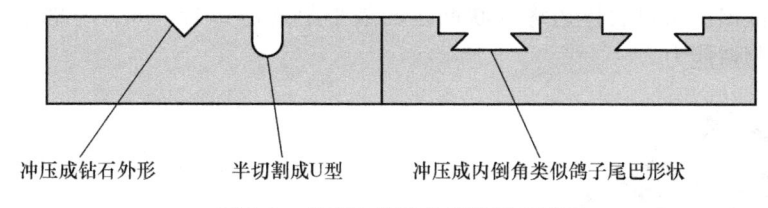

图 5-9 各种沟槽形状设计示意图

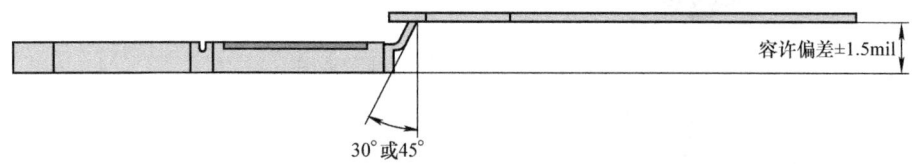

图 5-10 Downset 设计示意图

键合的时候避开加热块。一般来说 Downset 的角度设计通常是 30°或 45°。太陡峭的设计在框架生产堆叠的时候容易导致框架折弯，从而导致封装工艺质量等问题。

在做框架基岛（DAP）设计时，从框架基岛（DAP）到引脚内互联区需要做电镀处理的区域设计一般是基岛中心线到封装体边缘减去 0.0635mm，这里的 0.0635mm 是根据塑封模具设计的最大边缘错位允许偏差而定的。如图 5-11 所示。

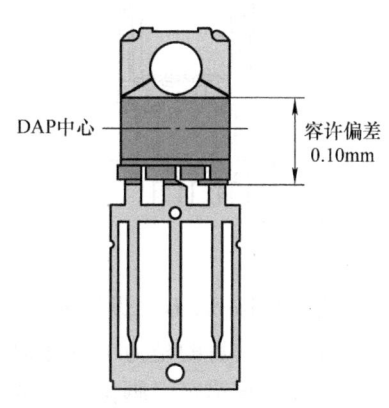

图 5-11 DAP 设计示意图

封装元件的第一脚位对电路组装起到决定性作用，因此设计第一脚也非常重要。第一脚（Pin#1）设计如图 5-12 所示。Pin#1 必须设计在封装体的边角位置，也为了便于肉眼识别框架的第一脚。在多排框架的情况下，第一脚设计在基岛拐角的倒角处，框架设计的第一脚设计应该尽量和基岛的倒角接近。框架图上必须注明上下电镀区域，上下区域的定义以图纸上的零点作为参考。电镀材料必须适用于封装工艺，避免使用有或潜在有阳极电化学腐蚀反应的材料，比如纯铝、纯银、钯或者含铁合金。

5.1.4 框架外部设计

框架的外部设计主要是联筋（Dambar）设计和假脚（False leads）设计。联筋（Dambar）设计如图 5-13 所示。

联筋存在的作用是阻止塑封料在塑封过程中的流动，同时保持外引脚的形状直到切筋工序之前。最小的联筋宽度一般设计为 1.2 倍的框架厚度。较薄的联筋会导致塑封料溢出。从封装体边缘到联筋区的最小距离是 0.127mm，考虑了切筋时冲压模具的制造能力。

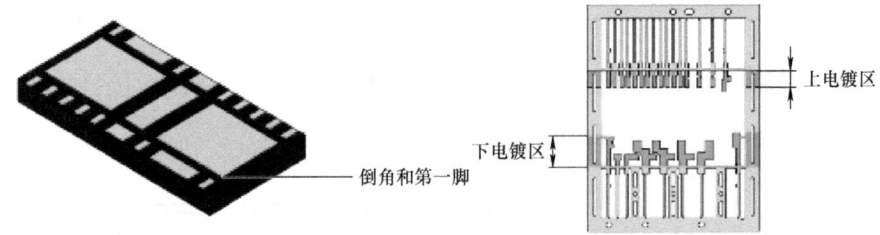

图 5-12　框架第一脚设计示意图

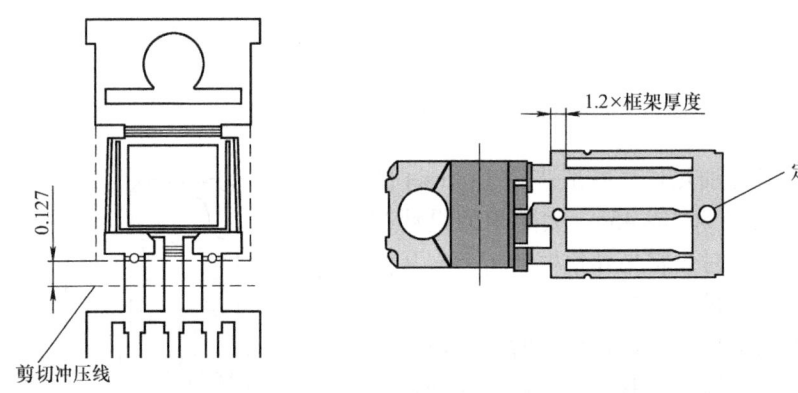

图 5-13　联筋设计示意图

假脚（False leads）设计如图 5-14 所示。设计假脚的目的是为了更好地提供引脚支撑，在需要锚定引脚位置的场合，起到在切筋成型尤其是成型过程中当最后一个功能引脚被分离成型的时候能够保持封装体的作用，当然，如果是一体成型切割，通常这个假脚没有任何作用，反而增加了框架材料和制造费用，所以是一个设计选项而不是必选项。

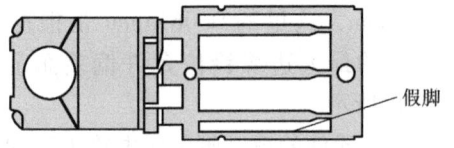

图 5-14　假脚设计示意图

其他外框架的设计要求，尤其是针对多排框架的情形，主联筋（Dambar）的宽度应该在设计的时候考虑到划片用的金刚刀厚度，通常要小于金刚刀厚度，因为有些封装体的分离不是采用模具冲压分离，而是采用金刚刀片切割的方式。因此，设计留有切割道并且设计一些花纹或容易进行图像识别的标记有利于后续刀片分离时设备编程校准，如图 5-15 所示。

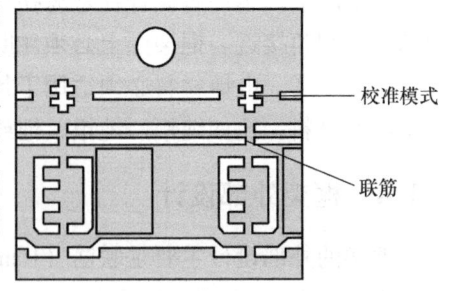

图 5-15　切割分离封装的框架设计

5.1.5 封装体设计

一般来说，封装体里面主要是金属材料和塑封料，这里有个含量比例的说法，理想的比例是金属含量体积比不超过封装体的 50%，如果金属含量体积比超过 50%，那么要了解清楚材料结构之间的应力分布状况及其在不同温度和交变温度环境下的可靠性表现，因为大多数半导体元器件在安装到 PCB 上的时候会经受 200～300℃的高温回流焊，材料的不同意味着热膨胀系数的差异，搭配在一起的时候就会产生不同的应力表现，封装体的弱点往往在于材料界面，出现诸如分层、裂纹、爆米花现象等，影响器件的可靠性，第 4 章里已有关于封装质量问题的描述，严重情况下，封装体就失去了保护芯片的原始功能。因此为了能设计出可靠稳定的封装体，在设计的时候遇到金属含量过大（大于 50%），或者未经验证的封装体结构，或者采用新的塑封料配方或框架基板材料发生变化时，建议掌握如下内容：

1) 对于全新的封装体且没有可参考的情况下，设计者必须通过有限元建模、模流仿真以及力学仿真（尤其是切筋成型工艺）了解结构的力学状况并写入设计 DFMEA 文件。

2) 至少了解芯片、内互联线材、装片材料、框架和塑封料的范式等效应力（Von Mises Stress）状况以确保封装体的设计不超过材料所允许的极限应力值。

3) 了解框架设计涉及的受力分析，尤其是切筋成型工艺的受力状况分析，其结果写入设计 DFMEA 文件并有相关改善措施。

封装体的倾斜角度设计是和脱模有关的，倾斜角（Draft Angle）最小值设计如图 5-16 所示。

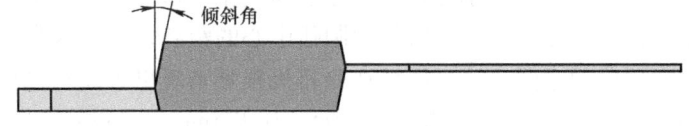

图 5-16　封装体倾斜角度设计

1) 对于全包封的塑封体在使用型腔弹出针（cavity ejector pin）的情形下，倾斜角一般是设计为 5°。

2) 对于全包封的塑封体在没有使用型腔弹出针的情形下，倾斜角通常是 7°～10°。

3) 对于半包封的塑封体在没有使用型腔弹出针的情形下，倾斜角通常是 7°。

封装体倒角半径设计：对于全包封外形来说典型值是 0.05～0.127mm；对于采用电火花加工或精磨加工的模具来说是 0.13～0.17mm。

外引脚抬起高度（Stand-off）如图 5-17 所示，根据 JEDEC 和 EIAJ 标准设计，对于全新封装体，在没有标准可参考的情形下：

Low Profile = 0.0127 ~ 0.10mm；High Profile = 0.127 ~ 0.254mm；多排类型 = 0.00 ~ 0.05mm。

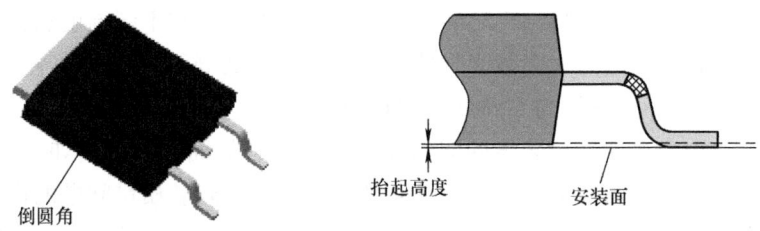

图 5-17　外引脚抬起高度示意图

引脚肩部长度（Lead Shoulder Length）设计如图 5-18 所示。

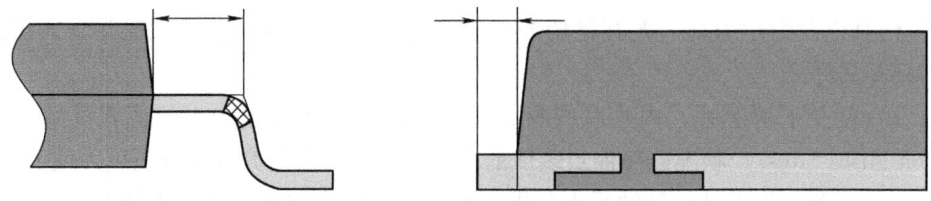

图 5-18　引脚肩部长度设计示意图

1）成型时有垫块的情形，其典型值考虑为 1/2（框架厚度 + 引脚电镀层厚度）。

2）没有垫块直接成型的情况下，因为本体成型一般在 0 ~ 0.025mm，注意到引脚肩部长度是指封装体边缘到引脚弯曲圆弧中心的距离，通常这个平坦区域值是第一次和第二次弯曲的中间，这个区域在照相机视觉系统里可以看得到。

3）多排封装的情形，其值一般是 0.075 ~ 0.125mm，这里定义引脚肩部长度是从封装体边缘到引脚边缘的距离。

4）弯曲半径的最小值（BR）= 1/2（框架厚度 + 引脚电镀层厚度最大值）。

引脚接触长度（Foot Landing）一般设为 0.10mm，如图 5-19 所示。

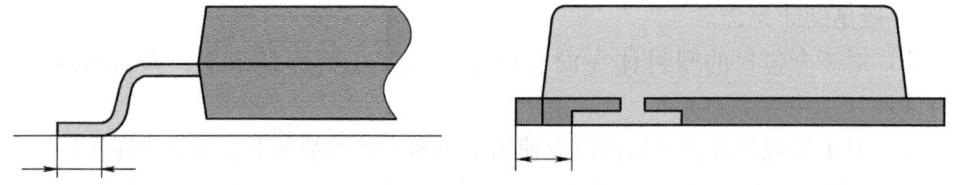

图 5-19　引脚接触长度示意图

引脚角度（Lead Angle）相对垂直方向来说一般是 0°～10°，引脚端部角度相对水平方向来说一般是 0°～5°，如图 5-20 所示。

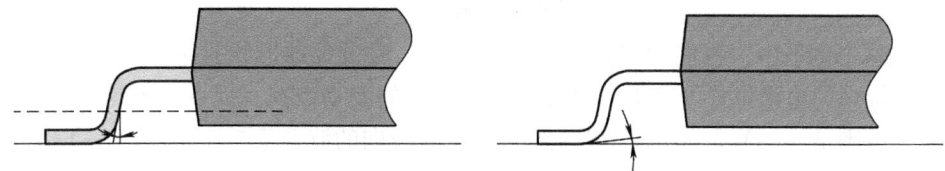

图 5-20　引脚端部角度示意图

5.2　封装工艺设计

封装内互联包括了芯片、框架和基板的联接工艺，以及芯片、框架或基板上指定的脚为联接形成电通道的工艺。

5.2.1　封装内互联工艺设计原则

在进行工艺设计的时候，在已知材料状况和工艺设备的情况下进行过程能力设计，或者根据设备的过程能力来对材料做工艺条件限定，这些都是工艺设计的内容。目标是设计出符合一定质量要求的工艺过程，包括合适的材料，设备，工装及相应的工艺参数，并给出控制范围规范。下面是一个例子。

已知线径为 1.0mil 的金线，要打在芯片焊盘上，请问焊盘大小该如何设计可以保证内互联键合的完成？焊点及焊盘尺寸设计示意图如图 5-21 所示。

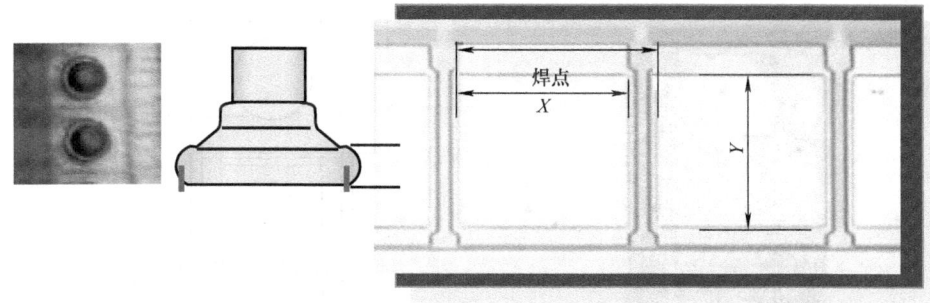

图 5-21　焊点及焊盘尺寸设计示意图

这是一个典型的能力设计问题，首先是制定目标，比如描述稳定的数字是过程能力指数 C_{pk}，一般来说汽车产品要求 $C_{pk}>1.67$，而一般工业品要求是 $C_{pk}>1.33$，C_{pk} 的计算公式如下：

$$C_{pk}=\frac{USL-Mean}{3\sigma} 或者 \frac{Mean-LSL}{3\sigma} \qquad (5-1)$$

取两者的最小值。

C_p 的计算公式如下:

$$C_p = \frac{USL - LSL}{6\sigma} \tag{5-2}$$

在这个例子中,我们取焊盘中心点为零点,假设焊球形状是中心对称的圆形,则测量焊球的边缘位置可以得到焊球相对于中心的波动数据。焊点在焊盘上 X 方向的波动范围是($-X/2 \sim X/2$),焊点在焊盘上 Y 方向的波动范围是($-Y/2 \sim Y/2$)。

以 X 方向为例,得到

$$C_p = \frac{X}{6\sigma} \tag{5-3}$$

式中,σ 是样本的标准差,通过测量样本的一组数据的波动得出。当 C_p 为 1.33 或 1.67 的时候我们就可以得出相应的 X 值,X 即焊盘在 X 方向的长度值。同理可以得出焊盘在 Y 方向的宽度值。由此来定义根据不同的工业产品质量目标而设计焊盘的尺寸大小。需要指出的是,焊盘尺寸大小的设计不是封装设计的内容,因为焊盘的大小在芯片设计的时候已经确定了,芯片设计工程师应该在设计时考虑到封装的制程能力,同时封装工程师根据芯片上焊盘的尺寸大小选择合适的内互联工艺,并控制波动以提高过程能力来满足封装内互联过程的需求。

根据以上思路和计算方法,通过实验论证,测量计算出 σ,我们可以得到功率器件封装过程中各个工序的设计准则,具体内容如下节所述。

5.2.2 装片工艺设计一般规则

在单个基岛上芯片间的距离如图 5-22 所示,其设计可参考表 5-1。

 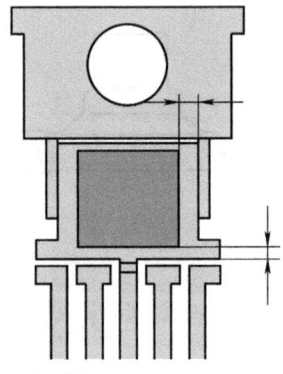

图 5-22　单个基岛芯片间距示意图

表 5-1　装片基岛设计参考

装片方法	芯片间的最小距离/mm
不使用压模块的软钎焊(热机)	0.5
使用压模块的软钎焊(热机)	0.65
装片胶(冷机)	0.25

芯片到基岛边缘的最小距离见表5-2。

表5-2 芯片到基岛边缘最小距离设计参考

装片方法	芯片到基岛边缘的最小距离/mm
不使用压模块的软钎焊（热机）	0.25
使用压模块的软钎焊（热机）	0.5
装片胶（冷机）	0.125

多基岛情形下的芯片间距离如图5-23所示，设计参考见表5-3。

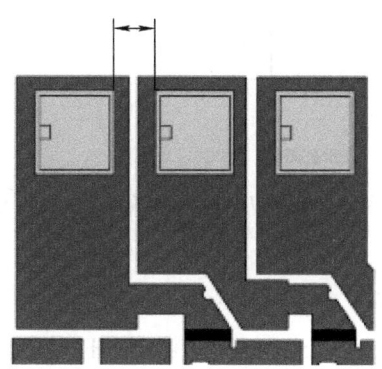

图5-23 多基岛芯片间距示意图

表5-3 多基岛芯片间距设计参考

装片方法	芯片间的最小距离
不使用压模块的软钎焊（热机）	0.5mm + 基岛最小间距
使用压模块的软钎焊（热机）	0.1mm + 基岛最小间距
装片胶（冷机）	0.25mm + 基岛最小间距

5.2.3 键合工艺设计一般规则

金线焊点直径如图5-24所示，其经验值设计如下：

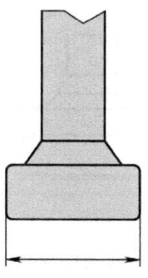

图5-24 金线焊点直径示意图

1) 线径 < 1.5mil 的情况下,焊点直径为 4 倍的线径;
2) 线径 ≥ 1.5mil 的情况下,焊点直径为 3 倍的线径。

铝线焊点间距（*Pitch*）如图 5-25 所示,其值设计的经验公式为 *Pitch* = 1/2 *BTW* + 1/2 *WW* 最大值 + 3mil 公差。

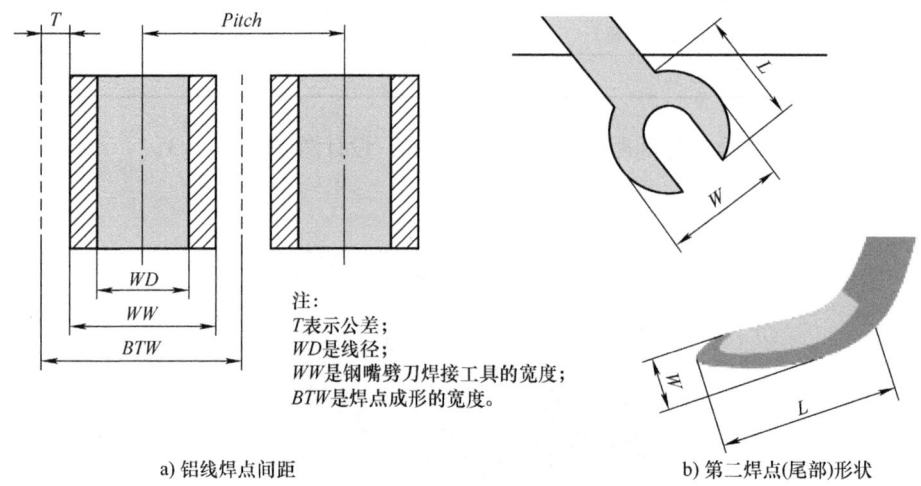

a) 铝线焊点间距　　　　　　　　　　　b) 第二焊点(尾部)形状

图 5-25　铝线焊点间距设计示意图

第二焊点（尾部）成型形状如图 5-25b 所示,其尺寸设计参考表 5-4。

表 5-4　第二焊点成型形状设计参考

线材类型	线径/mil	焊点宽度（倍线径）	焊点长度（倍线径）
金线	0.8	6.5	7.0
	1.0	5.0	5.5
	1.5	4.0	3.5
	2.0	3.5	3.0

焊盘尺寸设计。金或铜线焊盘尺寸（正方形）设计如图 5-26 所示,其尺寸设计见表 5-5。

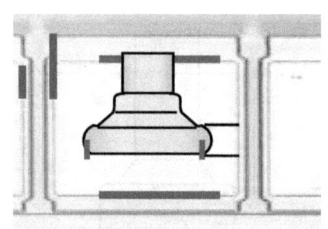

图 5-26　金或铜线焊盘尺寸设计示意图

表5-5 金或铜线焊盘尺寸设计参考

金或铜线线径/mil	焊盘尺寸（正方形）/mil
0.8	5.0
1.0	5.0
1.3	5.0
1.5	6.0
2.0	7.0

铝线的情形。适用于粗铝线和细铝线，细铝线是指铝线线径小于 75μm 的线材，第二焊点采用扯断而不是切刀切断的情形，如图 5-27 所示。

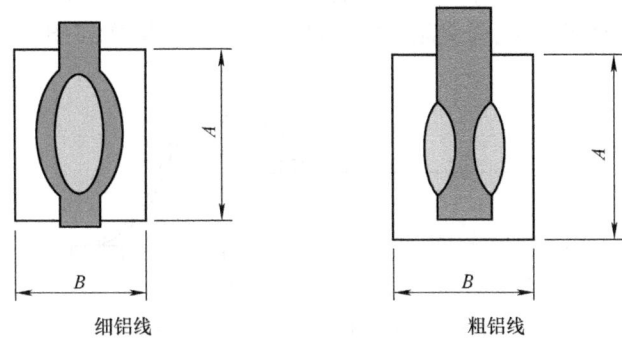

图 5-27 粗铝线和细铝线焊点形状设计示意图

图 5-27 中长度 $A = 3$ 倍的线径 $+75\mu m$，宽度 $B = 2$ 倍的线径 $+75\mu m$。各种键合方法所对应的最小线径见表 5-6。

表5-6 最小线径键合适用参考

最小线径/mil	适用场合
0.8（Au）	适用于使用热超声键合的工艺并且没有 BSOB 的场合
1.2（Au）	适用于使用热超声键合的工艺并且有 BSOB 的场合
1.6（Al）	适用于冷超声楔键合并且封装体无须经过中筋、散热片或剪切成型工艺的场合
6.0（Al）	适用于冷超声楔键合并且封装体会经过中筋、散热片或剪切成型工艺的场合

第二焊点材料及对应的焊接方法要求见表 5-7。

表5-7 第二焊点材料及对应的焊接方法汇总

键合方式	热超声键合	BSOB 热超声键合	冷超声键合
键合线材	金线	金线	铝线线径 <2mil：掺镍掺硅 铝线线径 ≥2mil：掺镍
第二焊点表面材料推荐	银 金 镍钯合金	银 金 镍钯合金	镀镍

地线焊点到芯片边缘的最小距离如图 5-28 所示，其值设计分别如下：

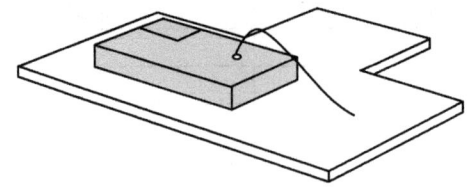

图 5-28　内互联地线设计示意图

1）采用银浆装片的情形：最大溢胶距离 +2mil 设备精度 +2mil；
2）采用软钎接焊料装片的情形：最大溢料距离 +2mil 设备精度 +2mil。

芯片上第一焊点上线弧到芯片边缘的距离最小值 D 如图 5-29 所示，一般是 0.076mm。

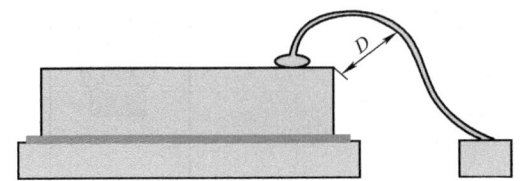

图 5-29　内互联第一焊点距离设计示意图

芯片边缘到第二焊点的距离 X_n 的计算模型如图 5-30 所示，其计算公式如下：

$$X_n = 9.6328\exp\{0.0336[(D_t+B_1)/A(E+D)+D]\}^{[1]} \quad (5-4)$$

式中，D_t 是芯片厚度；B_1 是焊料厚度；A 是芯片表面量到的线弧最高距离；E 是第一焊点到芯片边缘的距离；D 是线材到芯片边缘的距离（最小是 3mil）。

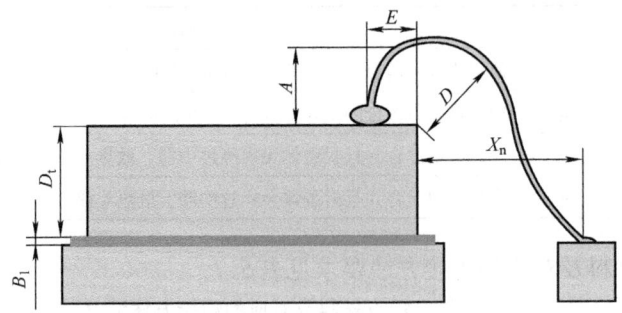

图 5-30　内互联第二焊点距离设计示意图

焊线最高处距离封装表面的最小距离设计如图 5-31 所示，A 和 B 的值如箭头所示。

1）在经过高压水刀去飞边处理并在封装体表面需要用激光烧灼印字的情形：$A=0.10$mm，$B=0.10$mm；

2) 在经过高压水刀去飞边处理但无须在封装体表面用激光烧灼印字的情形：$A=0.10\mathrm{mm}$，$B=0.075\mathrm{mm}$。

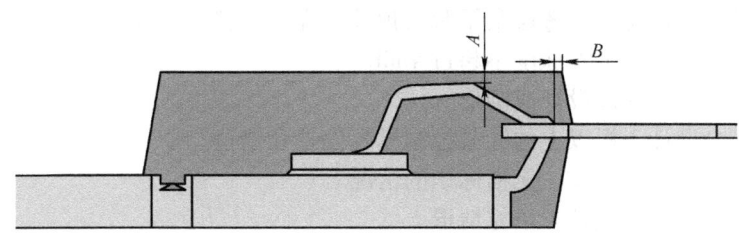

图 5-31　内互联焊线最高处距离封装表面的最小距离设计示意图

5.2.4　塑封工艺设计

塑封工艺设计主要考虑以下几点：

1) 从塑封模具型腔支撑筋到封装体边缘的最小夹持距离。

2) 框架有中筋的情形下，最小距离是中筋宽度＋中筋到封装体边缘的距离；框架没有中筋的情形下，最小距离是 0.635mm。

3) 对于那些基岛暴露在封装体背面的封装类型（如：Dpak，TO263），表面平面度要求是 +／- 0.0127mm。

4) 定位步进用的孔的精度是 +／- 0.025mm。

5) 塑封模具的浇口倒角（包括角度和深度）设计时需要考虑模流的平整均匀和填充顺畅。

6) 塑封料流进塑封模具型腔的流动方向是由框架设计决定的。

7) 模具必须设计得能够尽可能避免溢料产生。

8) 模具型腔表面必须经过抛光处理。

9) 对于 TO 系列产品来说，型腔表面必须经过精磨工艺处理使其表面粗糙度（RA）不得超过 2.2。

10) 对于模块产品来说精磨面的表面粗糙度（RA）不超过 2.5（需要打印的区域必须经过抛光处理）。

11) 内外气孔都不允许存在，直径小于 5mil 的气孔不计。

12) 内互联线材的倒伏程度不超过焊点间距的 10%。

13) 模具的偏差精度必须在 2mil 以内（新模具验收时按 1.5mil 验收）。

14) 对于多排框架类来说，浇口圆角半径不小于 6mm，包括各边的模具夹子印记区 1mm。

15) 设计时必须考虑模具型腔标识。

16) 建议模具浇口（进料口）被设计在封装体底部。

17) 模具型腔建议做物理气相沉积（PVD）镀层处理。

18）脱模角不超过 12°。
19）模具型腔的支持柱子设计建议考虑采用整体固定的方式以防止产生溢料。
20）模具设计还必须考虑案子脱模顶针、浇口、冒口顶针设计。
21）针孔设计：推荐深度不超过 4mil。
22）顶针一般建议设计成圆形。
23）至少设计 3 根以上的针来控制模具偏差和错位。
24）不允许框架压伤，无损标识的情况。
25）不允许有气孔及未填充情形。
26）不允许溢料出现在基岛及引脚。

5.2.5 切筋打弯工艺设计

切筋打弯工艺设计主要考虑以下几点：
1）预成型及最终成型的压模块必须经过镜面抛光处理。
2）所有的剪切成型模具必须有锋锐面设计。
3）所有切中筋的模具必须有一定的平刀边或者角度不超过 10°。
4）在剪切成型设备上，凸轮必须是电机驱动的，建议采用步进式电机，不推荐采用伺服电机和空压机。
5）剪切模具的设计必须考虑留出至少 50% 的切口，从冲头顶部到封装体表面。
6）在分离处设计 V 型沟槽，使剪切过程顺利分离封装体。

5.3 封装的散热设计

半导体功率器件在工作时都不可避免地会产生功率损耗，功耗的能量将以热量的形式散发出来，使半导体器件的温度升高。散热性对于封装来说是非常重要的指标，尤其对于功率器件，往往散热设计优秀与否决定了产品的可靠性，以及应用范围和相应的市场份额。通常散热设计考虑的是散热通道，以及在这个热量传递的通路中各种不同材料对传热速率的影响，电阻是对电路中电流导通难易程度的表征，相对的，热阻是用来表征热量传递难易程度的数值。是任意两点之间的温度差除以两点之间流动的热流量（单位时间内流动的热量）而获得的值。热阻值高意味着热量难以传递，而热阻值低意味着热量易于传递。热阻的通用符号是 R_{th} 或者 θ，单位是℃/W 或 K/W。可以用与电阻几乎相同的思路来考虑热阻，并且可以用与欧姆定律相同的方式来处理热计算的基本公式。表 5-8 是两者的比较。

表 5-8　电学和热学物理量比较表

电学	电流 I/A	电压差 $\Delta V/V$	电阻 R/Ω
热学	热流量 P/W	温度差 $\Delta T/℃$	热阻 R_{th}（℃/W）

因此，就像可以通过 RI 来求出电位差 ΔV 一样，可以通过 $R_{th}P$ 来求出温度差 ΔT，也可以测得温差来推算热阻。热阻的计算公式如下：

$$R_{th} = \frac{T_2 - T_1}{P_d} \tag{5-5}$$

一般地说，半导体功率器件是指耗散功率在 1W 或以上的半导体器件。半导体功率开关器件的工作状态只有两个：关断（截止）或导通（饱和）。理想的开关器件在关断（截止）时，其两端的电压较高，但电流为零，所以功耗为零；导通（饱和）时流过它的电流较大，但其两端的电压降为零，所以功耗也为零。也就是说，理想的开关器件的理论效率为 100%（无损耗）。但实际的半导体功率开关器件在关断（截止）时，其两端的电压最高，但电流不为零，总有一定的反向穿透电流 I_o，则其关断（截止）时的功耗为

$$P_{off} = U_{ce}I_o \tag{5-6}$$

式中，P_{off} 为半导体功率开关器件在关断时的功耗（W）；U_{ce} 为半导体功率开关器件集电极—发射极之间或阳极—阴极之间的电压（V）；I_o 为半导体功率开关器件的反向穿透电流（A）。

由于目前常用的半导体功率开关器件大多数是使用硅材料制造的，其反向穿透电流一般为微安级，所以半导体功率开关器件在关断时的功耗实际上是很小的，一般为毫瓦级。

实际的半导体功率开关器件在导通（饱和）时，其两端的电压很低，称为导通压降（饱和压降），对于常用的硅器件大约为 0.3V，但由于导通电流一般较大，约为几安到几十安，甚至几百安，所以其导通（饱和）时的功耗一般为几瓦到几十瓦。实际的半导体功率开关器件在导通（饱和）时，其功耗为

$$P_{on} = U_s I_s \tag{5-7}$$

式中，P_{on} 为半导体功率开关器件在导通（饱和）时的功耗（W）；U_s 为半导体功率开关器件导通压降或饱和压降（V）；I_s 为半导体功率开关器件的导通电流或饱和电流（A）。

另外，实际的半导体功率开关器件在导通（饱和）和关断（截止）状态之间转换时必然要经过一个中间过程，这个过程的电压和电流均较大，产生的功耗为 $P_{转换}$，如果开关器件的开关特性良好，则这个过程时间很短，功耗较小；如果开关器件的开关特性较差，则这个过程时间较长，功耗较大。

以上三个过程的功耗之和，就是实际的半导体功率开关器件在一个工作周期内的功耗：

$$P_d = P_{on} + P_{off} + P_{转换} \tag{5-8}$$

对于热阻而言，其计算相对复杂一些，例如，一个典型的半导体功率器件安装在 PCB 上，其热阻分布如图 5-32 所示。

器件系统的热阻等于其芯片的热量传递到周围环境的传热途径上所有环节的热

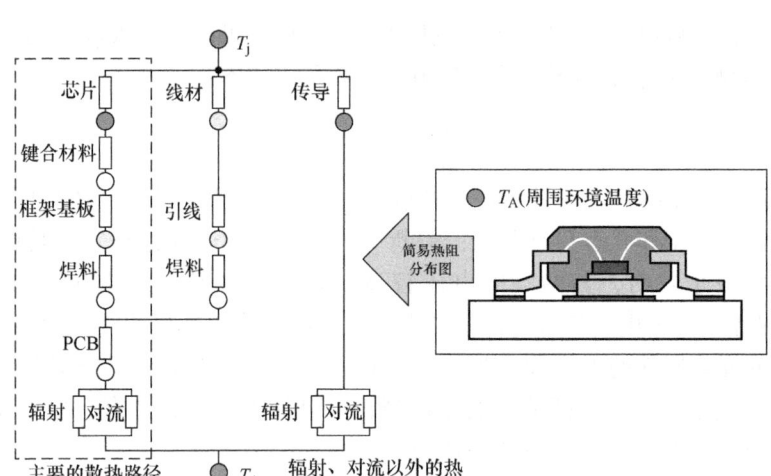

图 5-32 热阻分布示意图

阻的总和，即：

$$R_{thA} = R_{thC} + R_{thCS} + R_{thSA} \tag{5-9}$$

式中，R_{thA} 是器件封装体的总热阻，又称 θ_A；R_{thC} 是芯片到封装体表面的热阻，又称 θ_{jc}；R_{thCS} 是封装体表面到 PCB 表面的热阻，又称 θ_{cs}；R_{thSA} 是封装体表面到周围环境的热阻，又称 θ_{SA}。

对于封装热设计而言，主要研究 θ_{jc}，即芯片到外壳的热阻。从图 5-30 可知，θ_{jc} 是芯片、键合丝、焊料、塑封料、框架以及框架引脚的热阻串并联之和。

在封装设计过程中，先要了解器件的功耗，根据材料的热阻特性代入串并联公式得出 θ_{jc}，即可得到芯片表面到封装体上下表面的温度差，硅基的芯片结温一般不能超过 175℃，SiC 芯片结温不超过 200℃，根据这个原则对封装体上下表面的温度进行实测，即可验证材料的选择是否合适，是否可以做散热工艺处理。

关于热阻 θ_{jc} 的测定，在 JEDEC 标准 JESD51—14 的 2010 年 11 月的版本中，单一热传导路径半导体器件热阻 R_{jc} 测试采用瞬态双界面测试法，标准中有比较详细的规定，这里简单介绍一下测试原理。

根据半导体物理，电流和温度之间是指数函数关系，PN 结电流电压特性方程为

$$I = I_0 \mathrm{Exp}(qV_j/nKT) \tag{5-10}$$

对温度 T 求导得到：

$$\mathrm{d}V_j/\mathrm{d}T = nK/q \ln I/I_0 = 1/k \tag{5-11}$$

$1/k$ 是个和温度有关的常数，因此线性条件在很大的温度范围内都是精确成立的，可以用 PN 结恒定电流下的正向电压值来指示温度变化[2]。恒流温度电压曲线如图 5-33 所示。

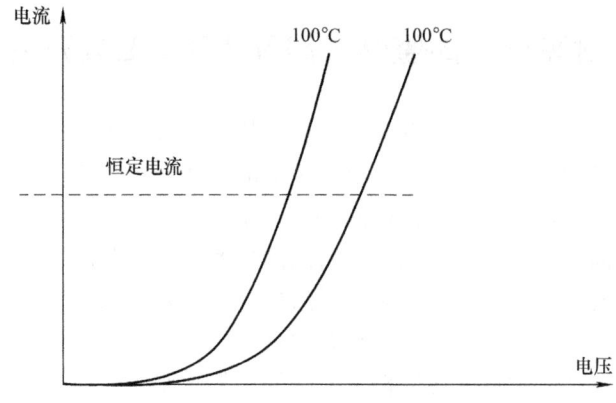

图 5-33 恒流温度电压曲线

JESD51—14 中定义了动态和静态两种测试方法,动态测试方法比较古老,准确度和可靠性方面都不如静态测试方法,目前常见的是静态测试方法。静态测试方法不受加热过程功率变化的影响,适合 LED、功率器件(MOSFET、IGBT)的测试,其完整的热响应曲线可以产生足够精确的结构函数。其基本测量方法和原理是通过施加在被测半导体器件上功率的切换,可以得到结温随时间变化的曲线,其测量步骤如下[3]:

1) 使用测试小电流取得被测半导体器件的温度系数(mV/℃),得到正向电压随温度变化的关系。

2) 使用大电流进行加热,$P_{tot} = P_1 + P_2$。

3) 当达到热平衡状态时,切换成小电流测量 P_2(切换时间小于 $1\mu s$)。

4) 当切换到测试电流后,被测半导体器件的正向电压被测量并记录下来,直到和环境温度达到新的热平衡状态。被记录下来的正向电压数值通过被测半导体器件的温度系数(mV/℃)被转换成为相应的温度随时间变化的关系。

5) 通过测试完整的瞬态热阻响应曲线(瞬态热阻和时间的关系),用数学手段做反卷积变换,将函数从时间域变换到空间域,得到关于热容和热阻关系的结构函数,进而分析封装体内部的结构关系。

在理解了热阻的计算和测量后,功率器件的热设计就相对简单和程序化了,根据器件的耗散功率数值,通过简化的数学模型计算得出器件的结温和各个工作表面的温度,在此基础上可以代入不同的温度和功率值,因为温度是热量对时间的导数,其表达式和不同材料的导热能力有关,材料的导热系数是指在稳定传热条件下,1m 厚的材料,两侧表面的温差为 1℃,在一定时间内,通过 $1m^2$ 面积传递的热量,单位为 W/(m·K),此处 K 可用℃代替。根据结温和使用环境的温度要求选择材料合理的导热系数和结构可以满足器件的散热要求。

5.4 封装设计的整体思路和 EDA 工具开发探索

在接到封装开发需求时,明确封装的应用场景是最为关键的一步。对于安装条件而言,引脚的排列方式决定了其在电路板上的连接布局,不同的排列方式对应不同的电路连接需求,会影响信号传输的路径与密度;而焊接条件则涉及焊接材料的选择、焊接温度曲线的设定,以及焊接时间的控制等,这些因素直接关系到焊点的质量与稳定性,若焊接条件不当,可能导致虚焊、短路等问题。

同时,环境状况也是不可忽视的重要因素。应用温度的变化范围会影响封装材料的物理性能,过高或过低的温度都可能引发材料膨胀或收缩不一致,进而导致内部结构损坏;湿度则可能引发元器件受潮、腐蚀等问题;气压的不同,在一些特殊环境下,如航空航天领域,会对封装的密封性提出特殊要求;腐蚀性气氛的存在会加速元器件的腐蚀,降低其使用寿命;辐射强度的高低,在一些医疗、核工业等特殊应用场景下,会对封装的抗辐射性能有严格要求。将这些实际应用中的信息转化为工程语言,最终落实到确定封装的外形尺寸,确保其与外部设备的适配性,以及制定可靠性环境测试条件,保障产品在各种复杂环境下都能稳定运行。

从设计层面深入剖析,需要考量的因素丰富且复杂。为实现量产,良好的可制造性设计要求在封装过程中能够采用高效、稳定的制造工艺,减少生产过程中的废品率,同时便于自动化生产设备的操作。例如,设计合理的封装结构,使元器件在生产线上易于拾取、贴装与焊接。为保证质量,可靠性设计要从材料选择、结构设计、散热设计等多方面入手,确保封装在长期使用过程中,能够抵御各种应力和环境因素的影响,维持稳定的性能。

为便于测试,可测试性设计要预留合适的测试点,便于在生产过程中和成品检测时,能够快速、准确地对封装内部的电路连接、性能参数等进行检测,及时发现潜在问题。为控制成本,经济性设计则需要综合考虑材料成本、制造成本、测试成本等多方面因素,在不影响产品性能的前提下,选择性价比较高的材料和工艺,优化生产流程,降低不必要的开支。此外,产品上市时间在市场竞争中扮演着关键角色,直接关系到产品能否抓住最佳市场时机,因此必须严格把控项目进度,确保能够满足客户在时间上的需求。

综上所述,运用项目管理的方法进行封装设计,能够从整体上对各个环节进行统筹规划、协调管理,有效整合资源、控制成本、保证质量和进度,是既必要又科学的选择。

随着科学技术的发展尤其是人工智能(AI)的出现,在设计方面给行业带来了颠覆性突破,传统的封装设计是基于各个任务场景的分析计算,然后再集中手动进行最优化筛选,由于任务场景的复杂性和交互影响,所得到的结果往往是某种程度上的妥协,并且在各个任务的模型计算和输出调整的过程中,往往难以得到一个相对完美的综合方案，基于此，笔者在长期实践过程中提出基于生产实践的半导体封装虚拟工厂的概念，一个类似 EDA 的集成解决方案，下面谈一下对这个集成系统的探索思路。

电子设计自动化（Electronic Design Automation，EDA）技术起源于 20 世纪 70 年代，随着集成电路（IC）复杂度的增加，手工设计逐渐无法满足需求，EDA 工具应运而生。早期的 EDA 工具主要用于电路图的绘制和简单的逻辑仿真。随着计算机运算能力的提升，EDA 工具逐渐演变为能够提供涵盖从电路设计、逻辑综合、布局布线到物理验证的全流程解决方案的工具。在 20 世纪 80 年代，EDA 行业迎来了快速发展期，Cadence、Synopsys 和 Mentor Graphics（现为 Siemens EDA）等公司相继成立，推出了许多具有里程碑意义的 EDA 工具。这些工具不仅提高了设计效率，还推动了半导体行业的快速发展。进入 21 世纪后，随着摩尔定律的持续演进，芯片设计的复杂度呈指数级增长，EDA 工具也在不断升级，逐渐引入了多物理场仿真、机器学习等先进技术，以应对日益复杂的设计挑战。

EDA 技术的核心原理是通过计算机软件辅助完成电子系统的设计、仿真和验证。现有的 EDA 工具通常包括以下几个关键模块：①电路设计与仿真：EDA 工具允许工程师在虚拟环境中对电路进行设计和仿真，并验证其功能是否符合预期。通过仿真，工程师可以在设计阶段发现并修正错误，减少物理原型的制作次数。②逻辑综合：逻辑综合是将高级硬件描述语言（如 Verilog 或 VHDL）转换为门级网表的过程。EDA 工具通过优化算法，生成满足时序和面积约束的电路结构。③布局布线：布局布线是将逻辑网表映射到物理芯片上的过程。EDA 工具通过自动化的布局布线算法，确保信号传输的时序和功耗满足设计要求。④物理验证：物理验证包括设计规则检查（DRC）、布局与电路一致性（LVS）检查等，确保设计符合制造工艺的要求，避免制造过程中可能出现的问题。⑤多物理场仿真：EDA 工具还支持热、电、磁等多物理场的耦合仿真，帮助工程师优化芯片的功耗、散热和电磁兼容性。根据市场研究机构的数据，全球 EDA 市场在 2022 年已达到约 120 亿美元的规模，并且预计未来几年将以年均复合增长率（CAGR）超过 8% 的速度增长。

在功率半导体封装领域，主要应用了多物理场耦合仿真的 EDA 技术来显著提升设计效率和产品性能。EDA 工具通过提供精确的模拟和仿真功能，使得工程师能够在实际制造之前预测封装设计的热性能、电气特性和机械可靠性。例如，使用 EDA 软件进行热分析，可以预测封装在不同工作条件下的温度分布，从而优化散热设计，确保功率器件在高温环境下也能稳定工作。根据市场研究机构的数据，采用 EDA 技术的封装设计周期可缩短 30% 以上，同时减少原型测试次数，显著降低了研发成本。此外，相比芯片设计领域 EDA 技术能够通过物理验证确保设计符合工艺要求，而实际中封装领域的多物理场仿真与具体制造过程脱节。半导体封装的工艺步骤相对明确，每一个步骤也可以用物理学建模进行描述。根据第一性原理，我们认为基于生产工艺的半导体封装 EDA 是完全可行的。因此，我们提出将多物理场仿真的 EDA 技术进一步应用到制造工艺中，将贴片、键合、塑封等每一道工序抽象为动态的物理模型加以仿真，并按照实际生产顺序，将前一道工序的输出作为后一道工序的输入，充分追求制造过程的优化，以降低实际生产试错的时间、人力以及物料成本。更进一步，工艺 EDA 的最终输出能够作为预测模块可靠性的依据。

功率半导体封装技术的发展将进一步带动上游半导体材料和设备市场。根据世界半导体贸易统计组织（WSTS）预测，2025 年全球半导体市场销售额将达到 6873 亿美元，其中封装材料与设备作为产业链关键环节，将迎来高速增长。相关数据显示，全球半导体封装材料市场规模预计在 2025 年超过 260 亿美元，而半导体设备市场将同步增长至 1241 亿美元。功率半导体封装 EDA 工具作为连接设计与制造的桥梁，将在材料和设备领域发挥以下核心作用，包括：①材料创新与 EDA 工具的协同效应。半导体封装材料（如基板、键合线、塑封料等）的性能直接影响器件的热管理、电气特性和可靠性。EDA 工具通过多物理场仿真技术，能够加速新材料的开发与应用。例如，由 AI 驱动的 EDA 工具可基于材料数据库和历史实验数据，推荐最优材料组合方案，大幅缩短材料选型周期。对于新兴材料（如碳化硅基板、高导热塑封料），EDA 工具的仿真能力可替代部分物理实验，降低研发成本并加速产业化进程。②设备智能化与 EDA 技术的深度融合。半导体封装设备（如贴片机、键合机、塑封机）的精度和效率直接影响封装良率与成本。EDA 工具通过工艺链仿真，可为设备参数优化提供关键支撑。例如，在键合工序中，EDA 工具可模拟不同键合力与温度下的金属线形变，生成最佳工艺参数组合。同时，基于数字孪生技术构建的虚拟封装工厂系统，能够将设备运行数据与 EDA 设计参数实时联动，实现动态工艺调整，减少设备调试时间。相关数据显示，2025 年封装设备智能化升级需求将占设备总投资的 30% 以上，EDA 工具在此过程中将成为设备厂商差异化竞争的核心技术壁垒。

在探讨功率半导体封装 EDA 工具开发的技术要求时，我们必须认识到，EDA 工具的开发不仅仅是一个软件工程问题，它还涉及对功率半导体物理特性的深入理解和精确模拟。例如，功率半导体器件在工作时会产生大量热量，因此 EDA 工具必须能够模拟热效应，以确保封装设计的热稳定性。根据国际半导体设备与材料组织（SEMI）的报告，功率器件的热管理是封装设计中最为关键的考量因素之一，其设计不当可能导致器件性能下降甚至失效。因此，EDA 工具开发的技术要求之一是集成先进的热模拟算法，以预测和优化封装的热性能。

此外，EDA 工具在功率半导体封装设计中还必须支持多物理场耦合分析，包括电场、磁场和热场的相互作用。例如，电磁场的分布会影响器件的开关速度和损耗，而这些因素对于功率半导体器件的性能至关重要。在技术要求上，EDA 工具需要能够处理复杂得多物理场耦合问题，这通常需要采用高级数值分析方法和计算流体动力学（CFD）技术。正如爱因斯坦所言："理论决定我们能够观察到的事物",EDA 工具的理论基础和算法精度将直接影响到封装设计的可行性和可靠性。

在技术要求的实现上,EDA 工具开发需要具备跨学科的专业知识,包括电子工程、材料科学和计算机科学。需熟悉功率半导体器件的工作原理、封装材料的物理特性,以及软件开发的最佳实践。例如,封装材料的热膨胀系数差异可能导致封装内部应力集中,进而影响器件的长期可靠性。因此,EDA 工具需要能够模拟这种应力分布,并提供优化建议。在技术实现过程中,需采用敏捷开发模式,以快速迭代来响应市场变化,同时确保软件的稳定性和功能。

目前,科技行业的一个大趋势是由 AI 赋能制造业。由于神经网络,尤其是大模型的训练、部署和使用的工具链日趋成熟,可以在现有开源大模型的基础上训练功率封装模块的专家大模型。相比传统 EDA 工具完全依赖于人为输入参数,设计人员能够使用更先进的理念和工具来设计 AI 原生的 EDA 工具,比如以大模型生成参数,物理仿真软件执行模拟仿真的 EDA 工具。这样能够最大程度降低功率模块开发的门槛,使研究者不用花费大量时间在设计优化以及可知造型方面,而专注于挖掘需求。

最后,EDA 工具的开发要求还包括对用户界面(UI)和用户体验(UX)的重视。一个直观易用的界面可以显著提高工程师的工作效率,降低学习成本。根据 Gartner 的分析,用户友好的设计可以提高软件的市场接受度,并且在竞争激烈的市场中占据优势。因此,工具的开发不仅要注重技术的先进性,还要注重用户交互设计,确保工程师能够轻松地进行复杂的设计任务。

目前市场上主流的 EDA 工具如 Cadence 和 Synopsys 等,已经能够提供从设计到验证的全套解决方案,但它们在功率半导体封装方面的优化和定制化功能仍有待加强。此外,随着摩尔定律的演进,芯片设计的复杂性日益增加,对 EDA 工具的计算能力和算法优化提出了更高要求。在此背景下,技术能力评估显示,虽然在算法优化和计算资源方面存在一定的挑战,但通过与高校和研究机构的合作,能实现技术突破,提升 EDA 工具在功率半导体封装领域的竞争力。

此外,大模型能够在整个链路中起到关键作用,主要是因为其能够根据用户输入的自然语言来生成各类内容。在功率模块封装的场景下,大模型可以链接设计规格、设计方式、材料选型与工艺路径等。比如根据规格生成最佳的工艺路径。可以根据大模型生成的工艺路径做进一步工艺仿真。总体开发思路如图 5-34 所示。

功率半导体是新能源发电、电动汽车、智能电网等绿色产业的核心部件。功率封装 EDA 工具通过优化封装设计可显著提升功率器件的能效与可靠性。以光伏逆变器为例,采用 EDA 工具设计的封装模块可将系统损耗降低 15%,每年为单台设备减少碳排放约 1.2t。若推广至全球市场,预计到 2030 年可累计减少碳排放超 5000 万 t,直接服务于国家"碳达峰、碳中和"战略。

通过自主研发的虚拟封装工厂系统,国内企业可摆脱对国外工具的"黑箱依赖",从设计到制造的每个环节均可实现透明化并可追溯。例如,在新能源汽车领

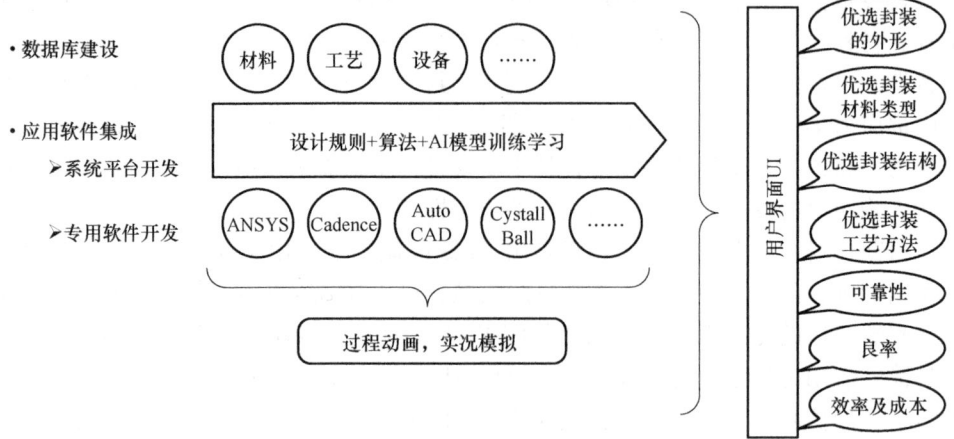

图 5-34　功率半导体封装 EDA 工具开发思路

域，国产功率模块的封装设计效率将提升 40% 以上，助力车企缩短产品研发周期，抢占全球市场先机。另可制定封装仿真与设计标准（如《功率半导体封装热仿真技术规范》），推动行业标准化进程，增强我国在国际半导体产业中的话语权。

此外，联合国内高校与科研机构，建立功率半导体封装 EDA 技术联合实验室，培养跨学科高端人才。同时，通过开源部分工具链与数据库（如工艺参数库、材料特性库），吸引开发者共建国产 EDA 生态。此举不仅可加速技术迭代，更能形成"产学研用"协同创新体系，为行业长期发展注入活力。

在功率半导体封装领域，EDA 技术已成为提升设计效率与产品质量的核心要素。随着功率半导体器件在新能源汽车、可再生能源及工业自动化等关键领域的广泛应用，封装技术面临着更高的要求。据市场研究机构数据，功率半导体市场预计以年均 5% 的速度增长，至 2025 年规模将达 400 亿美元。在此背景下，开发专门针对功率半导体封装的 EDA 工具显得尤为迫切。EDA 技术可通过模拟与优化设计流程，减少物理原型制作次数，缩短产品上市周期，助力企业在市场竞争中脱颖而出。例如，借助 EDA 工具进行热分析和电磁兼容性测试，能有效预测封装设计在实际工作中的表现，规避潜在故障与性能瓶颈。此外，EDA 工具还能帮助工程师在设计阶段考虑封装的可制造性和成本效益，实现设计优化。

思　考　题

1. 功率封装的内互联设计主要有哪些要点？
2. 已知焊盘尺寸如何做内互联工艺设计？

3. 热阻的定义和计算公式是什么？
4. 功率封装的热阻如何分布？
5. 热阻测量的主要方法有哪些？

参 考 文 献

[1] Fairchild Semiconductor. Power Package Design Rule [R]. 2007.
[2] JEDEC, JESD51-14. Transient Dual Interface Test Method for the Measurement of the Thermal Resistance Junction to Case of Semiconductor Devices with Heat Flow Trough a Single Path [S/OL]. Nov 2010：https：//www.jedec.org/standards-documents/docs/jesd51-14-0.html.
[3] Mentor Graphics. 基于结构函数的高精度热阻测定及系统构造解析 [R]. 2014-12-1.

第 6 章　功率封装的仿真技术

所谓仿真，顾名思义就是并非实际的生产或产品实现过程，而是通过计算机建模把需要研究的过程或产品结构模拟出来，并通过加载运算观察产品的状况，提前发现问题，从而辅助产品结构设计，优化和提高产品质量以满足实际生产过程及产品实现的要求。对于封装及功率器件来说，仿真主要有机械结构应力仿真、热模拟仿真、电性能仿真、塑封料模流仿真及可靠性加载仿真。

6.1　仿真的基本原理

仿真通常所用的方法是网格化建模，即有限元法，有限元可以把一个复杂的几何体划分成简单的理想单元，如三角形或矩形形状，并对每一个单元通过加载⊖列出方程组，对方程组求解，并通过对解的集合求收敛，得到对整体加载的解。其基本思想是将连续的求解区域离散为一组个数有限，且按一定方式相互连接在一起的单元的组合体。由于单元能按不同的连接方式进行组合，且单元本身又可以有不同形状，因此可以将几何形状复杂的求解域模型化。有限元法作为数值分析方法的另一个重要特点是利用在每一个单元内假设的近似因数来分片地表示全求解域上待求的未知场函数。单元内的近似函数通常由未知场函数或其导数在单元的各个结点的数值和其插值函数来表达。这样一来，一个问题的有限元分析中，未知场函数或其导数在各个结点上的数值就成为新的未知量（也即自由度），从而使一个连续的无限自由度问题变成离散的有限自由度问题。一经求解出这些未知量，就可以通过插值函数计算出各个单元内场函数的近似值，从而得到整个求解域的近似解。显然随着单元数目的增加，也即单元尺寸的缩小，或者随着单元自由度的增加及插值函数精度的提高，解的近似程度将不断改进。如果单元是满足收敛要求的，近似解最后将收敛于精确解。对于半导体封装体来说，有限元建模可以通过计算来得到某些结构的应力应变分布，通过施加不同的载荷来模拟可靠性加载的结果，从而预测产品的可靠性、寿命和质量。可以通过代入不同材料的热膨胀系数（CTE）计算在一定环境条件下受冷热交变的结构变化，如翘曲和裂纹。因此有限元仿真可以作为辅助封装设计的有效手段，也可以作为分析失效机理，找到解决方案的重要工具。

基于这个思路，我们通常首先对研究的封装体的几何形状做一个测量，并和实

⊖ 此处加载指通过材料力学的原理，假设在微观单元某一方向上施加力，计算这个力带来的应力和应变表现。

际生产中的控制范围做比较。在此基础上，模拟各种不同的几何形状并展开有限元建模计算，采用统计分析的手段比较其应力应变的结果，从而得出比较优化的模型。在得到比较优化的模型后，通过实际生产样品的可靠性结果来检验成果，并做出局部优化改进[1]。有限元建模需要用到一些假设和理论。线弹性力学基本方程的特点如下：

1）几何方程的应变和位移的关系是线性的。
2）物性方程的应力和应变的关系是线性的。
3）建立于变形前状态的平衡方程也是线性的。

如果上述线性关系不能保持。例如，在结构的形状有不连续变化（如缺口、裂纹等）的部位存在应力集中，外载荷到达一定数值时，该部位首先进入塑性变形，这时在该部位线弹性的应力应变关系不再适用，虽然结构的其他大部分区域仍保持弹性。长期处于高温条件下，工作的结构将发生蠕变变形，即在载荷或应力保持不变的情况下，变形或应变仍随着时间的进展而继续增加，这也不是线弹性的物性方程所能描述的。上述现象都属于材料非线性范畴内所要研究的问题。弹塑性材料进入塑性的特征是当载荷卸去以后存在不可恢复的永久变形，因而在涉及卸载的情况下，应力应变之间不再存在唯一的对应关系，这是区别于非线性弹塑性材料的基本属性。材料非线性问题的处理可以简化成线性问题，即不需要重新列出整个问题的表达格式，只要将材料结构关系线性化，就可将线性问题的表达格式推广用于非线性分析。一般说，通过试探和迭代的过程求解一系列线性问题，如果在最后阶段，材料的状态参数被调整得满足材料的非线性结构关系，就最终得到了问题的解答。材料非线性问题可以分为两类，一类是不依赖于时间的弹塑性问题，其特点是当载荷作用以后，材料变形立即发生，并且不再随时间而变化；另一类是依赖于时间的弹塑性问题，其特点是载荷作用以后，材料不仅立即发生变形，而且变形随时间而继续变化，在载荷保持不变的条件下，由于材料特性而继续增加的变形称之为蠕变，另外，在变形保持不变的条件下，由于材料特性而使应力衰减称之为松弛。弹塑性理论对于金属材料，在三维主应力空间常用的 Von Mises 屈服条件是：

$$\sigma_{ij} = 1/6[(\sigma_1 - \sigma_2)^2 + (\sigma_2 - \sigma_3)^2 + (\sigma_3 - \sigma_1)^2] - 1/3\sigma_m^2 \quad (6\text{-}1)$$

式中，σ_1、σ_2、σ_3是三个方向上的主应力；$\sigma_m = 1/3(\sigma_{11} + \sigma_{22} + \sigma_{33})$，是平均正应力。

计算中需要用到的材料参数一般有杨氏模量、泊松比、屈服强度、切线模量、CTE、热传导系数及玻璃化温度等。

6.2 功率封装的应力仿真

单纯的机械应力计算，而不涉及由于材料热膨胀系数（CTE）引起的热应力变化的材料受力状况分析被称为应力仿真。半导体功率封装中涉及的单纯机械应力状况比较简单,主要是芯片在作业过程中受到的机械应力冲击,如在装片过程中对芯片的顶出和拾取过程中的相向应力,在键合过程中的焊头静压力,以及夹具对芯片的扭矩,在塑封过程中,塑封料固化的时候对芯片表面结构的作用力,在切筋打弯的时候冲压模具对外引脚及封装体的机械冲击。以下就对这些机械应力仿真的典型案例进行分享和介绍。

1. 装片应力仿真案例

以 D—PAK (TO—252) 装片时验证顶针对芯片的冲击应力为例来计算相应的应力大小,从而判断芯片上的印痕深度是否存在危险的受力状态。画出有限元网格如图 6-1 所示。

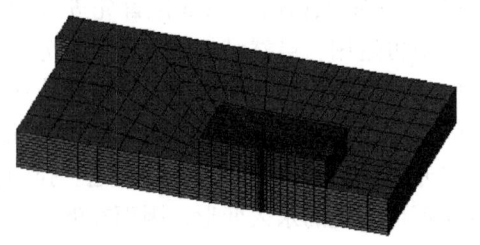 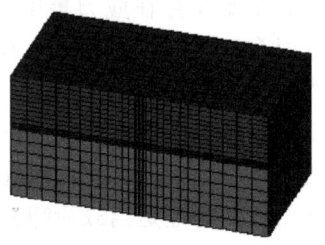

图 6-1 预针作用有限元网格图(彩图见插页)

关注图 6-1 中紫红色部分,计算得到的在顶针作用下的芯片从下到上第一主应力分布如图 6-2 所示,单位为 MPa。

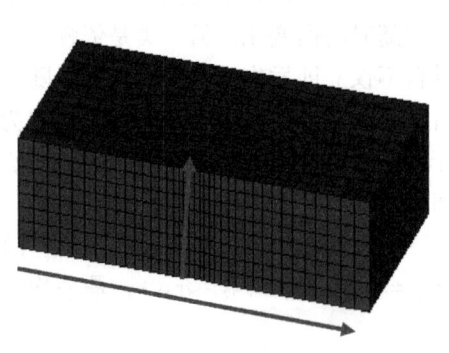 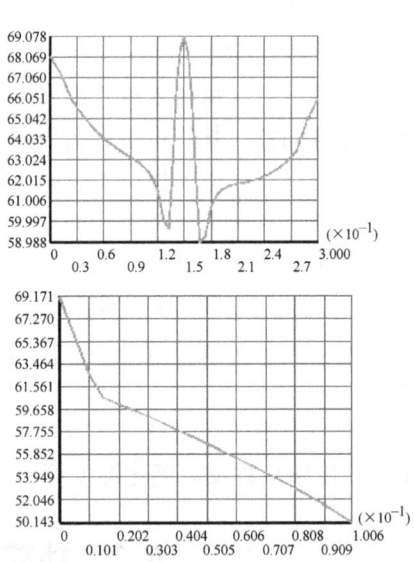

图 6-2 顶针作用芯片应力云图(彩图见插页)

由此可定义出危险点,得到结论:顶针作用在芯片的中心点是冲击应力最大的位置，应力随着芯片的厚度从下往上递减。应力在 X 方向呈对称分布，中间（3.2~3.8）为应力集中区域，该区域两边的应力从 60MPa 左右逐渐向芯片边缘一边扩展一边增大，芯片左右边缘的应力较高，但还是低于中心区域。

2. 键合夹具应力仿真

在第 3 章中我们知道键合的夹具对键合的过程质量起着非常重要的作用，夹持不好，在键合的过程中会导致压力不均和松弛，造成超声振幅失控，损伤芯片导致弹坑现象，因此保证良好的夹持和无缝的贴合是键合夹具设计的关键，一些热超声的情形还需要考虑 200℃ 左右的温度场的影响，因此往往需要做在一定温度场下的力学仿真研究，以了解高温下夹具的夹持变形和控制。键合压板及高温翘曲如图 6-3 所示。

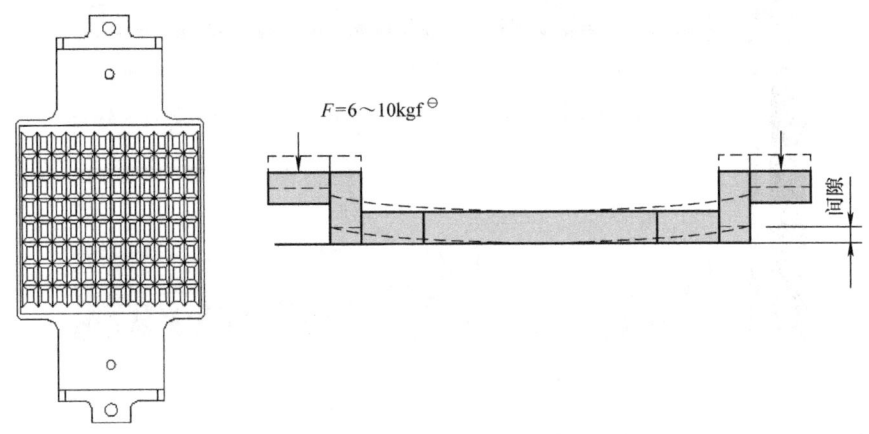

图 6-3 键合压板及高温翘曲示意图

通过有限元计算得到的键合压板应力应变云图如图 6-4 所示。

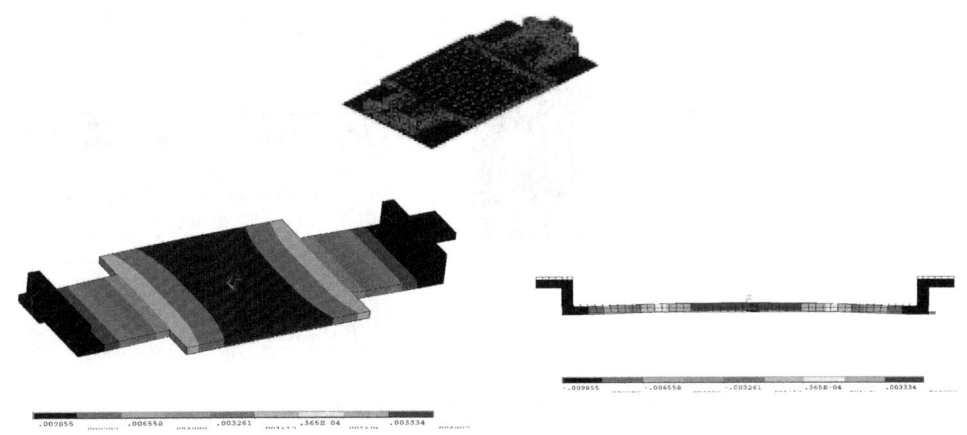

图 6-4 键合压板应力应变云图（彩图见插页）

⊖ 1kgf = 9.80665N。

关于键合夹具设计有一些建议，比如先锁紧螺钉施加机械静压力，再进入温度场，同时保持压力，翘曲严重的地方可以再做锁紧螺钉设计。这样可以有效指导设计以减少夹板翘曲，提高接触贴合质量，减少在步进过程中的弹性跳动。

3. 塑封料固化的应力影响

塑封料主要是环氧树脂（热固性）和填料（二氧化硅）颗粒，在固化的过程中，填料颗粒随着树脂化学变性逐渐施加应力于芯片表面，芯片表面的结构在微观下是有微米级别的变化的，填料的颗粒直径也在微米级别，当颗粒的尺寸增大到接近芯片结构时，在结构的应力集中区会产生额外的应力破坏，情况严重时可以导致器件失效。芯片功能环受损如图 6-5 所示。

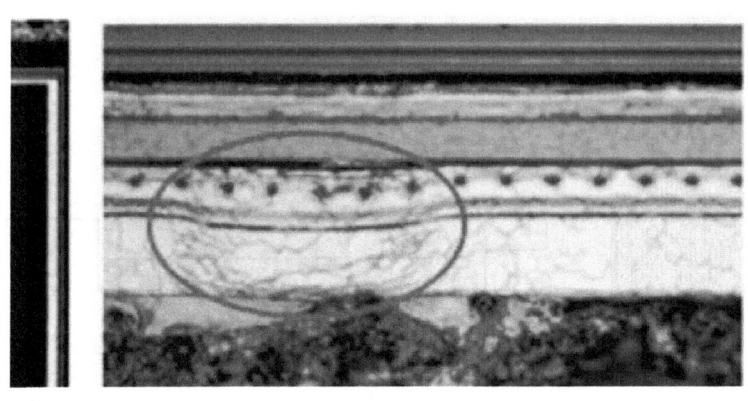

图 6-5　芯片功能环受损图

当功率芯片的外部一圈金属线（Gate Bais）上受到了额外的应力作用会发生变形断裂导致器件失效。要搞清楚这个原因，可以做应力仿真分析，芯片表面结构及应力分布示意图如图 6-6 所示。

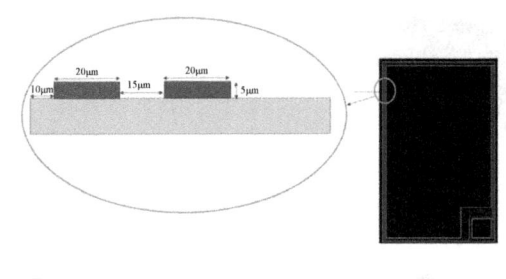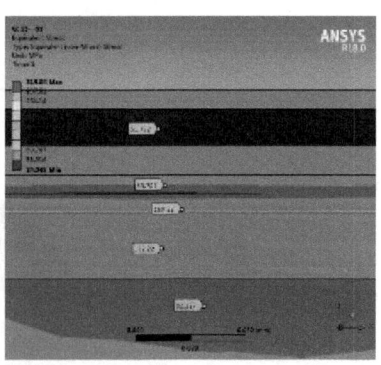

图 6-6　芯片表面结构及应力分布示意图

建立模型做有限元分析计算结果如下：在金属线的上下两侧位置应力值为

169MPa 和 132MPa，而其他区域只有 50~80MPa，明显的应力集中，那么改善措施就是减小芯片上金属线的凸起尺寸，或者减小填料颗粒度的尺寸，以减少应力集中状况。

6.3 功率封装的热仿真

功率器件及封装大多工作在大电流、高电压场合，因大量的功率带来的发热和散热问题，以及由此引起的热应力状况的变化是热仿真研究的主要内容。热仿真主要是描绘器件及封装在一定环境下的温度场表现，可以结合计算相应的由于材料 CTE 不同带来的热应力作用，给出不同温度场下的受力状况表现，其热应力的表征和计算方法与单纯机械应力加载没有区别，相对地可以把静态应力状态下的仿真方法视为在恒温条件下的应力表征，而施加了连续或者交变温度场情况下的静态应力计算就是热应力仿真的结果。热仿真可以视为一种虚拟实验。它可以在不做出实际产品的前提下，通过输入一系列的材料和加载数据，来计算在不同场景下产品的散热表现。因此，热仿真能够提前预判产品的散热方案是否合理，从而节约研发时间和打样成本。热仿真主要研究以下几个方面：①描绘产品在不同环境下的温度场表现；②描绘产品内部及周围热量的流动路径，分析散热过程；③分析并得出散热优化方向；④调整相关参数（如材料 CTE 及环境散热条件）以优化计算，得到最优散热设计方案。

热仿真的本质是求解一系列根据流体力学和传热学的基本物理定律推导出的方程组。在求解时，通过软件（如 ANSYS）首先将连续空间网格化。在一个单元格内，输入质量将导致物体密度的变化，而输入能量则导致物体温度的变化，即每个单元都必须满足质量守恒定律和能量守恒定律。对于流速的变化，则是依据动量定理得出的，即物体在单位时间内某方向上动量的变化与它受到的冲量值相同。连同流体状态方程（流体的密度、导热系数、黏度、比热容等物理性质随温度、压强的变化关系式）和用户给定的边界条件，列出方程组求解。功率封装热仿真中，绝大多数都是关注元器件达到稳定状态时的温度表现，这时，温度已不再随时间的变化而变化，固体内部的温度方程中不再包含密度和比热容这两个物性参数，因此可以不予赋值。计算前，软件会先将整个产品的求解区域裂解成有限的多个单元体，单元体和单元体之间就可以根据上述定律构建耦合关系。求解时，软件先根据初始化时的数值进行耦合计算，在满足上述定律的前提下逐个传递输入输出，并校验传递过来的数值与已知边界条件之间的误差。根据误差，软件会依据相应的数值计算方法自动调整输入值，再进行新一轮的计算。总的计算轮数也就是软件中的迭代步数。把所有的单元格看作一个集合，求有限单元的收敛值就可以得到相应整体的数字特征。得到的结果主要是热阻及温度场。以下给出双面散热 IGBT 模块的热仿真案例。

双面散热 IGBT 模块的结构和热阻分布如图 6-7 所示。

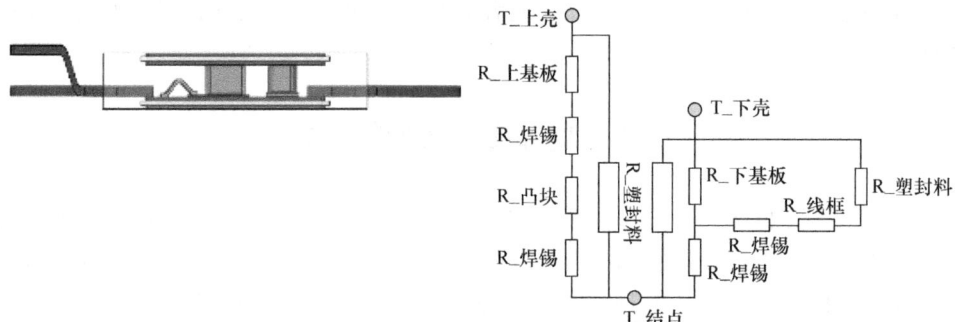

图 6-7 双面散热 IGBT 模块的结构和热阻分布图

输入材料（陶瓷、铜、铝线、焊料、塑封料及铜钨合金）的导热系数［W/(m·K)］，并通过软件（ANSYS）进行网格化，结合边界条件（主要是热阻计算公式）得到温度分布云图如图 6-8 所示。

图 6-8 双面散热 IGBT 模块温度分布云图（彩图见插页）

计算表明：双面散热下，IGBT 的结壳热阻为 0.145K/W，二极管的结壳热阻为 0.25K/W，芯片的部分热量被困于塑封料中而不能有效传递，因此特别需要采用高导热的塑封料来提高散热性能。

6.4　功率封装的可靠性加载仿真

功率封装的可靠性加载仿真的主要目的是通过输入环境条件（主要是温度，也有压力、湿度和交变功率）来表征功率器件及封装的应力应变状况，从而判断封装结构包括材料、工艺方法是否能满足可靠性要求，做出质量和寿命预测而无须制造出实际的产品并进行长时间的可靠性验证，通过优化材料的选择和封装结构从而节约设计时间，同时也可以进行失效机理分析，了解功率封装在工作环境下的可靠性表现并理解失效的根本原因。一般来说可靠性仿真主要有几个方面：温度循环、功率循环、湿气预处理及在交变环境条件下的芯片裂纹、焊线根部裂纹、分层模拟等。以下介绍一些可靠性仿真案例，帮助读者理解并正确使用可靠性仿真工具。

1. 温度循环

以 D—PAK（TO-252）芯片顶针裂纹机理分析为例，分别模拟在高低温（-55~150℃）情况下的封装体的应力状况，如图 6-9 所示。

芯片厚度都是 16mil[⊖]，代入不同芯片尺寸从左到右分别是：1630μm ×
1670μm、2540μm × 2540μm、3380μm × 2630μm，−55℃下的受压应力分别是：
−307.391MPa、−339.606MPa、−380.6741MPa。可以看到，随着芯片尺寸的增
加，第三主应力（受压应力）增大的趋势，如图 6-10 所示。

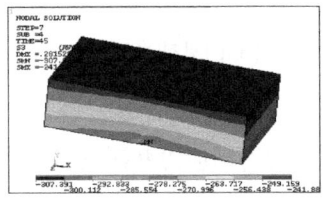 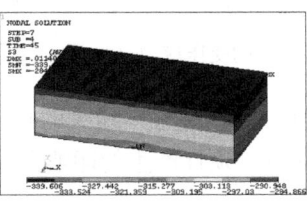 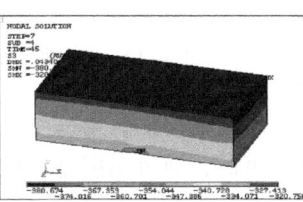

图 6-9　芯片顶针裂纹模拟高低温应力分布图（彩图见插页）

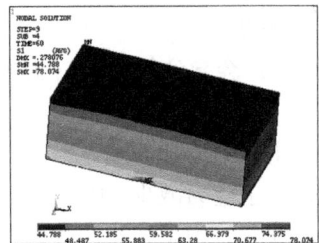 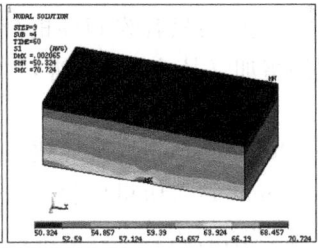 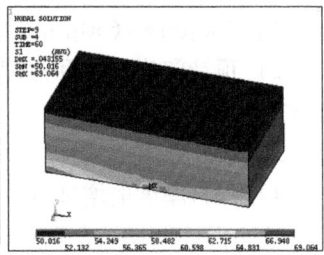

图 6-10　不同芯片尺寸下的受压应力（低温）计算云图（彩图见插页）

150℃下的受拉应力分别是：78.07MPa、70.72MPa、69.06MPa，可以看到随
着芯片尺寸的增加，第一主应力（受拉应力）减小的趋势，如图 6-11 所示。

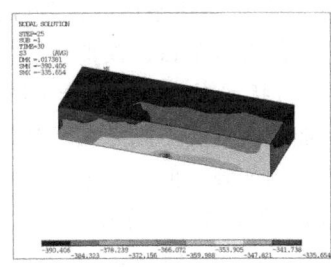 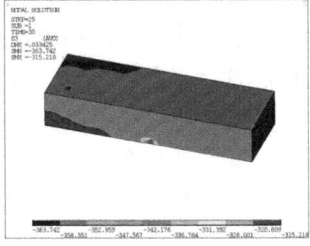 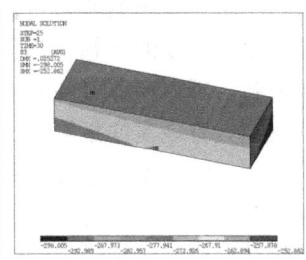

图 6-11　不同芯片尺寸下的受拉应力（高温）计算云图（彩图见插页）

代入不同的焊料厚度（BLT），从左到右分别是 0.5mil、1.0mil、3.0mil，
−55℃下的受压应力分别是 −335.64MPa、−315.21MPa、−252.86MPa，可以看
到随着焊料厚度的增加，第三主应力（受压应力）减小的趋势，如图 6-12 所示。

150℃下的受拉应力分别是 52.27MPa、62.91MPa、91.01MPa，可以看到随着

⊖　$1\text{mil} = 25.4 \times 10^{-6}\text{m}$。

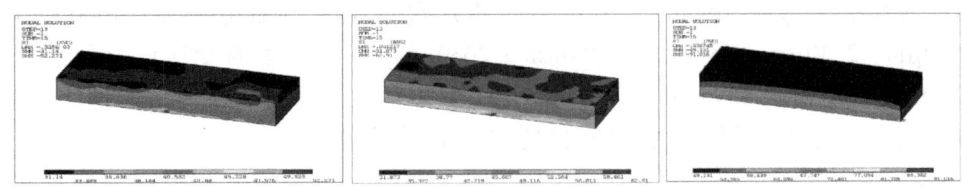

图 6-12 不同焊料厚度下的受压应力（低温）计算云图（彩图见插页）

芯片尺寸的增加,第一主应力（受拉应力）增大的趋势。

由此,通过温度循环仿真对于顶针产生的印痕而导致的不同应力状况得到如下结论:

1）在顶针印痕附近的第一主应力（受拉应力）随着芯片尺寸的增加而减小。但芯片尺寸的增加导致的应力值的减少不显著,随着芯片尺寸从 $1630\mu m \times 1670\mu m$ 增大到 $3380\mu m \times 2630\mu m$,第一主应力只有约 11% 的减小幅度。

2）顶针印痕面积和深度的增加（从 5000Å⊖ 到 15000Å）会导致第一主应力增加 6%。

3）芯片厚度的增加（从 10mil 到 16mil）会导致第一主应力增加 66%。

4）焊料厚度的增加（从 0.5mil 到 3.0mil）会导致第一主应力减少 74%。

这个温度循环结合顶针印痕缺陷的仿真告诉了工艺设计者,为了防止芯片裂纹的产生及后续微裂纹的扩展而影响可靠性,要严格控制顶针的印痕,并且焊料厚度（BLT）不能太薄,越厚的芯片在高温时受到的受拉应力作用越大,其可靠性不如薄芯片。

2. 功率循环

功率器件中的典型可靠性考核项是功率循环,主要考察在功率循环的过程中,焊点疲劳强度的问题,在分立功率器件中,该项也是重要的考察项目,模拟功率循环加载,观察焊点（主要是在芯片上的第一焊点）的受力状况对于实际生产的质量控制具有现实的指导意义。功率循环对比温度循环的加载,主要不同点在于受热的方式不同。温度循环过程中,虽然是交变的高温到低温的加载,但在一定的温度保持时间内施加的是恒定的温度场,而功率循环是施加周期性的功率作用于芯片,因此其发热方式是从芯片开始作用到各个封装相关的材料,由于材料热阻的不同,其温度分布是不均匀的,但在某个材料界面其温度是均匀的,所以如果要了解焊点的温度,就要代入不同的材料热阻,得到模型如图 6-13 所示（以 TO-263 封装为例）。

芯片表面的温度（包括第一焊点）图中红色区域是 426K,计算第一焊点应力发现最大应力值为 128MPa（铝线的拉伸强度 σ_b 为 110MPa）,因此必然存在应变,计算应变得到如图 6-14 所示的结果。

⊖ 原子直径的单位常用纳米（nm）和埃（Å）。$1\text{Å} = 0.1\text{nm} = 10^{-10}\text{m}$。

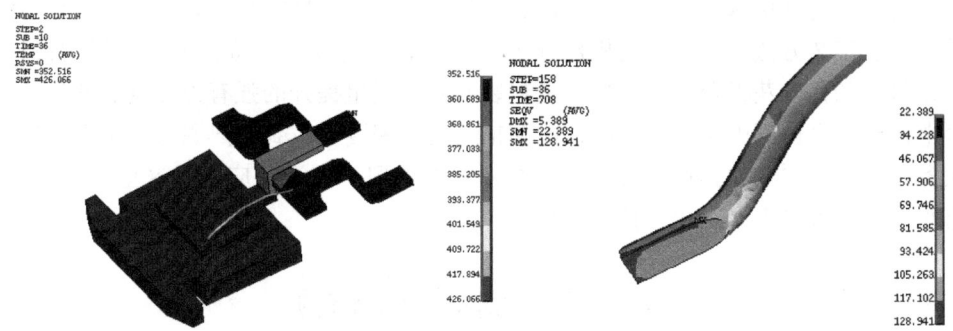

图 6-13　TO-263 焊点应力计算云图（彩图见插页）

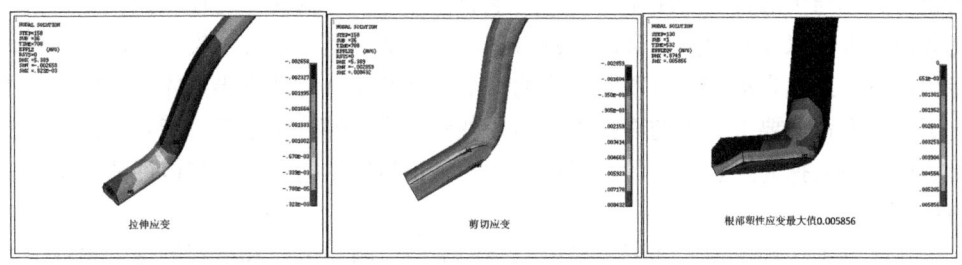

图 6-14　TO-263 焊点应变计算云图（彩图见插页）

从而计算焊点循环寿命周期：$N_f = C \times \varepsilon^{-m}$，这里 C 是常数 1，m 是关于铝线的参数，等于 1.4，得到 $N_f = 1334$，在这种功率输入循环下只有 1300 次左右的寿命，就会逐渐发生脱落或疲劳断裂。为了提高功率循环寿命，需要减少应力集中，降低应变发生的概率，提出如图 6-15 所示的改进方向。

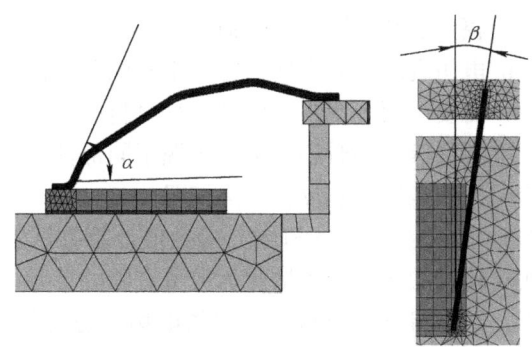

图 6-15　TO-263 焊点循环寿命提高示意图

键合时尽量减少 α，以减少应力集中，设置合适的 β，减少焊线的扭曲，并增加焊点的厚度（增加焊线线径），以此来改善焊点的应力集中状况，可以有效地提高耐功率循环的寿命。

总之，物理仿真包括机械应力仿真、热仿真、可靠性加载仿真，可以给封装结构设计、工艺方法开发、失效机理分析提供强有力的技术支持，可以做优化设计，能以最小的代价获得合理的结构，是封装开发和质量提升的强有力工具。此外，结合电性能仿真得到电流密度方向，能够描绘功率密度，找到发热源头，可以更好地服务于封装开发，尤其在大功率模块的开发中得到了广泛的应用，这里不做赘述，有兴趣的读者可以参阅相关技术资料。

6.5 功率封装的电仿真

在现代电力电子技术领域，功率半导体的性能优劣直接关乎整个电力电子系统的运行效率与可靠性。功率半导体封装绝非只是对芯片的简单物理保护，更是实现高效电气连接以及有效热管理的关键所在。在新能源汽车迅猛发展、智能电网建设持续推进、工业自动化程度不断提高的当下，这些领域对功率半导体封装的性能提出了更加严苛的要求。电仿真技术作为一种极具优势的分析手段，能够在设计的初始阶段就深入探究封装内部的电气特性，为优化封装结构、提升整体性能提供坚实的技术支撑。

在高频工作环境下，功率半导体封装内部的电阻、电感和电容等寄生参数会对信号传输造成极大干扰，致使信号出现失真现象，功率损耗也会随之增大。借助电仿真技术，能够精准分析这些寄生参数，进而通过优化封装设计，有效降低寄生参数的影响，显著提升功率半导体的电气性能和工作效率，确保其在高频工况下稳定运行。不合理的电气应力分布会引发诸如芯片失效、焊点开裂等严重影响功率半导体封装可靠性的问题。电仿真技术能够预测封装在不同工作条件下的电气应力分布情况，提前察觉潜在的风险点，从而针对性地采取改进措施，增强功率半导体封装的可靠性与稳定性，大幅延长其实际使用寿命。

功率半导体封装的电仿真基于麦克斯韦方程组和电路理论，构建起精确的电磁模型。在建模过程中，需要全面考量封装内部各种材料的特性，例如金属引脚的电导率、绝缘材料的介电常数等，同时还要准确把握不同部件之间的几何关系以及电气连接方式，以此确保模型能够真实反映实际情况。

有限元法（FEM）、有限差分法（FDM）等数值计算方法常用于对建立的模型进行求解。这些方法将连续的物理场离散化为数量有限的单元，通过对每个单元进行细致的计算与分析，最终得出整个封装内部的电场、磁场分布状况，以及电流、电压等关键电气参数。

首先需要对功率半导体封装进行几何建模，运用专业的3D建模软件，如功能强大的SolidWorks、适用于电磁仿真的ANSYS DesignModeler等，精确构建功率半导体封装的三维几何模型。在建模时，务必详细定义芯片、引脚、基板、封装外壳等各个部件的形状、尺寸，以及它们之间的相对位置关系，为后续仿真奠定坚实基础。

其次,精确掌握材料属性,为模型中的每个部件赋予准确无误的材料属性,包括电导率、介电常数、磁导率等。对于一些新型材料或者复合材料,由于其特性较为特殊,需要通过实验测量获取一手数据,或者参考权威的相关资料来确定准确的材料参数。

接下来依据模型的复杂程度以及所需的计算精度要求,精心选择合适的网格划分策略。对于像芯片与引脚的连接部位、高电场集中区域等关键部位,采用更为细密的网格划分方式,以保障计算结果的高精度。常用的网格类型包含四面体网格、六面体网格等。在划分网格时,要严格把控网格质量,坚决避免出现畸形网格,导致对计算结果的准确性产生负面影响。

同时需要设定合理的边界条件,如电压和电流激励设置,依据功率半导体实际的工作状况,在模型的输入输出端口设置恰当的电压或电流激励,以此模拟其在不同工作状态下的电气输入情况,使仿真更贴近实际应用场景。

还需要考虑边界条件定义,明确模型的边界条件,例如接地边界、辐射边界等。针对封装内部的一些隔离区域,合理设置相应的绝缘边界条件,确保仿真模型的完整性和准确性。

最后运行仿真软件,对建立好的模型进行求解运算,从而得到封装内部的电场、磁场分布情况,以及电流密度、电压降等重要电气参数。借助后处理工具,将仿真结果进行可视化分析,比如绘制电场强度云图、电流密度矢量图等,以直观形象的方式展现封装内部的电气特性,便于研究人员深入分析。

常用的仿真软件主要有以下几种:

1) ANSYS HFSS,这是一款在电磁仿真领域备受赞誉的专业高频结构仿真软件。它能够极其精确地模拟功率半导体封装在高频环境下的电磁特性,支持多种求解器,并且能够应对复杂模型的建立需求,尤其适用于对精度要求极高的高频应用场景。

2) CST Studio Suite,它提供了全面且完善的电磁仿真解决方案,具备强大的建模和分析功能。它能够快速、准确地计算功率半导体封装的寄生参数和电磁兼容性(EMC)性能,在工业界和学术界都获得了广泛的认可与应用。

3) COMSOL Multiphysics,这是一款多物理场耦合仿真软件,其独特之处在于不仅可以进行电仿真,还能够充分考虑热、结构等其他物理场的相互影响。对于深入研究功率半导体封装中电—热—结构多物理场耦合问题,该软件具有无可比拟的优势。

以一款应用于新能源汽车逆变器的双面散热塑封半桥功率半导体模块封装为例,需要提取寄生电感参数来了解,在高频工作条件下,封装引脚的寄生电感是否有显著的电压过冲现象,这对逆变器的性能和可靠性产生了严重影响。基于仿真结果,对封装引脚结构展开优化设计,采用低电感的引脚布局和材料,之后重新进行电仿真验证。结果显示，优化后的封装寄生电感降低了30%，电压过冲得到了有效抑制，逆变器的效率和稳定性得到了显著提升，充分彰显了电仿真在实际应用中的重要价值。双面散热塑封半桥功率半导体模块封装寄生参数提取示意图如图6-16所示。

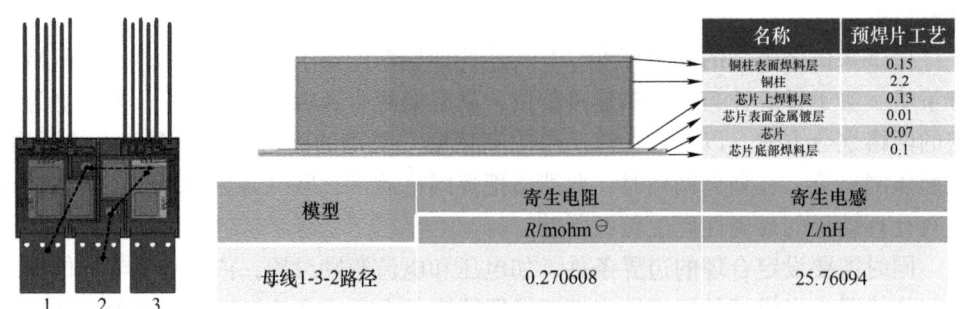

图6-16　双面散热塑封半桥功率半导体模块封装寄生参数提取示意图

封装电仿真涉及芯片的信号完整性、电源完整性、热管理等关键问题，被广泛应用于检验芯片产品的工作性能和可靠性。进行封装电仿真的方法多种多样，包括但不限于有限元分析（FEA）、有限差分法（FDM）和边界元法（BEM）等。这些方法各有特点，如有限元分析可以详细模拟封装内部的电磁场分布，帮助工程师发现潜在的热点和电磁兼容性问题；边界元法则擅长处理复杂的几何形状和边界条件，适合分析封装表面的电磁散射和辐射问题。不同的计算方法都有一个共同目标，即通过精确模拟电流、电压、热和力学等多物理场的分布和交互作用，为芯片封装设计提供科学依据。

以 Ansys Q3D Extractor 为例，这是一款常用的基于边界元法和有限元法进行电磁场计算的电磁仿真工具，其原理是将连续的电磁场问题离散化，通过网格划分将问题域分解为有限数量的小元素，并在这些元素上应用电磁场的偏微分方程。通过建立并求解线性或非线性方程组，模拟电磁波在介质中的传播、反射和折射等行为，从而预测和优化电路设计中的信号完整性、电磁兼容性和电源完整性等关键性能指标。此外封装电仿真还通常涉及多物理场耦合分析，如电磁场、热场和力学场的相互作用，以评估封装结构对芯片性能的影响。与热仿真、可靠性加载仿真类似，电仿真也是通过计算机进行的虚拟实验，结合不同的产品需求进行条件设置，最终计算出结果以预测产品方案的合理性。以下给出利用电磁仿真工具 Ansys Q3D Extractor 提取 IGBT 模块寄生电感的电仿真案例。

寄生电感作为电路中由电磁感应作用产生的不需要的电感，主要是由互连结构、元器件本体等呈现出的等效电感，其存在会对电路模块产生一系列影响。如果

⊖　1mohm = $10^{-3}\Omega$。

在芯片前期设计没有充分考虑，则会导致器件过压高、震荡严重和电磁干扰超标等问题，从而严重影响系统效率和功率密度。因此对设计好的模块进行电磁仿真以提取该参数，不仅对前期设计具有重要参考意义，同时又能显著降低测试成本。

导入 IGBT 模块模型，为相应部件配置材料（陶瓷、铜、铝、焊料），并进行网格划分。再根据产品方案设置源极、漏极，如图 6-17 所示。

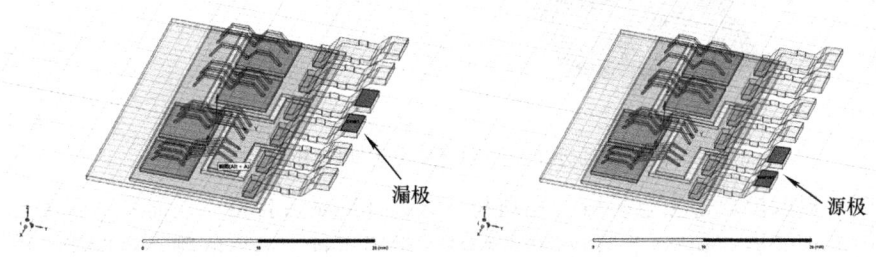

图 6-17 IGBT 模块网格划分及源极漏极设置

右键单击管理器中的 Analysis 添加求解设置，在 General 栏取消求解电容并勾选保存磁场选项。在 AC RL 栏中可设置求解迭代次数、收敛次数与误差，如图 6-18 所示。

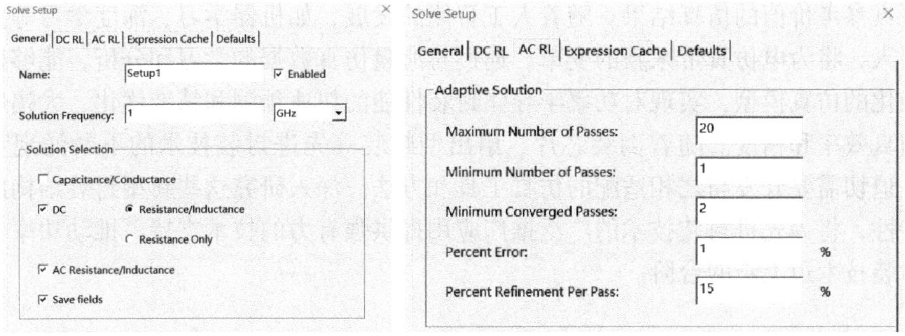

图 6-18 求解设置示意图

在管理器中右键单击刚刚添加的"Setup1"，添加频率扫描，这样能更准确地获取模块的寄生电感，这里采用如图 6-19 所示的三段式频率扫描设置。

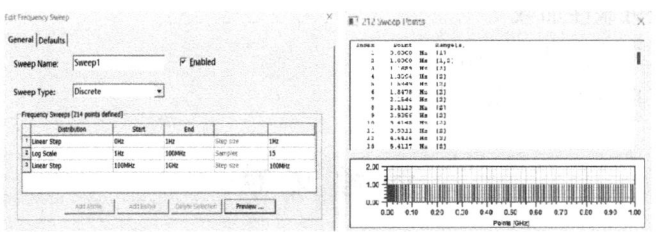

图 6-19 频率扫描设置

计算完成后查看电磁场分布云图，并且可以提取出模块的寄生电感曲线，如图6-20所示。

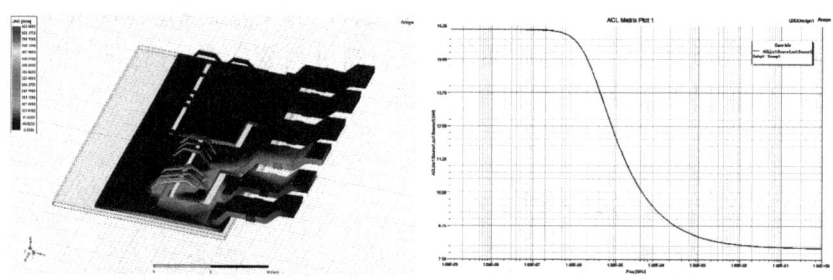

图6-20　电磁场分布云图和寄生电感曲线图（彩图见插页）

成功提取模块寄生电感后，要判断该参数标准是否合格，还需要综合考虑其在特定电路中的表现和影响，包括开关特性、电磁干扰、谐振问题、热性能，以及安全操作区域等方面。在确认模块寄生电感在可接受范围内，同时确保模块设计合理前，可尝试采用叠层母排结构等方法，以削减寄生电感产生的不良影响。

随着功率半导体应用场景的日益多元化和复杂化，对其性能的要求也更加综合全面。未来的电仿真将更加注重与热、结构、流体等多物理场的深度耦合分析，从而能够全面、准确地评估功率半导体封装在复杂工况下的性能表现，为实际应用提供更具参考价值的仿真结果。随着人工智能的发展，如机器学习、深度学习等技术的引入，将为电仿真带来新的变革。通过对海量仿真数据的学习和分析，能够建立智能化的仿真模型，实现对功率半导体封装性能的快速预测和精准优化，大幅度提高仿真效率和精度。随着倒装芯片、扇出型封装等先进封装技术的不断涌现和发展，迫切需要开发与之相适配的仿真工具和方法。深入研究这些新型封装结构的电气特性，将为先进封装技术的广泛推广应用提供强有力的技术支持，推动功率半导体封装技术迈上新的台阶。

思　考　题

1. 仿真的基本原理和假设是什么？
2. 功率封装仿真的种类有哪些？
3. 怎么做可靠性加载？
4. 热和应力的仿真怎么结合？
5. 根据仿真结果如何做优化？

参　考　文　献

[1] 朱正宇. 半导体封装铝线焊点根部裂纹分析与改进 [D]. 上海：同济大学，2006.

第 7 章 功率模块的封装

在前面第 3 章已经对功率模块的封装特点做了一些阐述，本章详细说明一下功率模块封装的具体过程。

7.1 功率模块的工艺特点及其发展

发展功率模块的动机主要是能量密度的高度集成，绝缘安全和电力电子的电路拓扑简化，现在 AC/AC 的转换对于电力电子来说是最常见的应用。图 7-1 是基于英飞凌公司的功率模块应用发展线路图。

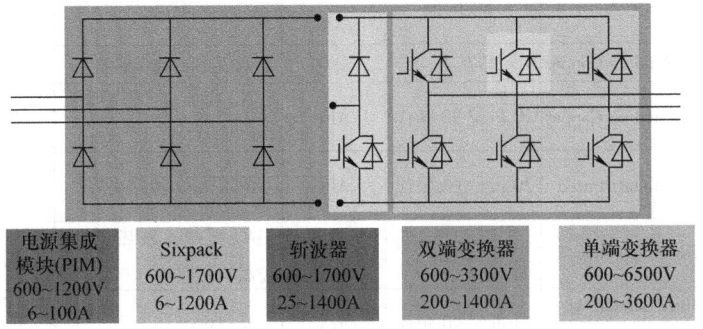

图 7-1 英飞凌公司的功率模块应用发展线路图

功率模块常见的挑战有：①由于不同材料 CTE 的差异引起的热变形不同，而造成的额外应力（典型的铜是 $17 \times 10^{-6}/℃$，硅是 $3 \times 10^{-6}/℃$，陶瓷是 $6 \times 10^{-6}/℃$）；②功率模块通常要通过大电流，所以散热问题很关键；③功率模块一般承受的电压较高，最高可达到上万伏，因此绝缘安全性问题尤为重要。1975 年开始采用的压接是一种基本的解决方案，压接的特点是采用非常厚的铜基座以起到导流和散热的作用，芯片采用钼合金材料烧结到基座上，银烧结是 1986 年才开始有的。这种结构的好处是可以解决由于 CTE 失配带来的芯片移动的问题，但是过于笨重的机械结构限制了电流承载密度，同时安装时的振动对芯片的可靠性影响还是很大的，早期的 34mm 压接式功率模块如图 7-2 所示。

图 7-2 早期的 34mm 压接式功率模块

在 1975~1987 年，德国赛米控公司采用了软钎焊料的方式来生产晶闸管和可控硅功率器件。软钎焊料的优点是对于 CTE 失配的情况，可以起到很好的应力吸收和缓冲作用，减少热应力的伤害，提高模块可靠性。随着 20 世纪 80 年代中期硅基电力电子技术的发展，更多采用了引线键合（Wire Bonding）技术来做内互联，第 4 章已经详细介绍其工艺特点。采用软钎焊料后的模块取消了压接的单面结构，在功率循环中，热应力主要是会对焊料层产生变形，情况严重的话会导致焊料层断裂从而限制了功率循环的寿命。由此开发出银烧结工艺（具体工艺前面已有介绍）。为了匹配 CTE 兼顾绝缘要求，在 1978 年德国艾赛斯（IXYS）公司首次把覆铜陶瓷基板（Direct Bonding Copper，DBC）材料用于功率模块，其 CTE 为 $8 \times 10^{-6}/K$，接近硅，具有良好的导热、导电和对外绝缘性能（中间的陶瓷），可以在此基础上开发不同的电路拓扑，从而提高模块的集成度和功率密度。表 7-1 对不同功率模块基板类型的特点进行了归纳。

表 7-1　不同功率模块基板类型特点归纳

功率模块基板类型	英文全称	开发时间	绝缘层材料	优点	缺点
DBC	Direct Bonding Copper	1978 年	Al_2O_3	低成本，被大量应用	散热性不如其他
DBC	Direct Bonding Copper	20 世纪 80 年代	AlN	R_{th} 较好，散热较好（比 Al_2O_3）	成本高（比 Al_2O_3）
AMB	Active Metal Brazed	20 世纪 90 年代	AlN	R_{th} 更好，散热更好	制作工艺复杂
AMB	Active Metal Brazed	21 世纪	Si_3N_4	R_{th} 更好，散热更好，较高机械强度	制作工艺复杂
DAB	Direct Bonded Al Metalized	20 世纪 90 年代	AlN	高温度循环能力	低功率循环能力
IMS	Insulated Metal Substrates	20 世纪 80 年代	Polymer	灵活，低成本	不适合大功率

内互联的主要发展趋势是从铝线、铝带到铜片和铜线，其中，铜线和铜片工艺是最近开发出的内互联工艺，主要是结合了烧结工艺后再做内互联工艺，后面具体介绍其特点。

功率模块的发展随着对基板材料的深加工和电路拓扑的创新，其结构变得越来越"PCB"化，类似的，先进封装业和系统级封装业都采用了大量的 PCB 技术，如 SMT 等，封装业和电子制造服务业（Electronics Manufacturing Services，EMS）也早已相互渗透和包容。在 20 世纪 80 年代提出取消压接方式而采用电路板一体式安装解决方案的需求推动下，德国艾赛斯（IXYS）和英飞凌公司相继推出了采用针形端子连接的模块类型，图 7-3 是英飞凌公司的典型 Easy Pack 内部结构实物图。

其封装特点是把针形端子逐个插入对应的基板上的针座里，针座和针形端子实现过盈配合，从而实现可靠的电路通路，针座和芯片等采用印刷回流焊的方式，用软钎焊料连接在基板设计指定的位置。当然除了针形端子对外连接外，还有采用螺钉连接方式的端子,以及采用传统焊接方式(超声波压接或者点焊等)等实现端子和外部的电路连接。

散热方式也随着功率密度的增加、散热要求的提高而发展出不同的模式。传统的方式都是采用导热硅脂把 DBC 的背面和散热金属片连接在一起,这种连接方式的弊端是在安装散热片和安装模块的过程中有回流焊接等热冲击的过程,容易发生导热硅脂层的裂纹,从而影响散热效率。因此减少热冲击对散热硅脂的影响对于安装散热片具有重要意义。此外,不同的散热方式对于热阻 R_{thCA} 和 R_{thJC} 及系

图 7-3 Easy Pack 内部结构实物图

统散热的影响是巨大的,传统的空气对流方式的散热效率是水冷方式的散热效率的 1/2,而采用针翅式散热片(Pin Fin)的水冷方式的散热效率是一般水冷方式散热效率的一倍以上,采用 AlN 散热片和针翅式散热片方式接近。所以选择不同的散热片材料、结构和冷却方式带来的散热效率是有很大区别的,当然也要具体考虑应用场合和成本,结合各种因素选择性价比最优的方案。图 7-4 是英飞凌公司给出的几种材料结构和散热方式的比较。

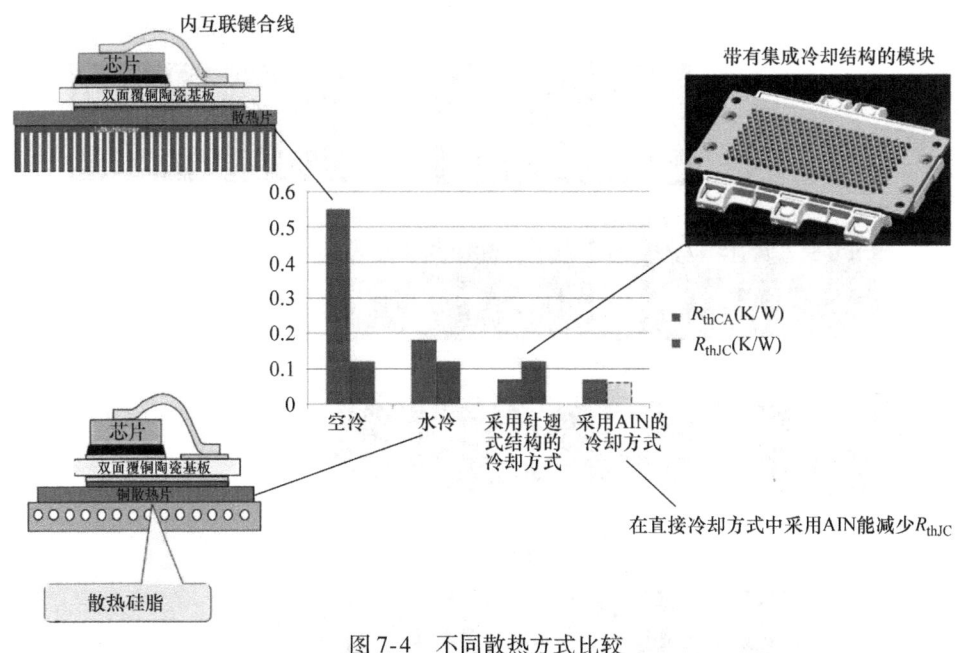

图 7-4 不同散热方式比较

7.2 典型的功率模块封装工艺

目前市场上功率模块主要有三种形式,一是智能功率模块(IPM),其工艺特点是采用塑封、多芯片,包括 IGBT、FRD 及高低压 IC,甚至还有被动元器件合封

在一个封装里,这种封装模式以功率分立器件的封装设计思路为基础,采用引线框架及 DBC、焊料装片、金铝线混打、塑封的方式,目标市场是白电应用和消费电子,以及部分功率不大的工业场所;二是采用灌胶盒封的功率模块,一般采用 DBC,粗铝线、粗铜线键合或铜片钎接,焊料装片或银烧结工艺,端子采用焊接压接方式,灌入导热绝缘混合胶保护,塑料盒外壳,适用于大功率工业品和汽车应用场景;三是结合了前两种的优势,采用 DBC、铜柱、焊料装片或银烧结工艺,打线或铜片钎接内互联、塑封形成双面散热通道。此外,SiC 模块的结构和工艺可以是前两种,为了充分发挥 SiC 材料的耐高温优势,其封装技术主要发展趋势是采用银烧结代替焊料,采用铜(铜线、铜片)做内互联代替粗铝线内互联。

图 7-5 是典型的 IPM 封装路线(分为纯框架银胶装片类、纯框架软钎焊和银胶混合装片类,以及焊料装片 DBC 类三种)。

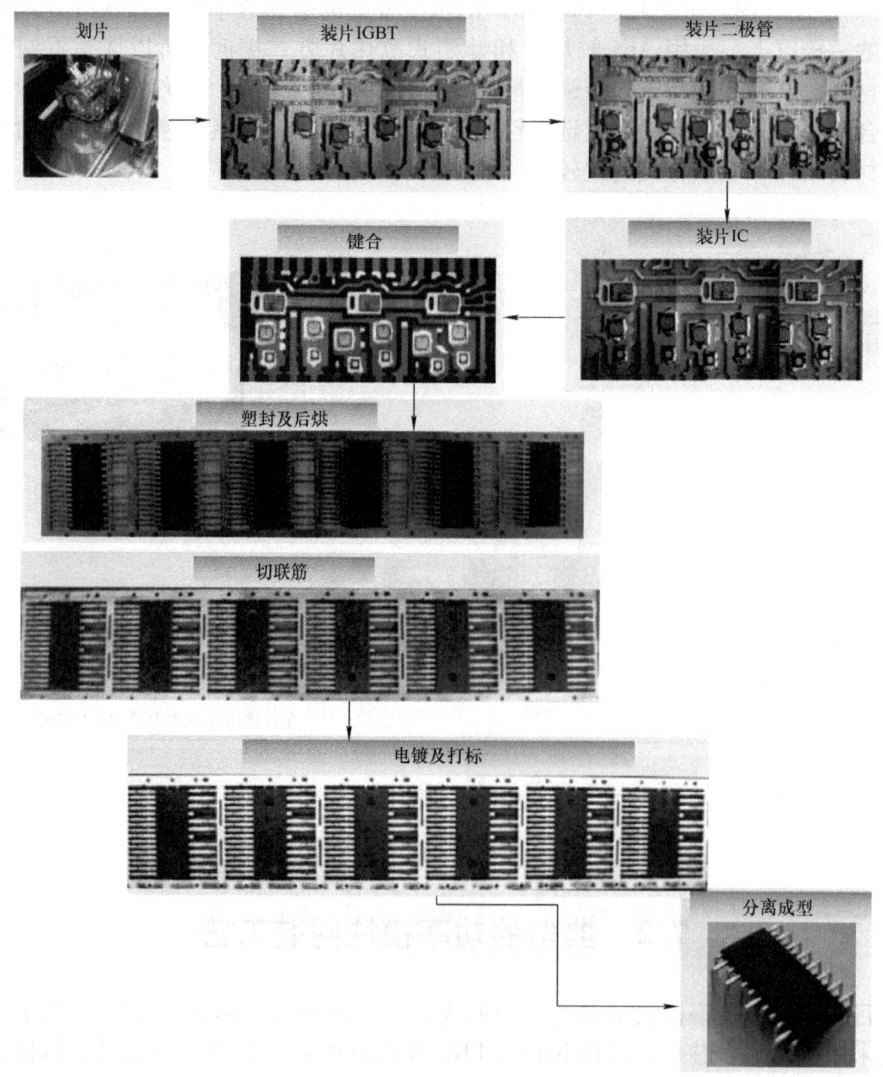

图 7-5　IPM 封装线路图

纯框架银胶装片类工艺做出的 IPM 主要用于小功率的家电电源，水泵调速变频控制等场合，基于传统的 IC 封装方式，采用铜线内互联和全塑封，是成熟的封装技术的延伸。

纯框架软钎焊和银胶混合装片类 IPM 封装线路（以仙童半导体 SPM 生产流程为例）如图 7-6 所示。

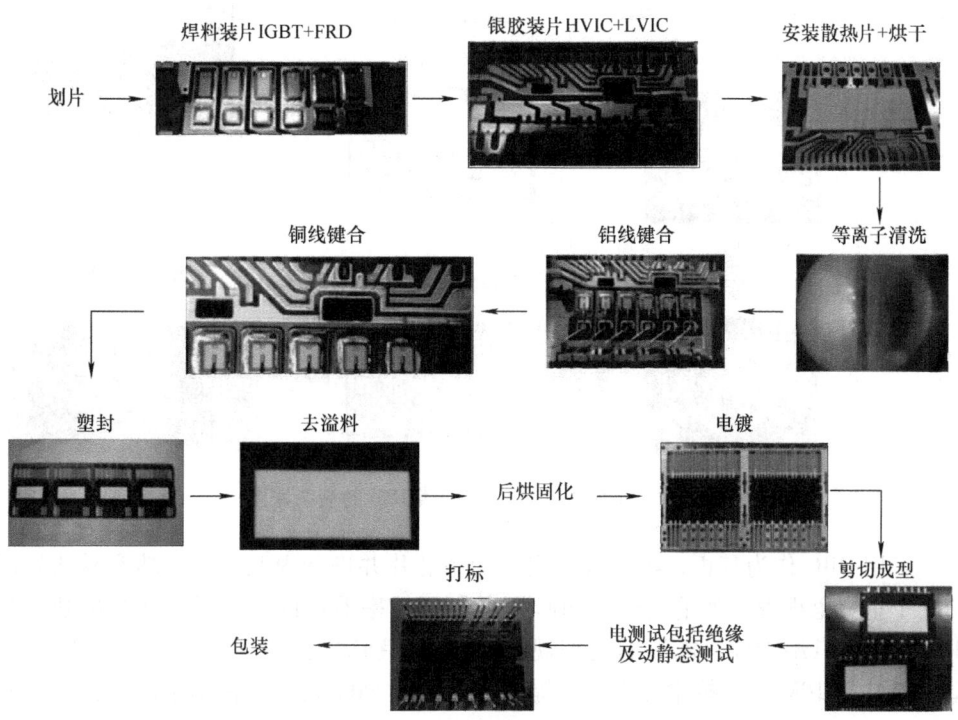

图 7-6 采用纯框架软钎焊和银胶混合装片类 IPM 封装线路图

采用这种方式封装的模块的特点是有散热片，一般是陶瓷，功率芯片采用粗铝线，芯片控制部分采用金铜线内互联，功率较大，可用于白电变频调控的大多数场合，其工艺特点是贴片分控制芯片和功率芯片，分别采用传统的点银胶和软钎焊的方式装片，一般先做功率芯片，因为软钎焊热机的温度较高，达到 350℃，银胶烘干只有 100℃ 左右，还有比较特殊的一道散热片（一般是陶瓷片）的安装工艺，该工艺采用硅胶黏结陶瓷片后烘干，这道工艺的难点是点胶涂布的均匀性，加热和加压的控制，以保证可靠连接（贴紧才能体现散热的作用），同时要控制气泡并保证一定的厚度，厚度过高会在塑封时压裂陶瓷片，太薄会造成塑封料溢料覆盖，影响散热效率。因此一般在塑封完成后需要安排一道激光去溢料的工序。此外，绑线的夹具设计也比较特殊，需要先做铝线，因为粗铝线的刚度较好，在后续物料传动过程中可以有效抗倒伏。金铜线的压板设计也比较特殊，需要避开已经绑线完成的铝线区域，因此需要抬高打线区域，这也是在框架设计的时候需要考虑的因素。

焊料装片 DBC 类 IPM 封装线路如图 7-7 所示。

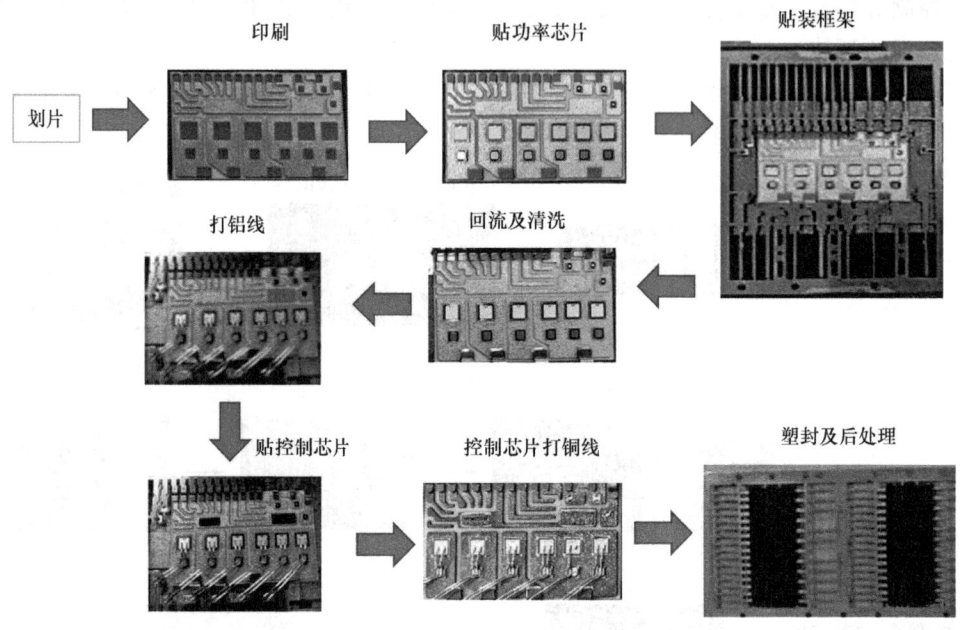

图 7-7 采用焊料装片 DBC 类 IPM 封装线路图

采用 DBC 作为基板，再在其上安装功率芯片并进行内互联，是功率模块发展的一个重要里程碑，如前所述，DBC 既兼顾了功率器件内互联以及导热散热的需求，又因为其绝缘性，能够满足安规的要求，特别适用于大功率的场合。DBC 类型的 IPM 是 IPM 封装技术的进一步提升，采用了 SMT 技术，把功率芯片被动元器件（电容、电阻）有效地集成并封装在一块基板上，同时，采用粗铝线内互联，以及设计抬高的框架连接，安装控制芯片，提高了芯片集成度，并能智能化地分配功率，美国仙童公司开发的此类功率模块将其称为 SPM（Smart Power Module, SPM），和前面的 IPM 工艺相比，其工艺复杂性有所降低，更借鉴了传统 EMS 行业的组装技术，比如印刷、贴片、回流、清洗等电路板安装技术。笔者曾在仙童半导体主导开发了这一项技术，主要是在设计回流焊夹具的时候，考虑框架和 DBC 以及回流焊夹具的热吸收和膨胀的差异，引起的封装材料移动，以及尺寸上的波动，所以需要通过考虑锁定，但过于锁紧，又会造成材料膨胀时的热应力无处释放，从而产生框架变形翘曲，这点和现在流行的先进封装里的基板类似。所以需要通过计算和实验来确定夹具的最优化设计，从而保证生产良率。DBC 类型的 IPM 的后道工序和前述 IPM 没有多少差别。因为采用塑封，所以尺寸的波动对塑封模具而言比较致命，控制尺寸波动，尤其是框架厚度方面的变化尤为关键。

灌胶盒封大功率模块封装线路如图 7-8 所示。

图 7-8 是典型的灌胶盒封大功率模块工艺过程，其中，内互联键合工艺视不同

情况需要而添加，若采用了铜片（也有叫铜夹）材料连接技术做内互联的话就无须内互联键合工艺，但如果因为芯片上的栅极非常小，需要做细铝线键合，或者干脆就不用铜片工艺，源极区域也采用粗铝线键合，内互联键合是一道关键工艺，当然，其封装内阻和导热性能远没有采用铜片工艺来得好。在大功率应用的情况下应该尽量避免内互联键合，但因为铜片制造的定制化特性（需要根据不同的芯片尺寸和焊盘尺寸，以及布局来定制），其生产灵活性不够，同时做铜片也对芯片表面纯铝的情况不适用，需要额外的电镀镍钯金来改善芯片表面的可焊性（采用焊膏回流焊连接铜片和芯片）。因此，在内阻影响不突出，散热性影响不大的情况下，常常还是采用铝线绑定工艺。因为铜的电阻小、导热快的特性，又开发出粗铜线键合绑定技术。后面会详述这种工艺。

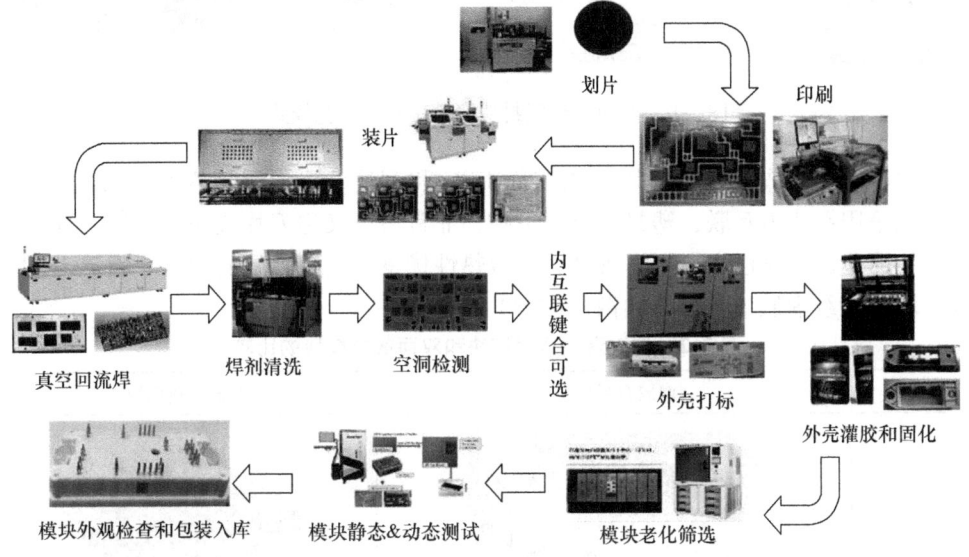

图 7-8 灌胶盒封大功率模块封装线路图

也有一些公司为了提高可靠性，主要是功率循环方面，采用了盒装塑封的工艺，该工艺的主要难点是功能端子的安装，因为端子一般比较长，传统的安装方式是采用机械式压接的方式，通俗来讲就是把功能端子（PIN）一根根插入定制的DBC焊接的端子基座里，而采用塑封替代灌胶后带来的工艺性问题主要是要控制端子的尺寸波动而带来的后续测试端子接触，同时塑封的压力对于盒子的选材和盖子的密封性都带来了工艺性问题，要得到比较成熟可靠的良率必须花大功夫研究各个工序带来的尺寸波动，通过优选材质（塑封料、盒子、盒盖等）保证产量和良率。塑封虽然比灌胶可靠性更好，但工艺要求确实更高。因此，在此基础上开发出双面散热塑封功率模块，不一样的电路拓扑，半桥一个模块，三个模块起到全桥三相调控的作用。

双面散热塑封功率模块封装工艺线路如图 7-9 所示。

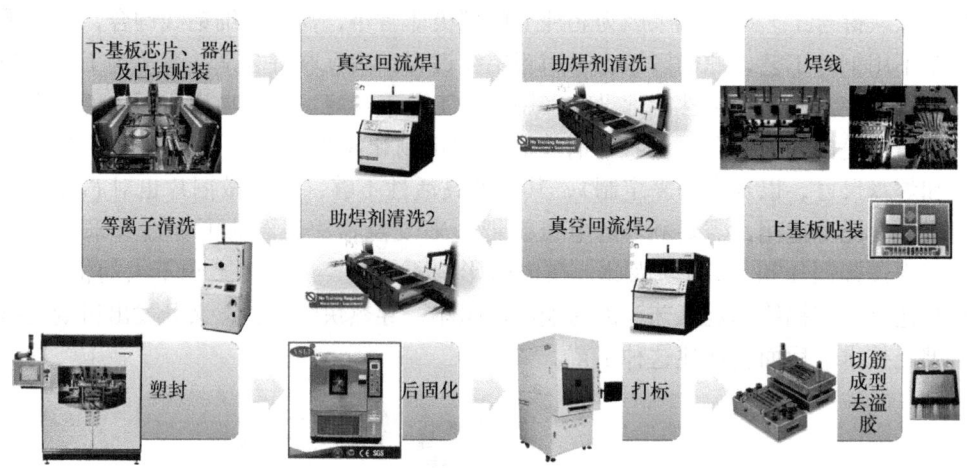

图 7-9　双面散热塑封功率模块封装工艺线路图

这种工艺制作出来的模块采用双面 DBC 和铜柱，可以采用内互联绑线键合，也可以采用铜片内互联，塑封后厚度可控，非常薄，又称刀片式功率模块。具有电路拓扑简单，可靠性高，功率密度大，散热性优良，安装方便的优点。表 7-2 是两种模块（传统灌胶盒封和双面散热类型）的比较。

表 7-2　传统灌胶盒封模块和双面散热模块的比较

	灌胶盒封模块	双面散热模块
外形 （示意图）		
电路图		

(续)

	灌胶盒封模块	双面散热模块
封装结构	3个半桥在一个模块里	3个独立半桥分三个模块组合
工艺特点	1）传统绑线和盒装方式 2）压接方式	1）铜片方式或绑线和塑封 2）焊接方式
内部结构		
关键技术	AlWB + DBC + 盒装灌胶植PIN	铜片 + DBC + 塑封（厚度可调节）
散热性	单面散热	双面散热，效率相比提高60%
体积重量	相对大	相对减少20%（三个叠装）
安装	机械螺钉固定，尺寸固定，无法扩充	插槽式，可根据实际开发，可扩充，增减方便

从表7-2中对比结果可以知道，双面散热模块的体积更小，哪怕是三合一也比传统灌胶盒装模块更紧凑，因此功率密度更大，因为是双面散热，其散热效率也比传统灌胶盒装模块更好，相对灌胶而言塑封的封装保护更好，更耐机械冲击，并能有效提高可靠性，提升功率循环寿命。

7.3 模块封装的关键工艺

区别于分立器件模块的制造有一些特别的关键工艺技术，如银烧结、粗铜线键合、植PIN等。以下分别就这些关键技术做些介绍。

7.3.1 银烧结

在前面的章节里已经介绍过银烧结的一般原理，银烧结对比传统的焊料结合，其机械强度、致密度显著提高，并且因为是固相连接，形成原子间相互扩散的致密连接层，因此其导电、导热的效率和性能都比焊料有着明显的提高。所以银烧结通常用于因为大电流、高电压带来的大功率应用场所，因为功率大，所以散热和可靠性问题尤为关键，银烧结可以在温度和应力循环过程中保持固相连接层的强度，其可靠性表现可以达到15万次以上的功率循环而不产生裂纹，甚至芯片本身都不一定能达到如此高的疲劳加载循环寿命。这种大功率情况下的优秀可靠性表现，使其成为大功率模块的制造装片首选，尤其是采用碳化硅等第三代宽禁带半导体材料的应用场合。我们知道，碳化硅等第三代宽禁带半导体材料比传统的硅基材料的结温高，达到200℃以上。一般硅基材料在175℃以上就会出现失效。耐受温度的提升大大提高了器件的工作温度范围和可靠性，因此碳化硅等多用于大功率模块场合，因为成本问题，目前在汽车上的应用趋势非常明显。所以银烧结用于碳化硅等场合是功率模块的发展趋势，未来可以成为标准配置。图7-10为银烧结与焊接原理的比较。

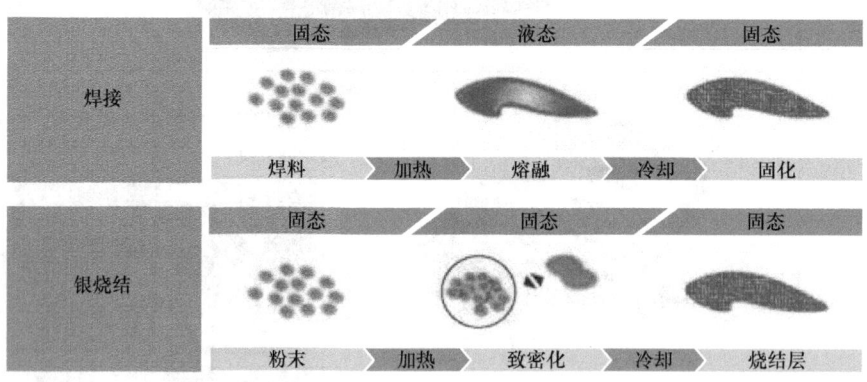

图7-10 银烧结和焊接原理比较示意图

含银焊料和烧结银相比具有显著的优势：耐高温，导热好，可靠性高，厚度可控。具体特性比较见表7-3。

表7-3 含银焊料与烧结银比较表

特性	焊料（SNAg3.5）	烧结银	单位
熔点	221	961	℃
热传导率	20	240	W/(m·K)
导电率	8	41	MS/m
工艺厚度	最大90	最大20	μm
热膨胀系数（CTE）	28	19	1/K
机械强度	30	55	MPa
工艺温度	260~300	200左右	℃

银烧结用到的银有纳米银和直径 0.1μm 左右的非纳米银,其应用场景有所不同。银烧结的烧结工艺分有压和无压两种,无压烧结的情况下,其热传导率大约在 100W/(m·K),差不多是有压烧结的一半,但对比银胶 1~5W/(m·K) 和焊料的 35~65W/(m·K) 还是有显著性的提高。有压烧结的可靠性最好,但工艺设备要求也比较复杂,其工艺过程如图 7-11 所示。

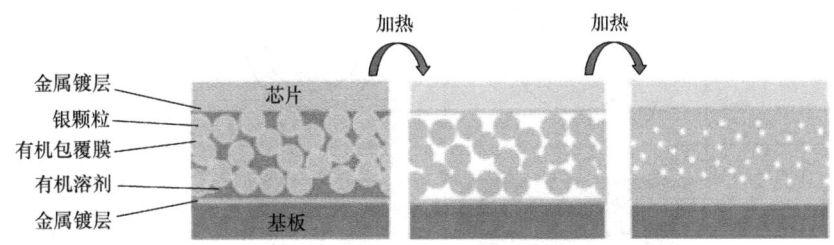

图 7-11 银烧结工艺过程示意图

7.3.2 粗铜线键合

内互联实现电特性与外部的连接是封装的主要目的,传统的内互联方式主要是绑线(Wire Bonding),对于功率模块来说,传统的打线方式是铝线超声波压焊,采用多根粗铝线(10mil 以上)把芯片的源极和外部定义的引脚端子焊盘连接起来,起到通电和导热的作用。这种方法工艺成熟,比较灵活,可以适用于模块内芯片不同布局而带来的互联要求变化,相对于上节所讲的铜片工艺,其虽然导电率和导热性略差,但无须芯片特殊处理,并且没有芯片上栅极焊盘尺寸的限制,可以根据焊盘大小选择不同的线径完成互联。随着功率模块向追求大功率、高功率密度的方向发展,尤其是当采用碳化硅等高结温第三代功率半导体器件,对于内互联电阻、电感这些寄生参数敏感度,对散热性方面的要求越来越高,需要找到一种既可以提升性能,又可以满足生产灵活性的工艺方法,因此,有人研究了采用铝包铜线,以及粗铜线替代粗铝线做超声波冷压焊的方法。不同焊线方法特性方面的研究如图 7-12 和图 7-13 所示。

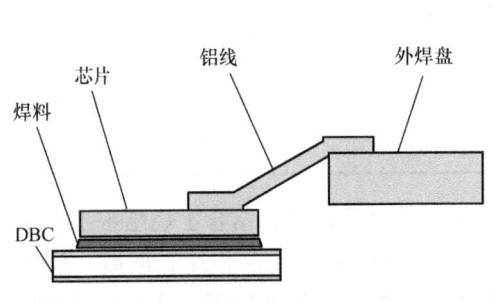

图 7-12 粗铝线和铝包铜线内互联示意图

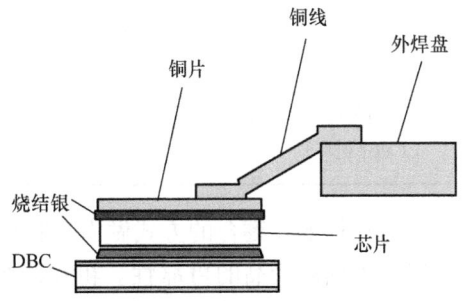

图 7-13 粗铜线内互联示意图

表7-4为三种内互联键合（绑线）工艺比较表。

表7-4 三种内互联键合（绑线）工艺比较表

线材	粗铝线	铝包铜线	粗铜线
横截面形状	○	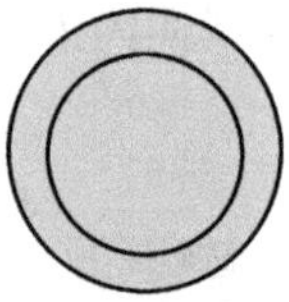 ◎	○
键合实物照片（来源于贺利氏）			
	低	中	高
熔断电流			
工艺特性	灵活，成熟	基本同粗铝线	需要在芯片表面做铜层，其他同粗铝线
可靠性（功率循环）	一般在3万~5万次	同粗铝线水平	结合银烧结后可达15万次以上

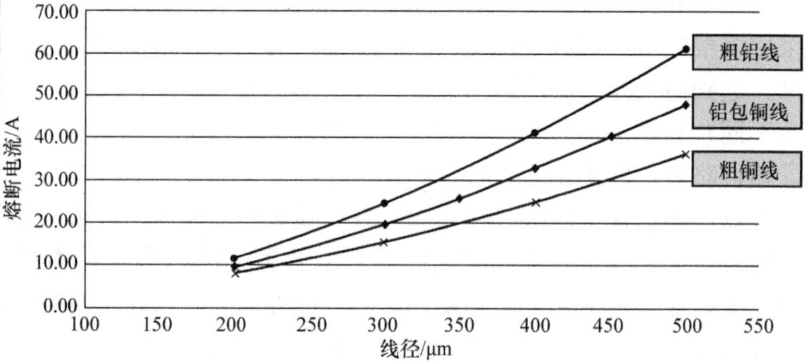

（数据：来源于贺利氏）

可见粗铜线键合的方式做内互联具有性能上的显著优势，结合了烧结银工艺后可以显著提高产品的可靠性。粗铜线焊接的主要障碍是需要在芯片表面做一层薄铜，以保护芯片不被打裂或者受到其他机械损伤。超声压焊的原理是通过压紧焊材和母材做高频振动摩擦以产生塑性变形，进而形成互联接头。这个过程中，因为芯片表面一般是铝，如果直接用铜线接触铝表面，因为铜比铝硬，继而在加压的状况下，铜容易刺穿铝层，加上机械振动的因素，容易伤及芯片的电路层，并且异种金属之间的焊接可靠性不如同种金属之间可靠，所以有必要先在芯片表面做成铜薄层，一般在 50μm 左右，做这层铜有两种常见的方法，英飞凌公司的专利是用电镀的方法直接在代工厂解决。德国贺利氏公司开发了另一种方法，即通过烧结银的方法把薄铜片烧结在芯片表面。这两种方法都可以得到高质量的铜薄层。图 7-14 是贺利氏公司的 DTS（Die Top System）技术结构。

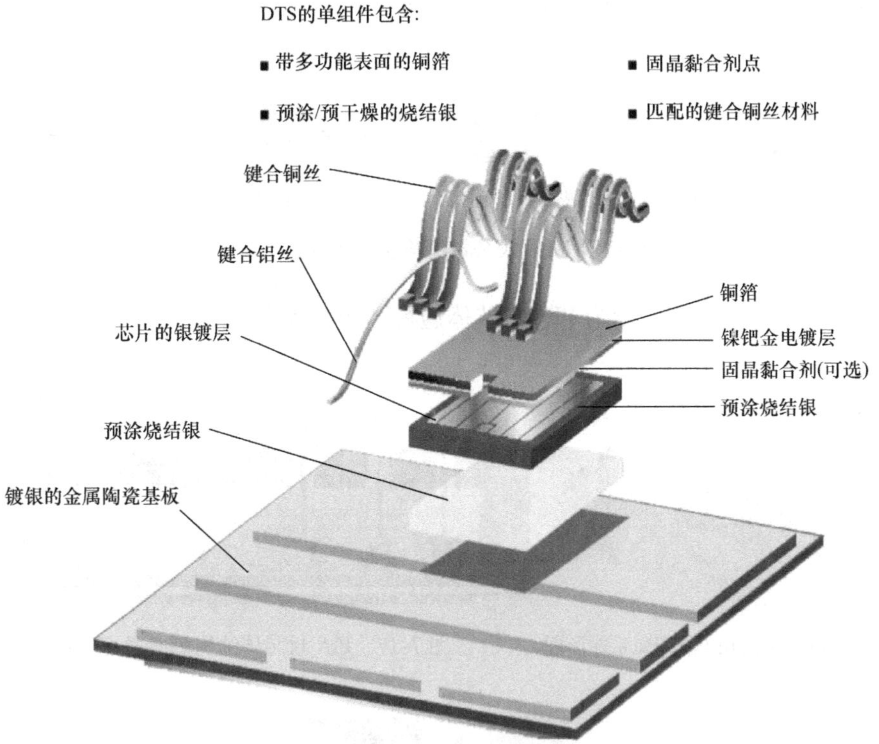

图 7-14 贺利氏公司 DTS 技术结构示意图

为了打粗铜线先要做一层铜箔层，图 7-15 是贺利氏公司铜箔层制作工艺流程。

该工艺的特点是先把铜片做成类似晶圆的方式贴在膜上，在铜片背面布覆烧结银材料，再通过类似装片中处理芯片的方式拾取铜片并瞄准将其贴装到芯片表面，施加一定温度，在一定时间内完成烧结的工艺。

7.3.3 植 PIN

模块因为其电路拓扑的不同，一些功能性的引脚端子一般不能和传统框架类封装的引脚分布一样分为单边、双边或者四周型的布局，其脚位分布有点类似引脚网格阵列（Pin Grid Array，PGA），但也不规则，该脚位的设计需要考虑电路拓扑，也需要遵循工艺规律和条件。图 7-16 所示是英飞凌公司的 Easy Pack 外形图。

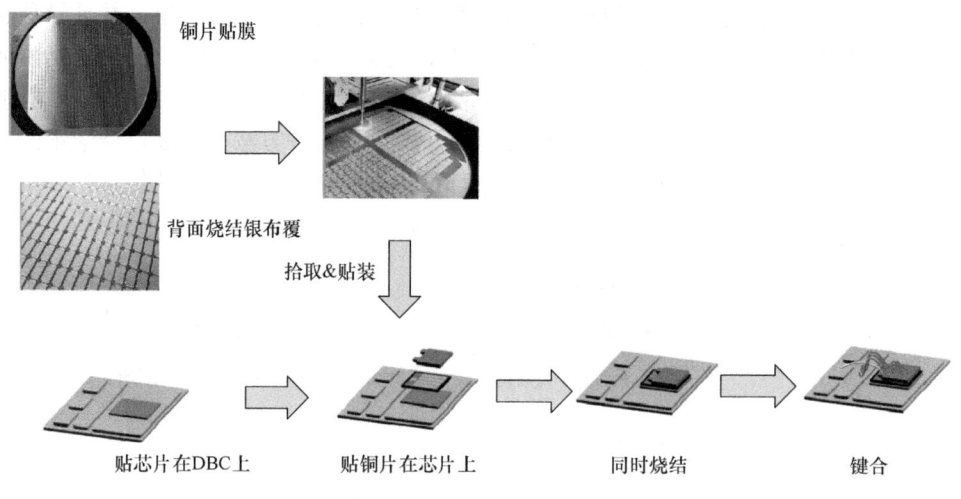

图 7-15　贺利氏公司铜箔层制作工艺流程图

图 7-17、图 7-18 所示为 PIN 封装体透视结构图和实物图。

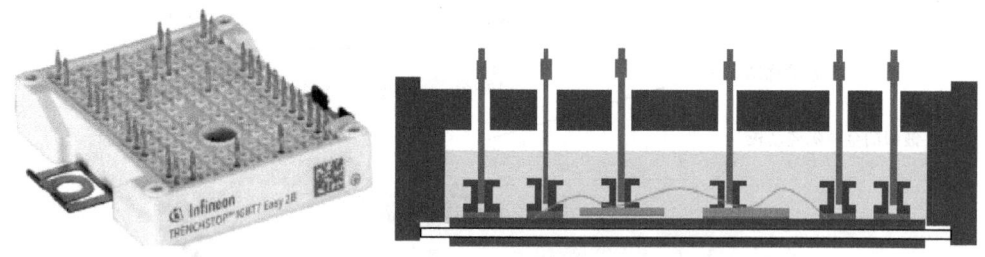

图 7-16　英飞凌公司 Easy Pack 外形图　　　图 7-17　PIN 封装体结构侧面透视示意图

  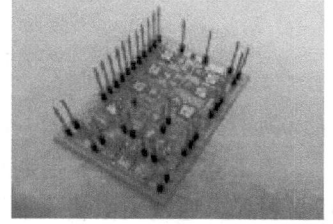

图 7-18　PIN 封装体针座结构实物图

这是目前比较成熟的 PIN 安装结构，由图 7-17 可见，通常先通过 SMT 技术，利用印刷贴装回流的工艺，使得针座和设计在基板上对应的焊盘做好内互联，并保持一定的机械精度和刚度，再通过机械压入的方式把对应的 PIN 插入针座中，因为是过盈配合，因此 PIN 可以紧密固定在针座中，并保持垂直方向。盖上盖子后，相应的针脚外露,使用时和外部电路板上的对应孔安装固定后形成电路通道。此外,也有不采用针座机械压接的方式,而把针直接通过印刷贴装回流焊的方式安装在基板上的工艺,这种方法需要设计精密的焊接定位工具,以保证 PIN 在做回流焊时被固定住,并且回流曲线和条件要考虑焊接夹具的吸热和对热流分布的影响造成的温度场的差异,所以回流的时候,其工艺条件设计比较复杂,同时夹具的设计包括选材也比较关键。

无论采用哪种方式,PIN 或针座焊接完成并且做好内互联后,都需要进行通断测试,以保证电性能的功能可靠。完成后,需要把基板(包括内互联器件)装盒灌胶,施以覆盖保护,盖子做密封处理。灌胶时采用抽真空的方法,以保证胶体内部没有气泡,起到良好的导热作用。也有采用塑封的方式,这种方式的优点是塑封料的选择面广,可以采用高导热性填料来进一步提升导热效果,同时塑封体的致密度比胶体高,可以更好地对电路进行保护。同时可靠性方面,单就功率循环来说,塑封一般比胶体的可靠性寿命提高 20%~30%。但也因为塑封后的模块本身比较硬,PIN 的位置就相对固定,没有可以稍微摆动的空间,因此对针的位置精度要求非常高,否则会带来后续成品测试时对准接触不良,影响产品测试良率。而采用胶体的情况,在测试时,测试的金手指则对针具有自我对准校正的功能。塑封方式对材料和工艺波动的控制要求更高,所以工艺上选择塑封时一定要谨慎。

7.3.4 端子焊接

外接端子的焊接质量也对模块的使用和寿命有重要影响,图 7-19 为比亚迪 SiC 三相全桥功率模块的端子焊接结构实物图。

因为是需要通过大功率、高电压、大电流,所以焊接质量非常重要,传统的焊料钎接连接外端子显然有弊端,在大量发热的情况下,焊料界面的热量会积聚,当温度高到接近或超过焊料熔点的时候,焊料层会软化进而导致脱落的问题,影响功能和使用寿命,因此广泛采用超声波压力焊,不同于超声波键合,其能量和焊材有所不同,一般端子材料都是铜,

图 7-19 端子焊接结构实物图

DBC 表面也是铜,没有了脆弱的芯片限制,可以采用硬规范,比如加大振幅能量和压力,使得同种金属之间的摩擦加剧,相互间的塑性流动更充分,在压力作用下形成可靠的焊点。

7.4 功率模块的可靠性验证

由于大功率模块的电流较大，而电气负载引起的热应力通常会导致金属线或芯片失效，所以对功率模块来说，除了基本的电性能测试（分为静态性能测试和动态性能测试）和机械性能测试外，针对大功率模块的可靠性验证也必不可少，这是确保其在各种应用中稳定运行的关键。以下是一些常见的测试验证方法：高温反偏测试验证，高温门极反偏测试验证，功率循环测试验证，热冲击测试验证，双脉冲测试验证，温度循环测试验证。

这些测试验证方法有助于评估大功率模块在设计、材料选择、封装工艺等方面的可靠性。通过这些测试，可以预测功率模块的使用寿命和故障率，从而提高产品的整体质量和市场竞争力，下面会分别对这些测试验证方法进行介绍。

7.4.1 高温反偏测试验证

高温反偏（High Temperature Reverse Bias，HTRB）测试是指在高温下对器件施加反向偏压，通过高温下的漏电流增加模拟实际工作条件下的极端情况，随着时间的推移，来判断器件是否失效，从而评估其在实际应用中的可靠性和稳定性[1]。高温反偏测试可以测试包括但不仅限于 MOSFET、IGBT、DIODE、BJT、SCR、GaN 等器件。

测试温度需要根据实际测试器件的材料以及测试标准来确定，例如肖特基芯片的环境温度一般会使用100℃，而玻璃钝化芯片的环境温度会使用150℃，具体可以根据功率模块的性能要求来设计。目前主流的测试标准分别由国家标准、JEDEC、IEC、AEC，以及用户自定义标准。

HTRB 的电压是反向施加的电压，其电压是由其器件的额定耐压来确定的，一般来说按照其耐压的 80% 作为反向电压给到器件，同时配合高温，监测漏电流的情况，从而判断其器件的可靠性是否稳定。测试时长一般来说以 168h、500h、1000h 的居多[2-5]，但是实际上会根据被测模块的需求来制定，例如，对可靠性要求较高的场景，如车规、军工类领域，其对测试环境和测试时长的要求会更高。

高温高湿反偏（High Temperature High Humidity Reverse Bias，HTHH-RB）测试的失效模式包括参数漂移、高漏电流或功能失效等。参数漂移是指器件的电性能参数随时间的推移而发生变化，如电阻值、电容值等；高漏电流是指器件的漏电流随时间的推移而逐渐增大，可能会导致器件的热失效；功能失效是指器件无法正常工作，如开关失效、信号失真等。

需要注意的是，热板式高温反偏测试是一种破坏性测试，可能会对设备造成一定的损伤，因此，在进行此类测试时，需要谨慎选择测试条件和参数，并遵循相关的测试标准和规范，以确保测试结果的准确性和可靠性。

7.4.2 高温门极反偏测试验证

高温门极反偏（High Temperature Gate Bias，HTGB）测试是功率模块可靠性测试中的一项重要测试，其主要目的是验证栅极漏电流的稳定性，考验对象是 IGBT 栅极氧化层。该测试通过在高温条件下对功率模块施加门极反偏电压，来模拟器件在实际应用中可能遇到的极端条件，从而评估器件的长期可靠性。

高温门极反偏测试的原理基于半导体器件的物理特性，在高温条件下，半导体材料的载流子浓度增加，导致漏电流增大。同时，高温也可能导致栅极氧化层的退化，从而影响器件的长期稳定性。通过模拟这些极端条件，HTGB 测试能够加速暴露器件的潜在缺陷，如氧化层的可移动离子或温度驱动的杂质，这些缺陷在正常工作条件下可能不易被发现。

在测试过程中，功率模块被置于高温环境中，通常温度会达到器件的最大结温 $[T_j(\max)]$，并在此温度下对门极施加 ±20V 的反偏电压。目前使用的测试标准有国家标准、JEDEC、AEC、IEC，以及用户自定义标准，测试时间一般为 1000h，测试温度一般为 150℃。期间需要持续监测门极的漏电流和门极开通电压[6-7]。如果这两项参数在测试过程中超出指定规格，或者表现出不稳定的趋势，则模块将不能通过此项测试。

以 IEC 60747-9：2019[3] 测试标准为例，其测试在温度 150℃，1000h 测试时长的条件下进行，对栅极施加 20V 的电压，对 IGBT 芯片进行失效性实验，最终通过设备所反馈的门极漏电流和门极开通电压的情况，判断芯片是否可靠，如果门极漏电流和门极开通电压的测试数据均不合格（即门极漏电流大于上限值，门极开通电压高于上限值或者低于下限值），则判定芯片失效。

7.4.3 功率循环测试验证

功率循环测试（Power Cycling Test，PCT）是指让芯片在间歇性通电的过程中产生热量，从而使芯片温度发生波动的过程。功率循环对 IGBT 模块的损伤主要源于铜绑线和芯片表面铝层的热膨胀系数不同，以及芯片热膨胀系数与 DBC（Direct Bonded Copper）板不同，会在功率循环过程中引发一系列问题。这些损伤主要表现为绑线脱落、断裂以及芯片焊层分离[8]。因此，封装材料 CTE 不匹配被认为是限制器件寿命的根本原因，结温波动 ΔT_{vj} 和最大结温 $T_{vj,\max}$ 是激励源，而测试过程中的其他因素也会直接影响结温的变化和最终的测试结果。

功率循环的基本电路原理图如图 7-20 所示，负载电流通过外部开关的控制给被测器件施加一定占空比 $[t_{on}/(t_{on}+t_{off})]$ 的电流 I_{Load}，使器件加热达到指定最大结温 $T_{vj,\max}$。在这一过程中，为了确保器件热量及时散失并降低结温，通常会将被测器件安装在可恒定温度的水冷板或者水道工装上。

当负载电流被切断后，器件的结温会降低至最小结温 $T_{vj,\min}$，如此循环往复，从而实现对器件封装可靠性的全面考核，得到的温度变化曲线如图 7-21 所示。因此，在一个完整的循环周期（$t_{on} + t_{off}$）内，被测器件的加热时间或者电流开通时间被定义为 t_{on}，而电流关断时间或降温时间则为 t_{off}。而测量电流 I_{Sense} 则是一直加载在被测器件的两端，这个测量电流通常选择为器件额定电流的 1/1000，以便于实现器件结温的电学参数间接测量。

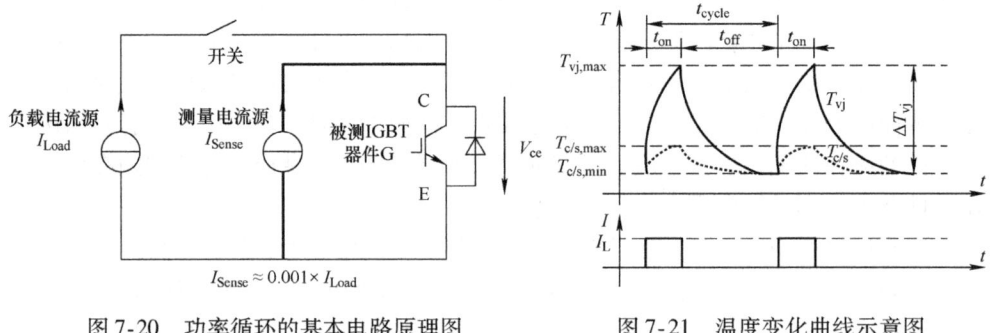

图 7-20　功率循环的基本电路原理图　　　　图 7-21　温度变化曲线示意图

标准中规定当负载电流开通时间 t_{on} 小于 5s 时（称为秒级功率循环）主要考核的是芯片周围的连接处，而当 t_{on} 大于 15s 时（称为分钟级功率循环）考核的重点则是远离芯片的连接处。

在功率循环测试中，可以同时监测结温变化 ΔT_j、结壳热阻 R_{thJC}、最大结温 T_{jmax} 和最小结温 T_{jmin} 等参数的变化趋势。根据车规 AQG 324 标准的要求，如果在测试过程中 R_{thJC} 的变化率超过 20% 或者饱和压降 V_{ce} 的变化率超过 5%，那么被测器件将被判定为失效。其中，V_{ce} 的变化通常反映了键合线的失效情况，而 R_{thJC} 的变化则主要反映了芯片与底板之间粘结层的失效情况。

7.4.4　热冲击测试验证

热冲击测试（Thermal Shock Test，TST），又称温度冲击测试或高低温冲击测试，是一种用于评估材料、元器件或产品在冷热交替条件下的可靠性和耐受性的测试方法。它模拟了物体在急剧温度变化的环境下可能遇到的情况，这种极端条件能够迅速揭示产品材料内部的应力变化、热裂倾向，以及电子元器件的热应力失效等问题，以验证其在温度应力下的稳定性和性能。

热冲击测试中产生的化学变化或物理伤害是热胀冷缩改变或其他物理性质的改变而引起的。热冲击测试的效果包括成品裂开或破层及位移等所引起的电化学变化。例如，有一些金属材料如体心立方晶格的中低强度钢，当其服役温度降低时，起塑性、韧性便急剧降低，使材料脆化。

首先确定测试的高温和低温范围，这取决于待测试材料或产品的特性以及所需的应用环境。将待测试样品放置在高温环境中，使其达到设定的高温值，保持一段时间以确保温度稳定。然后迅速将样品转移到低温环境中,使其达到设定的低温值,同样保持一段时间。重复高温和低温之间的转换,通常使用固定的循环次数来模拟实际应用条件下可能遇到的温度变化情况。在每个循环后或一定循环次数后,对样品进行检查和评估。可以观察样品外观、尺寸、结构的变化,并测试其电性能、机械性能等参数。

测试通常采用两箱或三箱式冷热冲击试验箱,两箱式冷热冲击试验箱如图7-22所示,两箱式冷热冲击试验箱主要采用上下吊索(或螺纹轴承)移动的方式,在高温区和低温区来回移动,形成冷热冲击的效果,其内部结构如图7-23所示;三箱式分为高温区、低温区和测试区,试验时将待测试样品放置于测试区,通过高温区和低温区的温度气流来对测试区的待测试样品进行交替冲击,形成冷热冲击效果,其内部结构如图7-24所示。

图 7-22 两箱式冷热冲击试验箱

图 7-23 两箱式冷热冲击试验箱内部结构

热冲击测试的温度变化是在5min内完成低温到高温,再从高温到低温冲击的转换,是在瞬间转换温度,转换速率非常快,所以测试设备通常叫作温度冲击试验箱,也有标准要求在产品表面测量,温度恢复时间要求在15min以内。根据不同的测试标准和应用需求,热冲击测试的时间和温度要求可能有所不同。通常,测试时间会根据产品的实际使用环境进行调整。为了避免样品在测试结束后产生凝露现象,可以设置适当的恢复时间,以确保测试结果的准确性。

通过热冲击测试,测试人员可以评估材料、元器件或产品在温度变化时的可靠性和耐受性,得到的测试数据可以在研发阶段提示研发人员设计中存在的不足并使其得到修正,防止问题带入量产阶段。同时,通过测试可以找到合适材料和工艺的组合,确保产品的长期稳定

图 7-24 三箱式冷热冲击试验箱内部结构

性和耐用性。它可以验证产品材料的耐热性能、物理结构的稳定性及其在极端环境中的表现,检测到可能导致故障、破损、结构松动、焊点断裂等问题的潜在风险,并为产品设计和制造的改进提供指导。

7.4.5 双脉冲测试验证

双脉冲测试（Double Pulse Test，DPT）通过施加两个连续的电压或电流脉冲到被测模块，得到其响应并进行分析。其中，第一个脉冲信号被称为"刺激脉冲"，第二个脉冲信号被称为"观测脉冲"，第一个脉冲相对较宽，以获得一定的电流。同时第一个脉冲的下降沿作为关断过程的观测时刻，而第二个脉冲的上升沿则作为开通过程的观测时刻，如图7-25所示。

双脉冲测试是测量功率设备的开关参数并评估其动态行为的首选测试方法，进行双脉冲测试是为了保证如 MOSFET 和 IGBT 这类功率器件的规格，确认功率器件或功率模块的实际值或偏差，并在各种负载条件下测量这些切换参数，并验证器件的性能[9]。

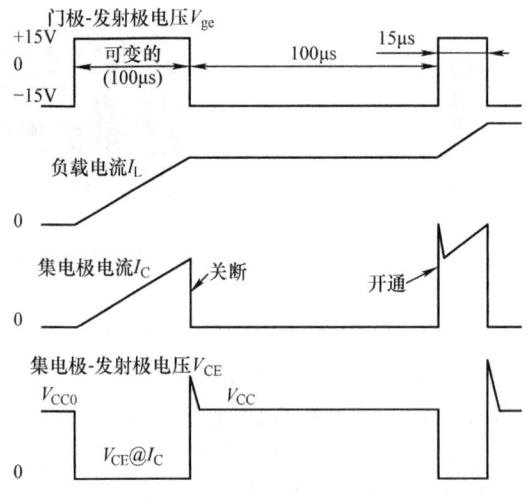

图 7-25 测试波形图

双脉冲测试的测试电路有半桥结构和全桥结构，考虑到可能的电场干扰，最佳的双脉冲平台是全桥结构的，如图7-26所示。3管的门极施加15V常开信号，4管则是处于常关状态，2管作为被测器件给予双脉冲信号。1管主要用于续流，所以门极可以是常关信号，或者在使用 MOS 管时门极施加同步整流信号。第1个脉冲来临时，电流经过3管和负载电感进入2管。为了得到一个期望的电流值，此脉冲需持续一定时长，时长可通过 $T=IL/V$ 来获得，式中，L 是负载电感值；I 是期望电流值；V 是母线电压。当然实际中可以直接用示波器观察电流值来调整脉宽。

第一个脉冲结束时，2管关断，表现出器件的关断波形。此后，电流在3管、负载和1管中续流。当第2个脉冲到来时，2管开通，1管上的电流重新流入2管，这时可测量1管的反向恢复特性及2管的开通特性[10]。其中电流的获取在小功率时可以采用电流检测电阻，而大电流时一般使用磁性电流检测器，比如罗氏线圈或者 Pearson 磁环。

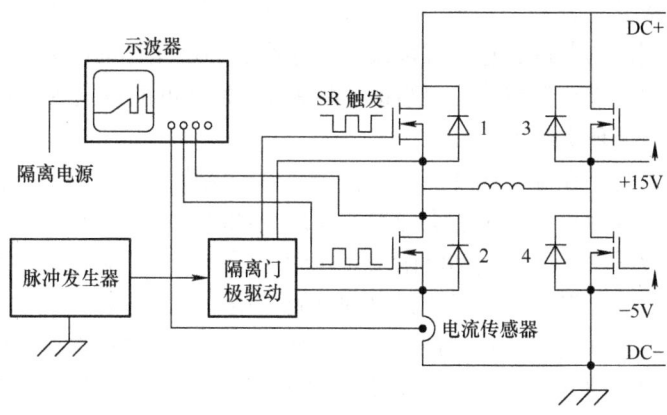

图 7-26 双脉冲测试电路原理图

通过双脉冲测试，可以得到开关管开关过程中的参数，包括开关损耗、各电压电流峰值、斜率变化值在内的动态参数；可以衡量开关管在实际电路中的表现，主要有反向电流、关断电压尖峰、开通关断时间等。根据国标定义，开通损耗的积分时间区间为门极电压上升的 10% 到 V_{CE} 电压下降至 2% 这个区间；而关断损耗的积分时间区间为门极电压下降至 90% 到电流降到 2%。

7.4.6 温度循环测试验证

温度循环测试或高低温循环测试（Temperature Cycling Test，TCT），这种方法通常用于测试产品在不同温度环境下的稳定性和可靠性。测试过程中，产品被暴露于预设的高低温交替环境中，以模拟其在真实使用环境中可能遇到的温度变化。温度循环测试适用于评估由剪切应力所引起的"蠕变-应力释放"疲劳失效机理和可靠性，在焊点的失效分析和评价方面应用广泛。

温度循环测试的主要目的是暴露产品中潜在的材料缺陷和制造质量缺陷，以及评估产品经受温度变化后的弱点。通过这种测试，可以在产品设计开发阶段早期发现产品的弱点，以便进行设计品质或使用材料品质的改进。同时，在产品正常量产交货阶段，温度循环测试也可用于监控交货品质是否有异常。

在测试过程中，被动元器件会经历从低温到高温的循环变化，这种变化可能导致被动元器件出现多种失效模式[11]，常见的失效模式包括但不限于以下几种：
①电气性能退化：被动元器件在经历温度循环后，其电气性能参数（如电阻、电容、电感等）可能发生变化，超出规格要求，导致被动元器件无法正常工作。
②物理结构损坏：温度循环可能导致被动元器件内部材料出现应力集中、疲劳、断裂等现象，从而导致被动元器件的物理结构损坏。③焊接点开裂：在温度循环过程中，焊接点可能因温度变化而产生应力，导致焊接点开裂，影响被动元器件的电气连接和可靠性。④封装材料失效：温度循环可能导致被动元器件封装材料（如塑

料、橡胶等）老化、开裂、变形等，从而影响被动元器件的密封性和可靠性。

温度循环测试的条件，包括温度改变的速率、温度循环的次数等，需要根据个别产品的应用状况进行调整[12]。例如，某些测试条件可能设定为温度改变速率为10℃/min，温度循环次数为15次。

需要注意的是，在温度循环测试过程中，由于温度变化大，试验箱内或产品表面可能会出现结露现象，这可能会影响产品质量和测试结果。在工业上，常用的空气干燥方法有化学法、冻结法和吸附法。化学法干燥空气是利用具有吸水性的化学物质与空气中的水分发生化学反应或物理吸附作用，将水分从空气中去除。在实际试验过程中，由于这些化学吸收剂的化学特性，不适用于高低温试验中。冻结法干燥空气是通过制冷的方法，使空气通过表面温度低于被冷却空气的露点温度，空气在冷却过程中有一部分水析出，从而达到干燥空气的目的。冻结法干燥器具有流量大、结构简单、除湿量大等优点，但其缺点是噪声大、压力露点高等。吸附法干燥空气是利用具有吸湿性能的吸附剂来吸收空气中的水分以达到干燥的目的，常用的吸附剂有硅胶、分子筛、活性氧化铝。吸附法干燥器具有压力露点低、噪声小、体积小和节能等优点。

7.5 功率模块的应用

在介绍功率模块的应用之前，需要了解，为何要开发功率模块，功率模块相比传统分立器件的优势在哪里？开发功率模块主要是基于以下多方面的原因：

1）提高系统集成度：传统的功率电子系统往往由多个分离的功率器件、驱动电路、保护电路等组成，这些分离的组合不仅占用大量的空间，而且布线复杂，容易出现连接问题。而功率模块将多个功率器件（如 IGBT、MOSFET 等）以及相关的驱动、保护和控制电路集成在一个封装内，大大减小了系统的体积和重量。例如，在电动汽车的电机驱动系统中，使用功率模块可以将原本分散的多个器件集成在一起，使整个驱动系统更加紧凑，便于安装和布局。

2）提升性能表现：功率模块内部的器件和电路经过精心设计和优化，可以实现更好的电气性能。通过优化器件之间的连接和布局，可以减小寄生电感和电容，降低开关损耗和电磁干扰（EMI），提高系统的效率和稳定性。例如，在高频开关电源中，功率模块的低寄生参数可以使电源在更高的频率下工作，从而减小变压器和滤波电容的体积，提高电源的功率密度。

3）增强可靠性：由于功率模块采用了集成化的设计，减少了外部连接点和焊点，降低了因连接不良或焊点失效而导致的故障概率。同时，功率模块内部通常集成了过电流、过电压、过热等保护电路，能够实时监测和保护功率器件，提高系统的可靠性和稳定性。例如，在工业自动化设备中，功率模块的保护功能可以有效防止电机因过载或短路而损坏，减少设备的停机时间和维修成本。

4)简化设计与生产流程:对于工程师来说,使用功率模块可以简化系统的设计过程。无须再单独设计和调试每个功率器件及其驱动和保护电路,只需根据系统的要求选择合适的功率模块,并进行简单的接口设计即可。这不仅缩短了产品的研发周期,还降低了设计难度和成本。在生产方面,功率模块的标准化和模块化设计便于大规模生产和测试,提高了生产效率和产品质量的一致性。

5)适应多样化应用需求:随着电力电子技术的不断发展,各种应用领域对功率转换和控制的要求越来越多样化。功率模块可以根据不同的应用需求进行定制化设计,满足不同电压、电流、频率和功能的要求。例如,在新能源发电领域,风力发电和太阳能光伏发电对功率模块的性能和可靠性有不同的要求,通过开发适合不同应用场景的功率模块,可以更好地满足新能源发电系统的需求。

6)推动技术进步:开发功率模块需要不断研究和应用新的材料、工艺和设计方法,这推动了电力电子技术的整体进步。例如,碳化硅(SiC)和氮化镓(GaN)等新型宽禁带半导体材料的应用,使得功率模块能够在更高的温度、电压和频率下工作,具有更高的效率和更大的功率密度。这些新技术的应用不仅提升了功率模块的性能,也为电力电子技术在更多领域的应用开辟了新的可能性。

总之,开发功率模块是为了满足现代电力电子系统对集成度、性能、可靠性、设计便利性和多样化应用的需求,同时也推动了电力电子技术的不断发展和创新。

在现代科技飞速发展的时代,功率模块作为电力电子领域的关键组件,凭借卓越的电能转换与控制能力,广泛应用于各个行业,深刻推动着技术革新与产业进步。

(1)工业自动化领域

在工业自动化场景中,电机是驱动各类设备运转的核心动力源。功率模块则扮演着"智能指挥官"的角色,能对电机实施精准调控,实现精确调速、灵活的正反转操作,以及可靠的制动功能。例如,在高度自动化的汽车生产线上,用于驱动机械臂的电机借助功率模块,可以依据生产工艺的需求,在毫秒级时间内完成速度的精准切换,确保零部件的精确装配;在精密加工的数控机床中,功率模块保障电机平稳运行,将加工误差控制在微米级,大幅提升产品的加工精度与生产效率。此外,功率模块高度集成化的设计,有效缩小了设备的体积,增强了系统的稳定性与可靠性,降低了设备的维护成本,让工业生产更加智能、高效。

(2)新能源发电领域

太阳能光伏发电的太阳电池板产生的直流电,需经由功率模块构成的逆变器转化为交流电,才能顺利并入电网或供各类负载使用。随着全球对清洁能源需求的持续增长,高效、可靠的功率模块成为提升光伏发电效率、降低发电成本的关键所在。例如,在我国西部的大型光伏电站中,采用先进碳化硅功率模块的逆变器将发电效率提升了5%~8%,有效降低了每度电的成本,为大规模光伏发电的推广应用提供了有力支撑。

风力发电机输出的电能受风速、风向等自然因素的影响,具有较强的波动性和不稳定性。功率模块组成的变流器就像一位"电能稳定器",能够将不稳定的电能转化为符合电网接入标准的稳定电能。在海上风电场,面对复杂恶劣的海洋环境,变流器中的功率模块凭借其出色的抗腐蚀性和耐高低温性能,保障风力发电系统的稳定运行,为清洁能源的开发利用立下汗马功劳。

(3) 交通运输领域

在电动汽车的核心架构中,功率模块是电池管理系统与电机驱动系统的"心脏"。它不仅负责控制电池的充放电过程,精准驱动电机运转,还能在车辆制动时巧妙回收能量,实现能源的高效利用,显著提升车辆的续航里程。以特斯拉 Model 3 为例,其采用的碳化硅功率模块,相较于传统硅基功率模块,能量转换效率提高了约 10%,有效提升了车辆的动力性能和续航表现。

在高铁、地铁等轨道交通系统中,功率模块发挥着至关重要的作用。在牵引变流器中,功率模块通过精确控制电机的运行状态,实现列车的平稳起动、快速加速、精准减速和安全制动;在辅助电源系统中,功率模块为列车上的照明、空调、通信等设备提供稳定可靠的电力供应,确保乘客拥有舒适方便的出行体验。

(4) 电力系统领域

在电力传输与分配的庞大网络中,功率模块是实现高效、稳定供电的关键技术支撑。在柔性交流输电系统(FACTS)中,功率模块能够在瞬间对输电线路的电压、相位、阻抗等关键参数进行快速调节,如同为电网安装了"智能稳定器",能够显著提升电力系统的稳定性与输电能力;在高压直流输电(HVDC)领域,功率模块承担着交流电与直流电相互转换的重任,实现了电能的远距离、大容量传输,有效降低了输电过程中的能量损耗,让西部的水电、风电等清洁能源能够源源不断地输送到东部用电中心。

(5) 消费电子领域

在追求轻薄便携与高效快充的消费电子市场,功率模块同样发挥着不可或缺的作用。以智能手机的快充充电器为例,功率模块通过优化电能转换效率,能够在短时间内为手机电池快速补充电量,同时凭借其较大功率密度的特性,实现了充电器的小型化、轻量化设计,方便用户携带使用。在智能家电领域,如变频空调、变频洗衣机等,功率模块通过精确控制电机转速,实现了家电的节能、降噪运行,为用户营造更加舒适、静谧的生活环境。

(6) 航空航天领域

航空航天领域对电子设备的可靠性、轻量化和耐高温性能提出了近乎苛刻的要求。功率模块在飞机的电力系统中,为各种航空航天电子设备提供稳定可靠的电力支持,确保飞行安全;在航空发动机的控制系统中,功率模块精准控制发动机的燃油喷射、进气量等关键参数,实现发动机的高效稳定运行;在卫星的电源管理系统中,功率模块根据卫星在轨道上的不同运行状态,智能控制太阳电池的充放电过程和电能分配，保障卫星在复杂恶劣的太空环境下长期稳定运行，为人类探索宇宙奥秘提供坚实保障。

思 考 题

1. 功率模块的类型有哪些？
2. 覆铜陶瓷基板（DBC）有哪些种类？各自的特点是什么？
3. 功率模块的封装主要过程有哪些？
4. 功率模块的封装关键技术有哪些，各自关键点是什么？
5. 总结归纳功率模块的封装及结构发展趋势。

参 考 文 献

［1］覃华荣，李国强. 智能功率模块的高温反偏试验失效分析与研究［J］. 传感器世界，2024，30（12）：13-17.

［2］IEC 60747-8：2010：Semiconductor devices-discrete devices-Part8：Field-effect transistors［S］，2010.

［3］IEC 60747-9：2019：Semiconductor devices-discrete devices-Part9：Insulated gate bipolar transistors（IGBTs）［S］，2019.

［4］ECPE Guideline AQG 324：Qualification of power modules for use in power electronics converter units（PCUs）in motor vehicles［S］，2017.

［5］JEDEC JESD 22-A108F：Temperature，bias，and operating life［S］，2017.

［6］ARENDT W，NICOLAI U，TURSKY W，et al. Application Manual Power Semiconductors. SEMIKRON International Grmb H & Co. KG［M］. 11menan：ISLE-Verlag.

［7］Departmentof Defense Supply Center. Test method standard semiconductor devices：MIL-STD-750D［S］. 1995.

［8］CIAPPA M. Selected failure mechanisms of modern power modules［J］. Microelectronics Reliability，2002，42：653-667.

［9］刘金节. IGBT 模块的双脉冲测试分析［J］. 集成电路应用，2022，39（4）：12-13.

［10］侯湘庆，周献，李邦彦. 一种 IGBT 功率模块工程应用型双脉冲测试方法［J］. 绿色科技，2022，24（16）：251-254+259.

［11］曹耀龙，黄杰. 电子组件温度循环试验研究［J］. 半导体技术，2011，6：79-83.

［12］杨平，李宁，沈才俊，等. 不同温度规范对微电子封装可靠性影响的研究［J］. 传感器与微系统，2008，4：74-76+79.

第8章 车规级半导体器件封装特点及要求

汽车用到的半导体芯片统称汽车半导体,也称为汽车电子,实际上汽车电子的范围更广,包括了汽车上所用的和电有关的所有电子元器件和系统,尤其是电子元器件组装后形成的PCB和所实现的系统功能。这里我们专指车用半导体器件的封装,包括了多芯片模块,但不包括PCB级的电子系统,即车规级半导体封装的特点及要求。汽车半导体按照在车上的应用主要分为四大类:微处理器(MCU)、功率半导体器件、传感器和其他(如音影娱乐等),其分布如图8-1所示。

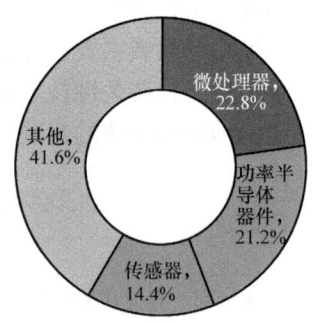

图8-1 汽车半导体总体领域构成情况[1]

近年来随着汽车电动化的发展趋势,汽车半导体的构成比例也有所变化,图8-2是传统燃油汽车和纯电动汽车的车用半导体构成图。

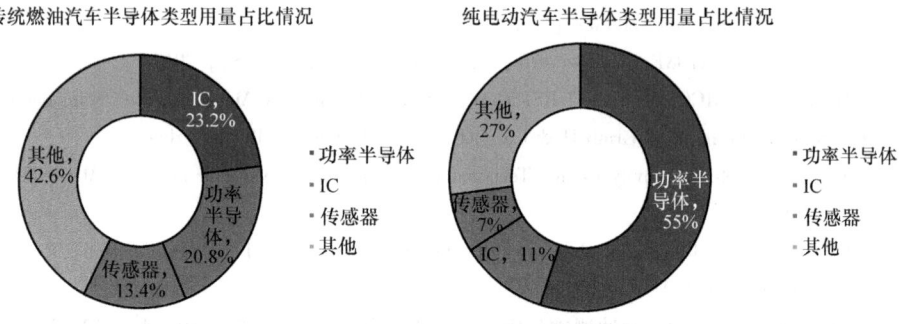

图8-2 车用半导体占比之传统燃油汽车 VS 纯电动汽车[1]

尤其值得注意的是功率半导体的占比从20.8%增加到55%,几乎是翻倍的增加。汽车半导体的发展随着汽车电动化、智能化的转变趋势,功率半导体的占比越来越高,对汽车行业的发展起着决定性作用。

随着电动化趋势的发展,使得车用功率器件在汽车上的应用份额占比从20.8%增长到55%,功率器件的增长非常明显,也越来越凸显车规级功率半导体对汽车行业的重要性。封装是形成半导体元器件的最后步骤,决定了产品的电功能实现,决定了产品的使用寿命和可靠性,对于汽车来说,要求零缺陷是生产指导思维,其从诞生开始经历了一系列的生产活动和方法研究,汽车包括车规级车用产品生产体系主要有三个方面需要从事车规级半导体器件的从业人员牢牢掌握,分别是:汽车生产体系 IATF 16949:2016,汽车电子委员会对于汽车电子产品的测试标准和指南系列的 AECQ 系列,以及对于芯片设计或者功能设计相关的汽车功能安全标准 ISO 26262,此外特别地,对于功率模块的测试认证,目前业界比较普遍接受的是按照 AQG 324 来考核。图 8-3 是汽车半导体整个产业链全图。

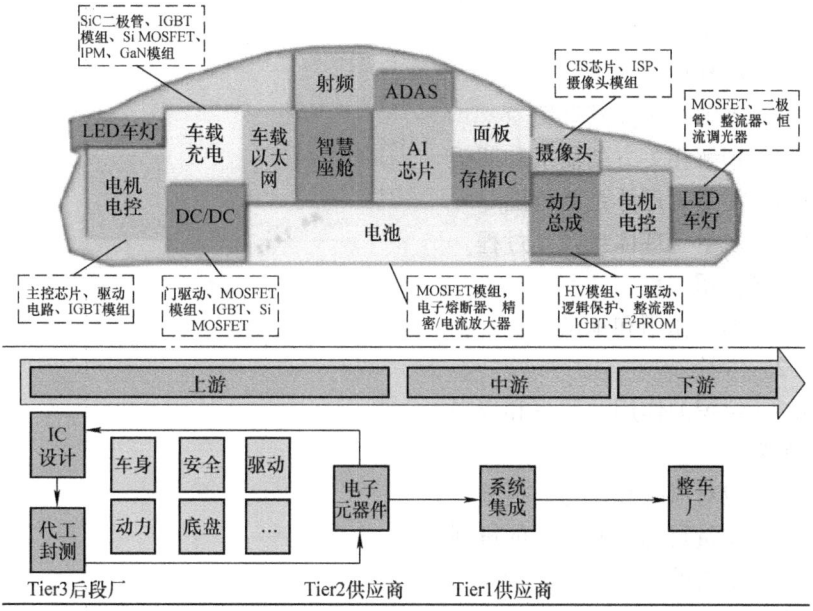

图 8-3　汽车半导体产业链全图[2]

8.1　IATF 16949:2016 及汽车生产体系工具

国际汽车工作组(International Automotive Task Force,IATF),其成立的宗旨是协调全球汽车供应链中的不同评估和认证体系,其后因汽车行业要求以及 ISO 9001 修订的需要,创建了 2002 年第二版和 2009 年第三版,故其标准先是 ISO/TS 16949:2002(Temparary Standard),2009 年后正式更名为 ISO/TS 16949:2009,目前执行的最新标准为 IATF 16949:2016,这是一套适用于全球汽车制造业的共同产品和技术开发的常见技术和方法。

IATF 的主要内容清单如下(本书不一一展开具体内容,相关具体标准,有兴趣了解的读者可以到相关网站上下载阅读,或者咨询 IATF 官方得到具体标准文献)以 IATF 16949:2016 为例[3]。

引言

    0.1   总则

    0.2   质量管理原则

    0.3   过程方法

    0.4   与其他管理体系标准的关系

1   范围

2   规范性引用标准和参考性引用标准

3   术语和定义

4   组织的环境

    4.1   理解组织及其环境

    4.2   理解相关方的需求和期望

    4.3   质量管理体系的范围

    4.4   质量管理体系及其过程

5   领导作用

    5.1   领导作用和承诺

    5.2   方针

    5.3   组织的作用、职责和权限

6   策划

    6.1   应对风险和机遇的措施

    6.2   质量目标及其实施的策划

    6.3   变更的策划

7   支持

    7.1   资源

    7.2   能力

    7.3   意识

    7.4   沟通

    7.5   形成文件的信息

8   运行

    8.1   运行策划和控制

    8.2   产品和服务的要求

    8.3   产品和服务的设计和开发

    8.4   外部提供过程、产品和服务的控制

    8.5   生产和服务提供

    8.6   产品和服务放行

    8.7   不合格输出的控制

9   绩效评价

9.1 监视、测量、分析和评价
9.2 内部审核
9.3 管理评审

IATF 16949：2016 的中心思想是采用 PDCA 循环与基于风险的思维方式相结合的过程方法以提高实现目标的有效性和效率。基于此思想汽车工业行动小组（Automotive Industry Action Group，AIAG）开发和定义了五大工具，涵盖了车用产品的设计、生产、销售服务等过程。分别是先期产品质量计划（Advanced Product Quality Plan，APQP）、故障模式分析（Failure Mode Effect Analysis，FMEA）、测量系统分析（Measurement System Analysis，MSA）、统计过程控制（Statistical Process Control，SPC），以及量产件批准程序（Production Part Approve Procedure，PPAP）。

APQP 实际上提供了一系列车用产品从设计到量产最后交付的项目管理计划，一般来说把产品实现的过程分为四个阶段，每个阶段都要做阶段评审，确保该阶段的输出目标达成。对于汽车半导体（包括功率器件）的产品实现来说，围绕顾客为中心的原则，按零缺陷的指导思维展开产品实现的项目计划。具体分为四个阶段，第一阶段通常称为策划定义阶段，第二阶段称为设计阶段，第三阶段称为考核验证阶段，第四阶段称为量产交付阶段。表 8-1 为编者在实际工作中总结的半导体封装产品 APQP 各阶段要素汇总，供读者参考使用。

表 8-1 APQP 项目管理要素总结

APQP 第一阶段：策划定义
明确客户要求
技术要求、规格书、图样、样品
时间要求
成本目标
质量 & 可靠性要求
产能要求
客户特殊要求
分析市场和竞争状况
市场信息
竞争分析（QFD 选用）
提交产品初步设计方案
检查产品安全控制程序（法律法规要求）
提交新产品开发方案
提交初始材料清单（可参考新产品开发方案）
提交初始过程流程图
提供初始特殊特性清单

(续)

提交设备、检验治具清单
风险分析
起草设计 DFMEA
列出产品过程能力和成本目标
不足项分析
提供客户要求清单
提供生产能力评估报告
提交成本分析结果
提交产品和过程特性清单
提交新产品开发可行性报告
制作雏形产品
起草产品外形图
起草框架或基板图
起草原型产品制作流程
完善更新 DFMEA
设计评审
提交新工程规范
提交新材料规范
提交新工装和设施要求
明确新量具/试验设备要求
预算（投资）批准
提交立项报告书立项批准
组织项目团队小组
提供产品策划进度图表
起草项目宪章
提交材料、新设备、模具技术协议
发出设备材料采购申请
第一阶段项目组内部评审
APQP 第二阶段：设计
发出设备材料采购订单
设备运达
材料抵达
设备安装调试考核
文控工程图纸和规范，产品信息登录

(续)

明确客户包装标准
发布新产品工序流程图
提供工序流程图检查清单
完成场地平面布置图
提交产品特性矩阵图
完成产品潜在的失效模式与分析
提交产品潜在的失效模式检查清单
提交产品试生产控制计划
提交控制计划检查清单
完成工序作业指导书
提交新设备和模具验收报告
提交新材料验证报告
发布内部打印规范
发布内部配线图
情报单录入
制作先期工程样品
提交测量系统分析计划
提交产品过程初始能力研究计划
确认关键作业参数
做出作业参数清单表
列出新测试设备的要求
评估和更新质量体系
批准并受控考核计划
提交产线认证计划
提交初期生产计划
第二阶段项目组内部评审
第二阶段管理层评审
APQP 第三阶段：考核验证
测量系统分析实施表
评估先期过程能力，测试良率和特殊工艺过程
制作考核批样品
提交外形尺寸测量报告
提交考核批过程报告
提交 PPAP 资料

(续)

提交包装评价
获得 500h 可靠性结果
获得 1000h 可靠性结果
获得客户可靠性报告
更新 PFMEA
更新控制计划
产品质量策划总结认定
制造可行性评审
试生产并执行产线认证计划
发行产线认证报告
第三阶段项目组内部评审
第三阶段管理层评审
APQP 第四阶段：量产交付
提供量产需求
提供量产准备确认表
提供考核、量产设备清单
提供新项目量产准备就绪确认表
提供作业人员招聘和培训计划
提供作业人员培训和认定清单
提供量产转移确认表
生产初期试生产
提供初期流动报告
完成减少波动和提高良率的计划
更新 PFMEA
更新量产控制计划
提交新产品量产批准报告
第四阶段项目组内部评审
第四阶段管理层评审
量产

  FMEA 是一种系列化的相对客观的风险评估方法，用来认可并评价产品/过程中的潜在失效以及该失效的后果，确定能够消除或减少潜在失效发生机会的措施，并且将全部过程形成文件并不断更新。FMEA 最早起源于航空行业，后在 70 年代末汽车业开始使用 FMEA 来作为危险性分析的工具，以评估目前市场上的汽车。后期，作为增强设计检讨活动的工具，开始用列表形式。如图 8-4 所示为过程

FMEA 工作表的表头样式。

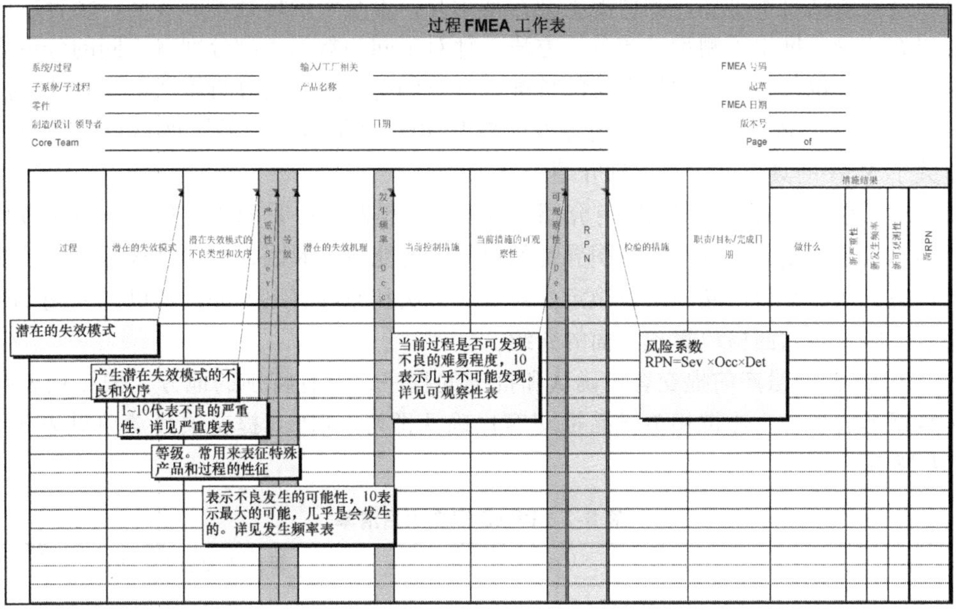

图 8-4 过程 FMEA 工作表的表头样式

所以具体 FMEA 的做法是先描述过程，把过程有关的人员召集在一起，先列举过程中已经产生或潜在可能产生的不良现象，联系到对最终用户的使用风险，评估失效产生的后果，涉及安全的打 9 分以上，最高 10 分，最低 1 分。这个过程称之为严重性评估，然后再根据实际发生的频率和概率，按频度最高的打 10 分，不可能发生的打 1 分，这时通常是认为系统有防错功能，这个过程称之为频度评估。再评估发现这个不良的难易程度，现有过程不可能发现不良的打 10 分，现有过程这个不良一定会被觉察到的打 1 分，把三个分数的乘积算出来得到 RPN（Risk Priority Number），这个值的取值范围是 1～1000，通常来说大于 100 的项目，需要做风险减少措施，把要做的措施列在表右边，并重新评估措施后的风险 RPN，这个过程可以重复指导直至风险降低到制定的 RPN 为止（比如 50）。打分的过程要根据数据，集中集体智慧，有主观评估，也有客观依据，为了减少主观误判，尽量增加打分的科学合理性，FMEA 指导委员会发布了关于严重度、频度、可探测性在内的打分指南表，有相对客观的程度描述，有兴趣的读者可以参考 FMEA 手册了解具体的打分指南。这里强调的是 FMEA 一定是 Team Work，闭门造车，一言堂是不能全面客观地评价过程风险的，同时，FMEA 也是需要动态更新的，生产技术的改进、产量的增加、人员的变化等涉及过程输入变化的因素都会引起风险值的变化，及时把重要的变化反映出来并采取控制风险的措施是汽车产品生产的基本思维。

MSA 这个工具是基础的也是重要的，在我们得到一组一系列数据的时候，通常这些数据是测量而来的,在我们做进一步数据分析处理之前,我们常常会问自己,这些数据可不可靠,测得准不准?基于此,也基于统计技术的发展,结合六西格玛方法论,推出了测量系统分析方法。针对不同的数据类型分别有不同的分析方法和判据,也包含了对测量系统的校准,以及偏倚、线性度分析等评估。具体方法本书不一一介绍了,有兴趣的读者可以参考 MSA 手册或者查找六西格玛管理技术里关于 MSA 的具体方法和原理介绍。

SPC 在前面的章节中已略有介绍。主要方法是画出一系列的控制图,描述过程的输出稳定程度,当发现控制图异常的时候,要能找出原因,使得过程回到统计受控状态,从而使得产品的质量稳定。对具体方法和原理有兴趣的读者可以参阅 SPC 手册,以及对六西格玛管理方面的介绍。

PPAP 是在量产前提交客户确认和批准的程序,没有特别的地方,按照列表收集数据形成报告,连带相关样品提交客户确认即可。PPAP 提交项目清单见表 8-2(共 18 项)。

表 8-2 PPAP 提交项目清单

1	设计记录	10	材料/性能试验结果
2	授权的工程更改文件	11	初始过程研究
3	要求时的工程批准	12	实验室资格文件
4	DFMEA(如适用)	13	外观批准报告(AAR)
5	过程流程图	14	样品产品
6	PFMEA	15	标准样品
7	控制计划	16	检查辅具
8	MSA	17	顾客的特殊要求
9	尺寸结果	18	零件提交保证书(PSW)

8.2 汽车半导体封装生产的特点

汽车半导体封装有别于消费类和一般工业类产品,其实现有以下特点:

1)客户标准:提供封测服务的公司根据汽车客户的设计要求,最终决定封装生产和测试流程,体现以客户为中心的导向。

2)材料选择:为了满足汽车可靠性要求,在元器件设计早期就要考虑材料选择,并考虑应用环境。即使是装在同一汽车上,因其功能和安装的部位,对可靠性的要求也有所区别。

3)供应链管理:汽车行业有自己的供应链评估和审核流程。流程审核规则有 VDA 6.3 和 IATF 16949:2016。在实现封装的过程中所涉及的供应链上的公司都要求有车规产品生产供货资质,按车规要求构建质量管理体系。

4) 生产流程：汽车半导体生产包括额外的清洁步骤或流程控制监测，需要改进基本装配流程。车规级产品追求零缺陷，所处的环境引起的质量问题往往比较难以界定，因此在生产作业前要确认环境符合产品生产的要求，并能有效监控环境的变化。

5) 监测标准：汽车产品生产中通常需要特殊的检测流程和采样方式。车规级半导体封装过程中，按照零缺陷的思路展开质量控制手段，相对工业品和消费品，其检查频率增加，项目也有增加，检查方法要求实现自动化以尽量减少人工主观因素的干扰，得到客观的数据表征。

6) 质量管理：强制要求使用五大工具，为APQP、MSA、SPC、PPAP、FMEA。

7) 可靠性测试：AEC—Q100/101等列出了关键的芯片和封装应力测试方法。

8) 电测试和批次筛选：消费品和车规级产品测试的根本差别在于，对于统计数据和潜在危险的处理。车规级产品的安全系数设置较高，规范边缘的产品往往被舍弃，因此车规级产品比消费品成本高。

9) 专用产线和人员培训：要求专用产线和设备的配置。包括资格认证、防错或全自动流程系统。

10) 变更控制：变更控制通常要与客户的变更审核委员会协调，以评估技术危险和可能的后续问题。

总之，车规级半导体器件封装生产的主导思想是零缺陷，按照尽可能地降低生产过程产生质量缺陷的风险思维来指导生产组织和质量控制。除了上述生产特点外，其还对自动化提出了较高要求，要求尽量减少人为干预的波动，或者由人产生的质量波动。从过程设计上讲有这么两个原则是需要牢记的：原则一，过程防错设计，从错误发生的机理也就是根本原因上做防错设计，使其不可能发生；原则二，从防控角度出发，一旦发生某种错误（失效），就使其不可能流向下一道生产流程，而且确保错误能够百分百地被识别出来并可以有效被隔离。

8.3 汽车半导体产品的品质认证

20世纪90年代，克莱斯勒、福特和通用汽车为建立一套通用的零件资质及质量系统标准而设立了汽车电子委员会（AEC），AEC建立了质量控制的标准。AEC—Q100芯片应力测试的认证规范是AEC的第一个标准。AEC—Q100于1994年首次发表，由于符合AEC规范的零部件均可被上述三家车厂同时采用，促进了零部件制造商交换其产品特性数据的意愿，并推动了汽车零件通用性的实施，使得AEC标准逐渐成为汽车电子零部件的通用测试规范。经过10多年的发展，AEC—Q100已经成为汽车电子系统的通用标准。在AEC—Q100之后又陆续制定了针对分立器件的AEC—Q101和针对被动元件的AEC—Q200等规范，以及AEC—Q001/

Q002/Q003/Q004 等指导性原则。包括：
- AEC—Q100《基于失效机理的汽车用集成电路应力试验鉴定要求》
- AEC—Q101《基于失效机理的汽车用分立器件应力试验鉴定要求》
- AEC—Q102《基于失效机理的汽车用半导体光电器件应力试验鉴定要求》
- AEC—Q103《基于失效机理的汽车用传感器应力试验鉴定要求》
- AEC—Q104《基于失效机理的汽车用多芯片组件（MCM）应力试验鉴定要求》
- AEC—Q200《基于失效机理的汽车用无源元件应力试验鉴定要求》
- AEC—Q001《半导体器件电参数控制指南》：规范中提出了所谓的参数零件平均测试（Parametric Part Average Testing，PPAT）方法。PPAT 是用来检测外缘（Outliers）半导体组件异常特性的统计方法，用以将异常组件从所有产品中剔除。
- AEC—Q002《统计结果分析指南》：基于统计原理，属于统计良品率分析的指导原则。AEC—Q002 的统计性良品率分析（Statistical Yield Analysis，SYA）分为统计性良品率限制（Statistical Yield Limit，SYL）和统计箱限制（Statistical Bin Limit，SBL）两种。
- AEC—Q003《对集成电路电性能进行表征的指南》：是针对芯片产品的电特性表现所提出的特性化（Characterization）指导原则，其用来生成产品、过程或封装的规格与数据表，目的在于收集组件、过程的数据并进行分析，以了解此组件与过程的属性、表现和限制，和检查这些组件或设备的温度、电压、频率等参数特性表现。
- AEC—Q004《产品零缺陷指南》：提出一系列的流程步骤，包括组件设计、制造、测试和使用，以及在这些流程的各个阶段中采用何种程度零缺陷的工具或方法，实质上是零缺陷指导原则。
- AEC—Q005《无铅元器件测试要求》：该标准规定了汽车用无铅电子元器件与无铅特性有关试验方法以及最低的鉴定要求。
- AEC—Q006《采用铜引线互联元器件的鉴定要求》：该标准规定了采用铜引线互联的元器件鉴定要求。

AEC—Q100 主要用于预防产品可能发生的各种状况或潜在的故障状态，引导零部件供货商在开发的过程中就能选择符合该规范的芯片。AEC—Q100 对每一个芯片个案进行严格的质量与可靠度确认，确认制造商所提出的产品数据表、使用目的、功能说明等是否符合最初需求的功能，以及在连续使用后每个功能与性能是否能始终如一。AEC—Q100 标准的目标是提高产品的良品率，这对芯片供货商来说，不论是在产品的尺寸、合格率及成本控制上都面临很大的挑战。AEC—Q100 又分为不同的产品等级，包括：

- 0 等级：环境工作温度范围 -40~150℃。
- 1 等级：环境工作温度范围 -40~125℃。
- 2 等级：环境工作温度范围 -40~105℃。
- 3 等级：环境工作温度范围 -40~85℃。
- 4 等级：环境工作温度范围 0~70℃。

AEC—Q101 规定了汽车用半导体分立器件（晶体管、二极管及晶体管等）最低应力测试要求的定义和参考测试条件，目的是要确定一种集成电路在应用中能够通过应力测试，以及被认为能够提供某种级别的品质和可靠性。标准规定了半导体分立器件的最低工作环境温度范围为 -40~125℃，LED 的最低环境工作温度范围为 -40~85℃。

AEC—Q104 认证规范中，共分为 A~H 八大系列的测试。其中，一大原则在于 MCM 上使用的所有组件，包括电阻、电容、电感等被动组件，二极管离散组件，以及芯片本身，在组合前若有通过 AEC—Q100、AEC—Q101 或 AEC—Q200 认证，MCM 产品只需进行 AEC—Q104H 内仅 7 项的测试，包括 4 项可靠性测试：TCT（温度循环）、Drop（落下）、低温存储寿命（LTSL）、启动 & 温度步骤（STEP），以及 3 项失效性测试：X 射线、超声显微镜（AM）、破坏性物理（DPA）。若 MCM 上的组件未先通过 AEC—Q100、AEC—Q101 与 AEC—Q200 认证，那必须从 AEC—Q104 的 A~H 八大测试共 49 个项目中，依据产品应用，决定验证项目，验证项目会变得比较多。

依据 MCM 在汽车上的实际使用环境，为复合式的环境，因此增加顺序试验，验证通过的难度变高。例如，必须先执行完高温操作寿命（HTOL），才能做 Thermal Shock（TS），颠倒过来就不行。AEC—Q104 中针对 MCM，特增加 H 系列的测试项目。此外，针对零件本身的可靠性测试（Component Level Reliability），也增加了热冲击（TS）及外观检视离子迁移（VISM）。AEC—Q104 适用的产品范围：

1）混合集成放大器（前置、脉冲、高频放大器等）。
2）电源组件（DC/DC 变换器、AC/DC 变换器、EMI 滤波器等）。
3）功率组件（功率放大器、电动机伺服电路、功率振荡器等）。
4）数/模、模/数转换器（A/D、D/A 转换器等）。
5）轴角-数字转换器（同步机-数字转换器/分解器、双数转换器等）。
6）信号处理电路（采样保持电路、调制解调电路等）。

AEC—Q100 和 AEC—Q101 分别对集成电路和分立器件的车用半导体器件的品质认证方法制定出了详细规范，其中涉及使用寿命和环境耐受的测试是关键的认证内容，表 8-3 和表 8-4 给出了 AEC—Q100 和 AEC—Q101 相关的测试方法、抽样数量和判断基准，供读者参考使用。

AEC—Q100 A 组测试项目见表 8-3。

表 8-3　AEC—Q100 A 组测试项目

测试项目全称	测试项目简称	样本数量	批量	测试条件	测试方法标准
预处理	PC	77	3	1）良品芯片进行 SAT，确认没有脱层的现象。 2）将芯片烘烤，以完全排除湿气。 3）依 MSL 等级加湿。 4）过红外再流焊 3 次（模拟芯片上件，维修拆件，维修再上件）。 5）SAT 检验是否有脱层现象及芯片测试功能。 6）温度循环三个周期检测分层及电特性	JESD 22—A113
温湿度反偏或加速老化	THB/HAST	77	3	THB（85℃/85% RH 1000h） 或 HAST（130℃/85% RH 96h 或 110℃/85% RH 264h）	JESD 22—A101/A110
高压锅试验或不带电加速老化	ACLV/UHAST	77	3	高压锅（121℃/15psig 96h）或不带电 HAST（130℃/85% RH 96h，或 110℃/85% RH 264h）。 对于一些敏感封装如 BGA，用温度湿度测试替代 TH（85℃/85% RH）1000h	JESD 22—A102/A118/A101
温度循环	TC	77	3	0 等级：-55~150℃，2000 循环。 1 等级：-55~150℃，1000 循环 或：-65~150℃，500 循环。 2 等级：-55~125℃，1000 循环 3 等级：-55~125℃，500 循环。 做完温度循环后选 5 个产品开封做绑线拉力测试，在封装体四个角各选两根线，四周中间各选一根	JESD 22—A104
功率温度循环	PTC	45	1	适用于器件的最大功率上升速率≥1W 或结温差 $\Delta T_J \geqslant$ 40℃ 的情形。 0 等级：-40~150℃，1000 循环。 1 等级：-40~125℃，1000 循环。 2&3 等级：-40~105℃，1000 循环	JESD 22—A105
高温储存寿命	HTSL	45	1	适用于塑封器件： 0 等级：+175℃ T_a 1000h 或 +150℃ T_a 2000h； 1 等级：+150℃ T_a 1000h 或 +175℃ T_a 500h； 2&3 等级：+125℃ T_a 1000h 或 +150℃ T_a 500h。 陶瓷封装体： +250℃ T_a 10h 或 +200℃ T_a 72h	JESD 22—A103

―　1psig = 6890Pa。

AEC—Q101 环境寿命测试项目见表 8-4。

表 8-4　AEC—Q101 环境寿命测试项目

测试项目全称	测试项目简称	样本数量	批量	测试条件	测试方法标准
预处理	PC	77	3	1）良品芯片进行 SAT，确认没有脱层的现象。 2）将芯片烘烤，以完全排除湿气。 3）依 MSL 等级加湿。 4）过红外再流焊 3 次（模拟芯片上件，维修拆件，维修再上件）。 5）SAT 检验是否有脱层现象及芯片测试功能。 6）温度循环三个周期检测分层及电特性	JESD 22—A113
高温反偏	HTRB	77	3	根据产品的结温规范设置最大反偏直流电压并在高温条件下持续 1000h	MIL-STD-750-1 M1038 Method A
高温门极反偏	HTGB	77	3	根据产品的结温和门极最大耐受电压并在高温条件下持续 1000h，也等同于增加结温 25℃下 500h	JESD 22 A—108
温度循环	TC	77	3	−55~150℃ 1000 次循环，也等同于 −55~150℃ 400 次循环，当产品的结温可以耐受超过 175℃时	JESD 22—A104
不带电加速老化	UHAST	77	3	96h 在温度 130℃/85% 湿度条件下，等同于 96h 的高压锅试验（121℃，100% 湿度条件下，15psi）	JESD 22 A—118
加速老化	HAST	77	3	96h 在温度 130℃/85% 湿度条件下，或者 264h 在温度 110℃/85% 湿度条件下同时施加 80% 的反偏电压（典型值 >42V）等同于 H3TRB（High Temperature High Humidty Reverse Bias）；1000h 在温度 85℃/85% 湿度条件下同时施加 80% 的最大反偏电压的情形	JESD 22 A—110
持续工作寿命（功率循环）	IOL	77	3	室温下温度施加功率使得结温差大于 100℃。等同于功率温度循环 PTC，如果结温差不能达到 100℃的情况下	MIL-STD-750 Method 1037

8.4　汽车功率模块的品质认证

8.3 节所阐述的汽车半导体认证方法和体系都没有涉及车用大功率的功率模块的认证方法。AQG 324 标准由欧洲电力电子中心（ECPE）"汽车电力电子模块认证"工作组颁布，适用范围包括电力电子模块和基于分立器件的等效特殊设计。标准中定义的测试项目是基于当前已知的模块失效机制和机动车辆功率模块的特定使用说明文件进行编写的。标准所列测试条件、测试要求以及测试项目,适用于硅基功率半导体模块。后续将涉及第三代宽禁带半导体模块技术,如 SiC 或 GaN。其主要测试项目见表 8-5。

表 8-5 AQG 324 环境、寿命测试项目

测试项目	具体测试内容
QM—模块测试	栅射极阈值电压 栅射极漏电流 集射极反向漏电流 饱和压降 连接层检测（SAM） 外观检（IPI）/目检（VI）、光学显微镜评估（OMA）
QC—模块特性测试	寄生杂散电感 热阻值 短路耐量 绝缘测试 机械参数检测
QE—环境测试	热冲击 机械振动 机械冲击
QL—寿命测试	功率循环（PC_{sec}） 功率循环（PC_{min}） 高温存储 低温存储 高温反偏 高温栅偏置 高温高湿反偏

和常规的 JEDEC 功率分立器件可靠性测试不同,也有别于分立车规级认证 AECQ 的规定,车规级功率模块的验证注重了功率循环测试,有秒级和分级,其注重对内互联焊点疲劳可靠性的考察。在环境测试中增加了热冲击,不仅是元件级可靠性的温度循环,还是模拟汽车实际过程中的振动冲击等。无论选择哪种方式,最后以通过汽车实际的环境路测为准。随着汽车电动化趋势的发展,车规级功率模块在汽车上的应用会变得常态化、多样化,对于车规级功率模块的验证标准还会随着实际路测结果的数据累加而得出越来越贴近实际应用验证的检测标准。同时对失效模式和寿命试验样本做 DPA 分析也越来越标准化。此外,第三代宽禁带半导体材料 SiC 因为其高结温等优势,其用于模块可以有效提高功率密度,减少模块体积,但 AQG 324 的标准是基于硅基半导体而设立的认证标准,对 SiC 半导体的认证是否充分,是业界讨论的热点,也是未来标准发展的一个方向。

8.5　ISO 26262 介绍

ISO 26262 是派生于电子、电气及可编程器件功能安全基本标准 IEC 61508，主要涵盖了电子元器件、电子系统和设备、可编程器件等专门用于汽车领域的部件，目的是评估和提高汽车电子、电气产品功能的安全性，是通用的国际标准。对于半导体封装来说，主要是涉及实现安全性功能的设计相关的领域，比如基板设计、内互联设计等。

ISO 26262 从 2005 年 11 月起正式开始制定，经历了大约 6 年左右的时间，于 2011 年 11 月正式颁布，成为国际标准，当前的最新版本是 2018 版。

汽车从传统燃油型向主要是电机驱动的电动化模式的新能源系统转化，再到加载了人工智能、高性能运算和高速、高精度、大容量的数据分析处理系统的智能化平台，将发展成集新能源驱动、储能、集中信息平台的于一体的新型个人移动中心和工具。其中安全是新一代汽车研发中最为关键的要素，随着系统复杂性的提高，软件和机电设备的应用，来自系统失效和随机硬件失效的风险也日益增加，制定 ISO 26262 标准可以对安全相关功能有一个更好的理解，并尽可能明确地对它们进行解释，同时为降低这些风险提供了可行性的要求和流程。

ISO 26262 共分为 12 个章节，每个章节都针对不同的汽车应用领域，这里不再一一详细介绍，有兴趣的读者可以参考 ISO 26262 最新版内容。第 11 章特别对车用半导体提出要求。其整体内容架构如下：

Part 1：定义

Part 2：功能安全管理

Part 3：概念阶段

Part 4：产品研发：系统级

Part 5：产品研发：硬件级

Part 6：产品研发：软件级

Part 7：生产和操作

Part 8：支持过程

Part 9：基于 ASIL 和安全的分析

Part 10：ISO 26262 导则

Part 11：对半导体应用的要求

Part 12：对摩托车的要求

在第 11 部分中，主要介绍了半导体相关失效分析（DFA）的概念，特别是说到和半导体封装过程有关而导致的元器件特性参数变化引起的功能性失效问题，如寄生参数的增加、抗辐射性能及机械应力带来的电特性功能波动等。值得注意的是可靠性问题不在这个标准范围内阐述。这里不一一详细介绍，有兴趣的读者可以参考全文。

8.6 SiC 汽车功率模块的品质认证

在汽车行业朝着电动化、智能化大步迈进的当下，汽车功率模块作为车辆动力系统和电气架构的核心组件，其性能与可靠性直接关乎整车的运行表现、安全性能，以及能源利用效率。特别是在电动汽车和混合动力汽车中，功率模块承担着电能转换、电机驱动等关键任务，其重要性不言而喻。因此，建立一套严格且全面的品质认证体系，成为保障汽车功率模块质量，推动汽车行业稳健发展的必要之举。在这其中，除了前述的基于硅基的传统功率模块车用认证规范 AQG 324 标准外，针对采用碳化硅（SiC）材料的功率模块，一系列独特而严苛的动态测试要求应运而生。

1. 常规品质认证维度剖析

1）电气性能精准测定。电气性能是汽车功率模块的核心指标之一。在认证过程中，需要对功率模块的输入输出电压、电流进行极为精确的测量。通过模拟汽车起动、加速、匀速行驶、减速等不同运行工况，全方位监测功率模块能否稳定且精准地输出符合车辆电气系统需求的电能。例如，在电动汽车急加速时，功率模块需迅速响应，为电机提供强劲且稳定的电流，确保车辆能够实现快速而平稳的加速，避免因电流波动导致的动力中断或异常抖动。

2）热性能深度评估。汽车运行期间，功率模块会持续产生大量热量，若不能有效散热，将严重影响其性能与寿命，甚至可能引发安全隐患。热性能测试旨在模拟汽车在各种极端工况下的高温环境，运用高精度的温度监测设备，密切跟踪功率模块的温度变化情况。通过评估其散热效率、热阻特性，以及在高温下的电气性能稳定性，确保功率模块在长时间、高强度的工作环境中不会因过热而出现性能衰退、元器件损坏等问题，为车辆的持续稳定运行筑牢根基。

3）机械性能严苛考验：汽车在行驶过程中不可避免地会遭遇各种复杂路况，这就要求功率模块具备出色的机械稳定性，能够承受持续的振动与冲击。机械性能测试通过专业的振动台和冲击试验设备，模拟不同路况下的振动频率、振幅，以及冲击强度，对功率模块内部的焊点、引脚、芯片等关键连接部位进行全面检测。确保在长期的机械应力作用下，这些连接部位不会出现松动、断裂等情况，从而有效避免因机械故障导致的电气连接失效，保障汽车电气系统的可靠运行。

2. SiC 功率模块专属动态测试要求解析

1）开关动态特性精细把控。SiC 功率模块凭借其优越的材料特性，拥有极快的开关速度，这为提升汽车功率系统的效率与性能提供了巨大潜力。然而，快速的开关过程也带来了一系列挑战，开关动态特性测试就是应对这些挑战的关键环节。在测试过程中，需要运用高速示波器等先进设备，精确测量开关瞬间的电压变化率

($\mathrm{d}v/\mathrm{d}t$) 和电流变化率 ($\mathrm{d}i/\mathrm{d}t$)。通过严格控制这些参数,确保在快速开关的瞬间,功率模块不会产生过高的电压尖峰和过大的电流过冲。过高的电压尖峰可能击穿模块内部的绝缘层,引发短路故障;而过大的电流过冲则可能对模块自身及周边的电子元器件造成不可逆的损坏。因此,精准把控开关动态特性,是保障 SiC 功率模块在汽车复杂电气环境中稳定运行的重要前提。

案例:某知名汽车品牌在研发一款新型电动汽车时,采用了 SiC 功率模块。在前期测试中,由于对开关动态特性把控不足,车辆在高速行驶中进行频繁加速、减速操作时,功率模块出现了电压尖峰过高的情况,导致部分电子元器件损坏,车辆动力输出不稳定。经过优化测试流程,精确测量并严格控制 $\mathrm{d}v/\mathrm{d}t$ 和 $\mathrm{d}i/\mathrm{d}t$,有效解决了这一问题,保障了车辆在复杂工况下的稳定运行。

2) 动态导通电阻实时监测。SiC 功率模块的导通电阻并非固定不变,而是会随着电流大小和温度的动态变化而发生显著改变。动态导通电阻测试正是针对这一特性展开的,通过模拟汽车实际运行过程中电流和温度的频繁波动,实时监测功率模块的导通电阻变化情况。准确评估其在不同工况下的能量损耗,对于优化汽车功率系统的能效管理具有重要意义。较小的导通电阻意味着在电能传输过程中的能量损耗更小,能够有效提升汽车的续航里程和能源利用效率。因此,通过动态导通电阻测试,筛选出性能卓越的 SiC 功率模块,成为汽车制造商提高产品竞争力的关键手段之一。

案例:特斯拉在其部分车型中应用了 SiC 功率模块,并高度重视动态导通电阻的监测与优化。通过实时监测导通电阻的变化,车辆能够智能调整功率模块的工作状态。例如在车辆高速行驶时,系统检测到导通电阻随电流和温度升高而增大,便自动调整控制策略,降低功率模块的工作温度,减小导通电阻,从而降低能量损耗,使车辆续航里程得到一定程度的提升。

3) 可靠性动态测试全面验证。汽车的使用环境复杂多变,行驶里程往往长达数十万甚至上百万公里,这就要求 SiC 功率模块具备极高的长期可靠性。可靠性动态测试通过模拟汽车在整个使用寿命周期内可能面临的各种温度和功率变化,对功率模块进行全面而严苛的考验。其中,热循环测试通过反复交替改变模块的工作温度,模拟汽车在不同季节、不同行驶工况下的温度变化,检测模块内部材料因热胀冷缩产生的应力疲劳情况;功率循环测试则通过周期性地改变功率模块的负载电流,模拟汽车在加速、减速、爬坡等不同行驶状态下的功率需求变化,评估模块在长期功率波动下的可靠性。通过这一系列可靠性动态测试,确保 SiC 功率模块在历经无数次的温度和功率循环后,依然能够保持稳定的性能,为汽车的安全可靠运行提供持久保障。

案例:大众汽车在对一款新研发的混合动力汽车进行可靠性测试时,对 SiC 功率模块进行了长达一年的热循环和功率循环测试。在热循环测试中,模拟了从极寒的冬季到炎热的夏季,以及车辆在不同行驶速度下的温度变化。在功率循环测试中，模拟了车辆在城市拥堵路况下频繁起停、高速公路上持续高速行驶，以及山区道路爬坡等多种工况。经过严格测试，发现功率模块在某些极端工况下出现了性能衰退的迹象。通过改进材料和优化设计，最终使功率模块满足了长期可靠性要求，确保了车辆的安全可靠运行。

综上所述，严格的品质认证体系，以及针对 SiC 功率模块的专属动态测试要求，构成了保障汽车功率模块质量的坚固防线。它们不仅是汽车制造商确保产品质量、提升市场竞争力的关键手段，更是推动整个汽车行业朝着高效、安全、环保方向发展的重要基石。

思 考 题

1. 汽车半导体的构成有哪些？在传统燃油车和新能源汽车里的构成比例是多少？
2. 汽车半导体的质量管理体系名称是什么？有哪些要素？
3. AIAG 的全称是什么？五大工具名称和内容要素是什么？
4. 车规级半导体器件的认证体系是什么？分别有哪些要素？
5. 功率模块应该按照哪个标准去做认证？
6. ISO 26262 主要适用于哪些方面？

参 考 文 献

[1] Automotive Electronics Council, Component Technical Committee. FAILURE MECHANISM BASED STRESS TEST QUALIFICATION FOR INTEGRATED CIRCUITS, AEC-Q100-Rev-H [S/OL]. September 11, 2014：http://aecouncil.com/Documents/AEC_Q100_Rev_H_Base_Document.pdf.

[2] Automotive Electronics Council, Component Technical Committee. FAILURE MECHANISM BASED STRESS TEST QUALIFICATION FOR DISCRETE SEMICONDUCTORS IN AuTOMOTIVE APPLICATIONS, [S/OL]. AEC-Q101-Rev-E March 1, 2021：http://aecouncil.com/Docu-ments/AEC_Q101_Rev_E_ Base_Document.pdf.

[3] ECPE European Center for Power Electronicse. V. ECPE Guideline AQG 324 Qualification of Power Modules for Usein Power Electronics Converter Units (PCUs) in Motor Vehicles, Version no.：V01.05 [S/OL]. Release date：12.04.2018：https://www.ecpe.org/index.php? eID = dumpFile&t = f&f = 3501&tok en = b8ddf63f0af6ddea196f5a8caeae710ed05f72dd.

[4] 国际标准化管理委员会. Road vehicles—Functional safety—Part11：Guidelines on application of ISO 26262 to semiconductors, First edition [S/OL]. 2018-12：https://www.iso.org/standard/43464.html.

第9章 第三代宽禁带功率半导体封装

9.1 第三代宽禁带半导体的定义及介绍

以碳化硅（SiC）和氮化镓（GaN）为代表的宽禁带化合物半导体被称为第三代宽禁带半导体。相对于以硅（Si）、锗（Ge）为代表的第一代半导体材料，以砷化镓（GaAs）、锑化铟（InSb）、磷化铟（InP）为代表的第二代半导体材料，第三代半导体材料在高温、高频、高耐压等多个方面具备明显的优势，因而更适合于制作高温、高频及高功率器件。表9-1是半导体材料参数比较。

表9-1 半导体材料参数比较表

材料	Si	4H-SiC	6H-SiC	3C-SiC	GaN	钻石
禁带宽度/eV	1.12	3.26	3.02	2.23	3.42	5.47
电子移动速度 μ_e/(cm²/V·s)	1350	1000	450	1000	1200	2000
绝缘破坏电场强度 E_c/(V/cm)	3.0×10^5	2.5×10^6	3.0×10^6	1.5×10^6	3.0×10^6	8.0×10^6
电子饱和速率/(10^7cm/s)	1	2.2	1.9	2.7	2.4	2.5
热传导率 λ/(W/m·k)	1.5	4.9	4.9	4.9	1.3	20

所谓宽禁带是指相比较于硅的禁带宽度为1.1eV，SiC的禁带宽度为3.3eV，GaN为3.4eV。SiC和GaN都具有较小的导通电阻，大大降低了器件的导通损耗；同时其较高的电子饱和速率和电子迁移率还能提高器件的开关速度，从而降低电力电子器件的开关损耗，提高了转换效率。SiC和GaN可以工作在较高的频率下，较高的开关频率还有助于将电容和电感的值减少约75%，显著降低了无源和滤波元器件的成本。同时，第三代功率半导体器件拥有更高的功率密度，也大幅度降低了电路的规模、体积和重量，这点尤其对于电动汽车来讲具有极大的应用优势。图9-1所示是SiC和GaN的一些应用特性。

如图9-1所示，GaN具有优秀的高频特性，所以GaN更多应用在射频功率器件和快充场景。SiC频率特性优秀，并且其功率密度相当高，达到了硅基IGBT的水平，同时具有高频的优势。因此，对于第三代宽禁带半导体的应用来说，采用SiC比硅基IGBT具有显著优势，尤其是在高结温、高阻抗和高频场合。据美国北卡罗来纳州立大学称，全球每小时总发电量为120亿kW。据该学校称，全球80%以上的电力是通过电力电子系统传输的。电力电子技术利用各种设备来控制和转换系统中的电力，例如汽车、电机驱动器、电源、太阳能和风力机。通常，在系统的

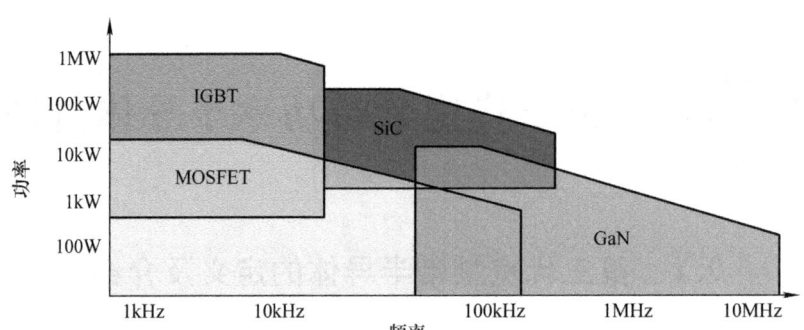

图 9-1 功率器件应用范围特性图

转换过程中会浪费功率。举一个例子,据统计,在一年内出售的台式计算机中浪费的功率相当于 17 个 500MW 的发电厂。因此,需要更高效的设备,例如功率半导体和其他芯片,选择合适的功率半导体是关键。在硅片方面,优选包括功率 MOSFET、超级结功率 MOSFET 和 IGBT。功率 MOSFET 被认为是最便宜和最受欢迎的器件,用于适配器、电源和其他产品。它们用于 10~500V 的低压应用。超级结功率 MOSFET 是增强型 MOSFET,用于 500~900V 系统中。同时,领先的中端功率半导体器件是 IGBT,该器件用于 1200V~6.6kV 的应用。硅基 MOSFET 在较低电压段中与 GaN 器件相互竞争,而 IGBT 和 SiC 在高压段并驾齐驱。所有功率器件都在 600~900V 内相互竞争。同时,在高端市场,有些公司出售 3.3~10kW 的设备,这些设备用于电网、火车和风力发电。SiC 的主要市场为 600~1200V。为此,电动汽车是最大的市场,其次是电源和太阳能。多年来,电动汽车的原始设备制造商在车辆的许多零件中都使用了 IGBT 和 MOSFET。然后,特斯拉不再使用 IGBT,而是开始将意法半导体的 SiC 功率器件用于其 Model3/S 汽车中的牵引逆变器。牵引逆变器向电动机提供牵引力以推动车辆。SiC 器件还用于电动汽车的 DC/DC 变换器和车载充电器。

9.2 SiC 的特质及晶圆制备

SiC 存在着约 250 种结晶形态。由于 SiC 拥有一系列相似晶体结构的同质多型体使得 SiC 具有同质多晶的特点。地球上的 SiC 非常稀有但在宇宙空间中却相当常见。宇宙中的 SiC 通常是碳星周围的宇宙尘埃中的常见成分。在宇宙和陨石中发现的 SiC 几乎无一例外都是 β 相晶型的。α-碳化硅(α-SiC)是这些多型体中最为常见的,它是在大于 1700℃ 的温度下形成的,具有类似铅锌矿的六方晶体结构。具有类似钻石的闪锌矿晶体结构的 β-碳化硅(β-SiC)则是在低于 1700℃ 的条件下形成的。各种 SiC 晶体结构如图 9-2 所示。

20 世纪 80 年代初,Tairov 等人采用改进的升华工艺生长出 SiC 晶体,SiC 作为

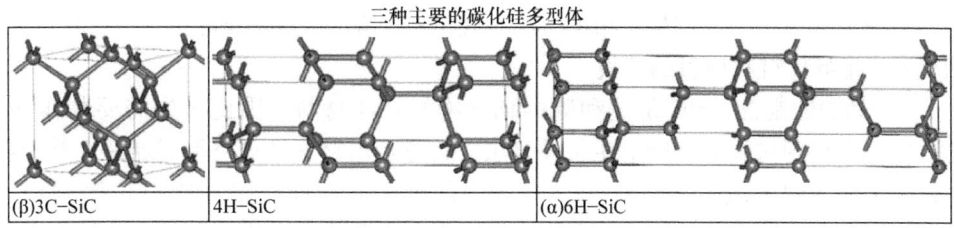

图 9-2　各种 SiC 晶体结构示意图

一种实用半导体材料开始引起人们的研究兴趣，国际上一些先进国家和研究机构都投入巨资进行 SiC 研究。20 世纪 90 年代初，Cree Research Inc 用改进的 Lely 法生长出 6H-SiC 晶片并实现商品化，并于 1994 年制备出 4H-SiC 晶片。这一突破性进展立即掀起了 SiC 晶体及相关技术研究的热潮。目前实现商业化的 SiC 晶片只有 4H-SiC 和 6H-SiC 型。研究表明 SiC 具有以下特点：

1）热导率高。
2）电子饱和速率和电子迁移率高。
3）抗电压击穿能力强。
4）热膨胀系数也非常低（4.0×10^{-6}/K）。

6H-SiC 和 4H-SiC 最大的差异在于 4H-SiC 的电子迁移率是 6H-SiC 的两倍，这是因为 4H-SiC 有较高的水平轴（a-axis）移动率。与硅基 IGBT 相比，SiC 是基于硅和碳的化合物半导体材料，它的击穿场强是硅的 10 倍，导热系数是硅的 3 倍。SiC 可以提高 5%～10% 的电池使用率。SiC 逆变器能够提升 5%～10% 的电池续航能力，节省 400～800 美元的电池成本（80kW·h 电池、102 美元/kW·h）。SiC 器件的工作结温在 200℃ 以上，工作频率在 100kHz 以上，耐压可达 20kV，这些性能都优于传统硅器件；SiC 器件体积可减小到 IGBT 整机的 1/5～1/3，重量可减小到 IGBT 的 40%～60%；SiC 器件还可以提升系统的效率，进一步提高系统的性价比和可靠性。在电动汽车的不同工况下，SiC 器件与 IGBT 的性能对比，SiC 的功耗降低了 60%～80%，效率提升了 1%～3%，SiC 的优势可见一斑。相关机构研究也表明，虽然在一辆电动汽车上采用 SiC 会多花 200～300 美元，但整车成本可以节省 2000 美元，比如节省 600 美元电池成本、节省 600 美元汽车空间成本，以及节省 1000 美元散热成本。据报道，2020 年全球碳化硅功率器件市场规模约 5 亿～6 亿美元，约占整个功率半导体器件市场份额的 3%～4%，预计到 2022 年，碳化硅功率系统器件的市场规模有望超过 10 亿美元。全球 SiC 器件领域主要厂商包括意法半导体、英飞凌、科锐、罗姆，四家一起占据 90% 的市场份额。我国也积极发展 SiC 产业，如三安光电在湖南建设的半导体基地一期项目正式投产，项目投产后可实现月产 3 万片 6in⊖ SiC 晶圆的生产能力。再如山东天岳递交了科创板上市招股

⊖ 1in = 2.54×10^{-2}m。

书,有望成为第一个科创板上市的 SiC 衬底材料企业。上市计划募集资金 20 亿元,用于 SiC 半导体材料项目的建设。

SiC 晶圆的制备,SiC 是硅和碳的化合物半导体材料,因此首先需要制作 SiC 的衬底,在得到衬底的基础上生长外延层,再进行电路刻蚀最终形成器件,其中制作衬底是最大的挑战。主要难题是衬底内的缺陷,基面位错和螺钉位错会产生"致命缺陷",SiC 器件必须减少这种缺陷,才能获得商业成功所需的高产量。关于怎么制作电路,形成 SiC 晶圆的过程和传统的硅基功率器件类似,本书不做介绍,有兴趣的读者可以参考半导体制造相关图书,了解详细的制造过程。

SiC 晶体是六方晶型结构,根据 Si、C 原子的排列顺序,SiC 存在大量的多型结构。SiC 单晶体的生长方法主要有三类:物理气相传输法(PVT)、高温化学气相沉积法(HT-CVD)、溶液转移法(LPE),三种方法的优缺点比较如图 9-3 所示。

制备方法	物理气相传输法(PVT)(95%占比)	高温化学气相沉积法(HT-CVD)	溶液转移法(LPE)
示意图	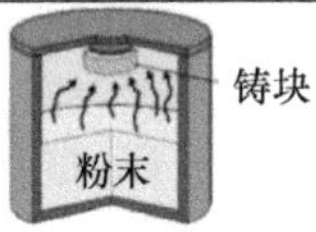 铸块 / 粉末	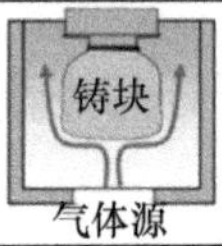 铸块 / 气体源	 铸块 / 硅金属与碳成分的结合物
优点	最成熟、最常见的方法	可持续的原料,可调整的参数,一体化设备	和提拉法基本一致
缺点	半绝缘制造困难、生长厚度受限、没有一体化设备	速率和缺陷的制约	金属杂质,在硅溶液中碳的溶解度有限
典型速率	200~400μm/h	300+μm/h	500μm/h
温度	2200~2500°C	2200°C	1460~1800°C
晶型	4H&6H	4H&6H	4H&6H
主要厂商	Cree/II-VI/Dow Corning/Sicrystal	Norstel/日本电装	住友金属

图 9-3 三种 SiC 单晶体生长方法优缺点比较图[1]

图 9-3 中提到的提拉法,是硅基半导体晶圆衬底的主要制备方法,又称丘克拉斯基法,是丘克拉斯基(J. Czochralski)在 1917 年发明的从熔体中提拉生长高质量单晶的方法。提拉法是将构成晶体的原料放在坩埚中加热熔化,在熔体表面接籽晶提拉熔体,在受控条件下,使籽晶和熔体在交界面上不断进行原子或分子的重新排列,随降温逐渐凝固而生长出单晶体。

9.3 GaN 的特质及晶圆制备

1969 年日本科学家 Maruska 等人采用氢化物气相沉积技术在蓝宝石衬底表面沉积出了较大面积的 GaN 薄膜。GaN 具有禁带宽度大、击穿电压高、热导率大、饱和电子漂移速度高和抗辐射能力强等特点,是迄今为止理论上电光、光电转换效率最高的材料。GaN 的外延生长方法主要有金属有机化学气相沉积(MOCVD)、氢化物气相外延（HVPE）、分子束外延（MBE）。MOCVD 技术最初由 Manasevit 于 1968 年提出，之后随着原材料纯度提高及工艺的改进，该方法逐渐成为以砷化镓、铟化磷为代表的第二代半导体材料和以氮化镓为代表的第三代半导体材料的主要生长工艺。1993 年日亚化学的 Nakamura 等人用 MOCVD 方法实现了高质量 InGaN（铟镓氮）外延层的制备。HVPE 通过高温下高纯 Ga 金属与 HCl 反应生成 GaCl 蒸汽，在衬底外延面与 NH_3 反应，沉积结晶形成 GaN。该方法可大面积生长且生长速度高（可达 $100\mu m/h$），可在异质衬底上外延生长数百微米厚的 GaN 层，从而减少衬底与外延膜的热失配引起的晶格失配缺陷。生长完成后用研磨或腐蚀的方法去掉衬底，即可获得 GaN 单晶片。通过这种方法获得的晶体尺寸大，位错密度控制较好。若要解决高速生长带来的缺陷问题，可通过 HVPE 与 MOCVD 中的横向覆盖外延生长法相结合的办法来改善。目前除了 MOCVD，MBE 也成为重要的 GaN 等半导体材料的生长方法。MBE 是在衬底表面生长高质量晶体薄膜的外延生长方法，不过需要在高真空甚至超高真空环境下进行。MBE 的优点是：①虽然通常 MBE 生长速率不超过 $1\mu m/h$，相当于每秒或更长时间只生长一个单原子层，但容易实现对膜厚、结构和成分的精确控制，容易实现陡峭界面的异质结构和量子结构等；②外延生长温度低，降低了界面上因不同热膨胀系数而引入的晶格缺陷；③相比 HVPE 和 MOCVD 的化学过程，MBE 是物理沉积过程，因此无须考虑化学反应带来的杂质污染。

从功率器件结构上看，Si 和 SiC 是垂直型的结构，而 GaN 是平面型的结构，与现有的 Si 半导体工艺兼容性强，更容易集成，Si 和 GaN 半导体结构如图 9-4、图 9-5 所示。

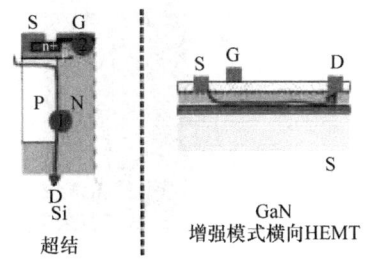

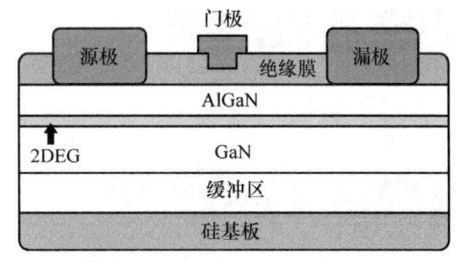

图 9-4 Si 和 GaN 半导体结构比较图[2]　　　图 9-5 GaN 半导体结构图[2]

如果三维固体中电子的运动在某一个方向（如 z 方向）上受到阻挡（限制），那么，电子就只能在另外两个方向（x、y 方向）上自由运动，这种具有两个自由度的自由电子就称为二维电子气（Two-Dimensional Electron Gas，2DEG）。图 9-5 表明现在主流的 GaN 晶圆实际上是在 Si 衬底上生长出来的化合物半导体。这点对于 GaN 来说无须在芯片背面做金属化，而 Si 及 SiC 功率芯片背面需要导出漏极（Drain），一般是 TiNiAg 合金，相对来说，制造功率器件的晶圆制造工艺比 Si 及

SiC 晶圆简单。

9.4 第三代宽禁带功率半导体器件的封装

因为受缺陷密度的影响，无论是 SiC 还是 GaN，其晶圆的尺寸目前都在 6 寸㊀以下，最近意法半导体宣称做出了 8 寸的 SiC 晶圆，还有待观察。由于制造第三代半导体的工艺复杂性，以及尺寸有限，所以从成本上来看，都普遍是 Si 晶圆的 8 倍以上，所以在功率分立器件领域得到的应用并不多。最近比较流行的是做 SiC 肖特基势垒二极管（SBD）替代 Si 基的快恢复整流管（FRD），而 SiC MOSFET 用于分立器件的场合体现不出性价比优势。所以 SiC 模块目前适用于高附加值的汽车行业、光伏发电站的逆变器等对成本不太敏感的区域。

第三代宽禁带半导体功率分立器件的封装和传统的 Si 基功率分立器件并无太大的区别，但由于其材料特质不一样，所以在一些工序上还是采用了不同的加工工艺，典型的是切割，由于 SiC 是已知硬度第四高的材料，在晶圆切割时，若采用传统的金刚刀切割方式，效率极低，并且刀的使用寿命大大缩短。同样大小的 SiC 晶圆，其切割效率是 Si 基晶圆的 1/14，其效率已经低于内互联键合，成了封装的瓶颈，为了提高效率，开发出激光隐性切割系统，再配合裂片扩片机，可以达到和硅基晶圆金刚刀切割一样的效率，质量更稳定，激光隐性切割如图 9-6、图 9-7 所示。

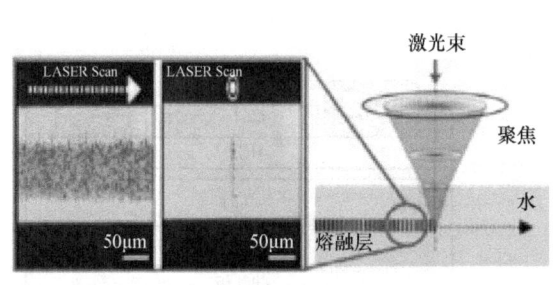

图 9-6 激光隐性切割示意图[3]

图 9-7 国产激光隐性切割机[4]

关于晶圆切割的具体内容在前面章节有详细介绍，这里不再赘述。

SiC 的模块封装在前面的章节也有详细介绍，主要的特点是采用银烧结和打粗铜线的工艺，主要考虑的是提高可靠性，采用银烧结后，其功率循环的寿命可以超过 10 万次。采用粗铜线做内互联不仅可以有效降低封装内阻，提高大电流的过载能力，同时也保持了内互联的灵活性，因为粗铜线键合需要首先在芯片上电镀或者

㊀ 1 寸 =（1/30）m = 0.033m。

烧结一层薄铜层，因此这也相对提高了芯片的散热能力。结合成本，采用高导热的塑封料可以进一步提高整个封装的散热能力。这些新材料、新工艺的综合使用形成了可以充分发挥第三代宽禁带半导体材料本身比硅更高的结温、更高的工作频率、更优秀的热传导能力等方面的优势。

此外，一个有趣的现象是，据重庆大学方面的研究，传统封装材料和工艺条件下做出来的模块，SiC 模块的工作寿命反而不如硅基模块。因为在承载相同大小的电流下，芯片面积 SiC 模块是硅基模块的 1/2，SiC 模块的泊松比是硅基模块的 1.6 倍，SiC 模块的杨氏模量是硅基模块的 3 倍，据此计算，如果采用相同的焊料装片方式，SiC 模块的寿命只有硅基模块的 70% 左右，在长时间功率循环的状态下，焊料层首先会发生裂纹。所以，这里再次强调，如果要使用 SiC 芯片做功率模块，并且要发挥其特性优势，一定采用银烧结才可以得到性能更优秀，可靠性更高的模块。在中小功率场合，采用硅基芯片的模块更具有经济性，并且工艺也比较成熟。成本原因，未来很长一段时间硅基和 SiC 会共存。

9.5 第三代宽禁带功率半导体器件的应用

我们知道，车用功率模块（当前的主流是 IGBT）决定了车用电驱动系统的关键性能，同时占电动机逆变器成本的 40% 以上，是核心部件。由于 SiC 具有比 Si 更明显的优势，所以 SiC 模块首先在汽车行业得到了应用尝试和推广。图 9-8 和图 9-9 是特斯拉和比亚迪在其电动汽车上的 SiC 模块实物图。

图 9-8　特斯拉车用 SiC 模块

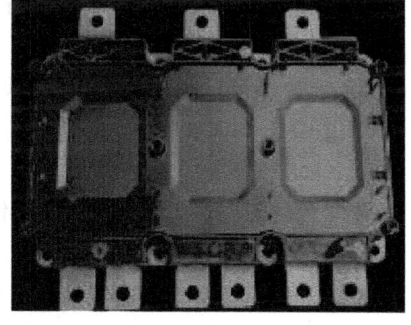

图 9-9　比亚迪车用 SiC 模块

新能源汽车是 SiC 功率器件及模块正在全力进入的领域，像特斯拉的 SiC MOS 并联方案，比亚迪的三相全桥电控模块，以及各半导体厂家正在全力布局的汽车级 SiC MOS 模块，根据 SiC 材料的特性，大功率、高频率以及高功率密度的电控使得控制器的体积大大减少，同时由于优越的高温特性，使得 SiC 在新能源汽车领域得到额外重视并蓬勃发展。SiC SBD 和 SiC MOS 是目前最为常见的 SiC 基的器件，且 SiC MOS 正在一些领域和 IGBT 争抢份额，而 IGBT 结合了 MOS 和 BJT 的优点，SiC

作为第三代宽禁带半导体材料又具有优于传统 Si 的综合特性,那么为什么只听说 SiC MOS,却没有 SiC IGBT 的消息呢?

因为硅基 IGBT 目前依然处于传统的市场主导地位,随着第三代宽禁带半导体材料 SiC 的发展,关于 SiC 的器件及模块陆续出现,且尝试取代 IGBT 应用到相关行业,但实际上 SiC 并没有取代 IGBT,其主要原因还是关键因素——成本,目前就 SiC 功率器件而言,其制造成本是硅的 6~9 倍,当前主流的 SiC 还是 6 寸,且需要先制造 SiC 衬底,晶圆缺陷密度高,良率相对而言就比 Si 低,所以价格上并没有太大的优势,所以即使开发了 SiC IGBT,其价格在大多数应用场合是并不会受市场青睐的。因为在一些成本为主要因素的行业,技术优势不如成本优势更紧迫。就算在一些"不差钱"的行业,如汽车行业,目前也仅仅是开发使用 SiC MOS,当然 SiC MOS 的一些性能比 Si IGBT 更具有优势,在相当长的一段时间内两者会混合共存使用,性价比的原因也没有开发更高性能的 SiC IGBT 的市场动力和技术需求。

SiC IGBT 未来最有可能先用于电力电子变压器(PET),也称固态变压器(SST)或者智能变压器(ST)。PET 一般应用于中高压场合,比如智能电网/能源互联网、分布式可再生能源发电并网,以及电力机车牵引用的车载变流器等。其优点是可控性高、兼容性好,以及良好的电能质量。目前,传统 PET 的主要问题是电能转换效率低、功率密度低、造价高和可靠性差等。而问题产生的主要原因是采用的功率半导体器件的耐压水平有限,导致 10kV 电压需要采用多单元级联的拓扑,从而导致了功率器件、储能电容和电感等数量相当的庞大。所以想要有所突破,便需要更高耐压、更低损耗的功率半导体器件——SiC IGBT。第三代宽禁带半导体材料 SiC 的优点是击穿电场特别强、禁带宽度大、电子饱和迁移速度快、热导率高等,使其能够满足更高频率、更大耐压、更大功率等场合,可以使得目前 PET 突破瓶颈,同时 SiC IGBT 优越的通态特性、开关速度,以及良好的安全工作区域,使其在 10~25kV 的场合大显身手[5]。

下面我们说说 GaN 的应用,GaN 属于第三代半导体材料(又称为宽禁带半导体材料)。GaN 的禁带宽度、电子饱和迁移速度、击穿场强和工作温度远远优于 Si 和 GaAs,具有作为电力电子器件和射频器件的先天优势。目前第三代半导体材料以 SiC 和 GaN 为主。相较于 SiC,GaN 材料的优势主要是成本低,易于大规模产业化。尽管耐压能力低于 SiC 器件,但优势在于开关速度快。同时,GaN 如果配合 SiC 衬底,器件可同时适用大功率和高频率。GaN 的击穿场强是硅的 10 倍,电子迁移率是硅的 2 倍。GaN 用于 LED、电力电子设备和射频场合。GaN 的射频版本用于 5G、雷达。对于其他应用,一般来说,更大的充电功率意味着更大的体积和重量,而 GaN 材料很好地避免了这个问题,自然也就成了许多轻薄笔记本计算机和支持快充的手机的首选。GaN 在未来几年将在许多应用中取代硅,其中,快充是第一个可以大规模生产的应用。在 600V 左右的电压下,GaN 在芯片面积、电路效率和开关频率方面的表现明显好于硅。在 20 世纪 90 年代对分立 GaN 及 21 世纪初对集成 GaN 进行了多年学术研究之后，Navitas 公司的 GaN Fast 源集成电路现已成为业界公认的，具有商业吸引力的下一代解决方案。它可以用来设计更小、更轻、更快的充电器和电源适配器。单桥和半桥的 GaN 快速电源芯片是由驱动器和逻辑单片集成的 650V 硅基 GaN FET，采用四方扁平无引线（QFN）封装。GaN Fast 技术允许高达 10MHz 的开关频率，从而允许使用更小、更轻的无源元件。此外，寄生电感限制了 Si 和较早的分立 GaN 电路的开关速度，而集成可以最大限度地减少延迟并消除寄生电感。

2019 年 9 月，OPPO 宣布在其 65W 内置快速充电器中采用 GaN-HEMT 器件，GaN 在 2019 年首次进入主流消费应用。2020 年 2 月份，小米公司推出了 65W 的 GaN 充电器，其横截面积仅比一元硬币稍大，重量约为 82g，其物理尺寸比现有充电器小很多，非常便于携带。但其充电速度超快，一块 4500mA·h 的超大电池从零电量充电至满格仅需 45min。小米 GaN 快充充电器实物图如图 9-10 所示。

图 9-10　小米 GaN 快充充电器实物图

尺寸小、充电快是 GaN 充电器的最大优势。同时，在器件方面，GaN 半导体针对不同的市场，其中发电机电子功率控制系统（亦称电子节气门）和其他产品在 15～200V 的较低电压段中竞争。在这些领域中，GaN 与功率 MOSFET 竞争，其他公司则在 600V、650V 和 900V 市场中竞争。这些器件可与硅基 IGBT、MOSFET 和 SiC 器件竞争。针对不同的市场使得 GaN 在发展中相互取长补短。GaN 适用于适配器、汽车电源。GaN 的 900V 电压适用于汽车、电池充电器、电源和太阳能。像 SiC 一样，GaN 试图在电动汽车领域获得更大的发展，特别是对于车载充电器和 DC/DC 变换器等。

9.6　宽禁带和超宽禁带功率半导体器件展望

在半导体技术持续革新的浪潮中，宽禁带（如 SiC、GaN）与超宽禁带［以氧化镓（Ga_2O_3）、金刚石、氮化铝（AlN）为代表］功率半导体器件正逐渐崭露头角，成为推动多领域变革的关键力量。从技术演进的角度来看，宽禁带半导体技术不断突破。SiC 在制造工艺上迈向大尺寸晶圆时代，2024 年多个企业宣布 200mm 产线投产与扩展，有机构预测 2027 年 300mm SiC 晶圆将小规模量产，这将会显著降低制造成本，提升生产效率。GaN 技术同样进展迅速，在更高电压、更高效率应用中不断突破，像 650V 和 1500V HEMT 的研发成果频出，同时 GaN-on-Si 技术助力其大规模量产，加快普及速度。在超宽禁带半导体方面，Ga_2O_3 材料的研究热度持续攀升。日本 NCT 公司采用垂直布里奇曼法成功制备出 6in（100）向单晶衬底，国内镓仁半导体也通过铸造法实现 6in 单晶衬底生长，在价格成本上展现出先天优势。其外延技术中，氢化物气相外延（Hydride Vapor Phase Epitaxy，HVPE）凭借生长速率快、低浓度掺杂可调的优势占据较高市场份额，而金属有机化学气相沉积（Metal Organic Chemical Vapor Deposition，MOCVD）因可实现大尺寸外延且兼顾生长速率，有望成为未来市场化的主力军。在器件性能提升上，各国科研团队不断发力，通过创新结构设计与工艺优化，提升器件的关键性能指标。

在应用拓展层面，电动汽车领域对宽禁带功率半导体器件需求旺盛。SiC 凭借耐高温、耐高压特性，在电动汽车高压逆变器和充电模块中应用广泛，特斯拉等车企已采用 SiC 功率模块提升车辆续航与能效。GaN 也开始在电动汽车高频、低功耗场景中崭露头角，尤其在 800V 逆变器中对 SiC 形成挑战，其开关速度快的优势有望提供更具性价比的方案。在能源领域，无论是光伏发电、风力发电，还是智能电网建设，宽禁带与超宽禁带功率半导体器件都将发挥重要作用。它们能够提高逆变器的电能转换效率，降低能量损耗，解决传统技术在功率密度和转换效率上的瓶颈问题。在消费电子领域，GaN 凭借开关损耗低、同等晶圆面积下内阻小的特点，已成为轻薄型笔记本电脑和快速充电类电子产品的首选，未来有望进一步拓展应用场景，实现更高效的电源管理。超宽禁带半导体由于其超高的击穿电场和更大的功率密度潜力，在未来的大功率微波器件与集成电路领域有着广阔的应用前景，尽管目前还处于研究和初步应用阶段，但已经吸引了众多科研机构和企业的关注。

然而，宽禁带和超宽禁带功率半导体器件的发展也面临诸多挑战。成本问题是制约其大规模应用的关键因素，虽然随着技术进步和规模化生产，成本有所下降，但与传统硅基器件相比，仍有较大的下降空间。产业链协同发展也至关重要，从材料生长、设备制造、芯片设计、器件制造到产品测试，各个环节需要紧密配合，构建开放、高效的产业生态系统，以推动技术的持续创新与发展。此外，超宽禁带半导体在材料生长的稳定性、缺陷控制，以及器件的可靠性等方面还需要进一步深入研究和突破。

总体而言，宽禁带和超宽禁带功率半导体器件前景广阔，SiC、GaN 等宽禁带半导体将在现有应用领域持续深耕并拓展新的应用场景，Ga_2O_3 等超宽禁带半导体有望在未来实现更多的技术突破和应用落地，它们将共同推动能源、交通、电子等多个行业的技术革新与发展，为构建更加高效、绿色、智能的未来奠定坚实基础。

在半导体技术的浩瀚星空中，超宽禁带功率半导体器件宛如一颗冉冉升起的新星，正以其独特的魅力和无限的潜力，吸引着全球科研人员、企业，以及各大行业的目光。这类器件主要包括 Ga_2O_3、金刚石、AlN 等，它们与传统半导体材料相比，拥有更为卓越的物理特性，为诸多领域的技术革新带来了前所未有的机遇，主要体现在以下两个方面：

1）材料生长与制备：现阶段，超宽禁带半导体材料的生长过程充满挑战，但其进步的步伐从未停歇。就拿 Ga_2O_3 来说，日本 NCT 公司通过垂直布里奇曼法成功研制出 6in（100）向单晶衬底，这一成果极大地推动了 Ga_2O_3 材料的应用进程。而国内的镓仁半导体则另辟蹊径，采用铸造法同样实现了 6in 单晶衬底的生长，在成本控制方面展现出独特的优势。展望未来，随着科研的不断深入，一方面，科学家们将致力于攻克更大尺寸衬底制备的难题，从 6in 迈向 8in 甚至更大尺寸，这不仅能够显著提高材料的利用率，还能大幅降低单个器件的生产成本，为大规模商业化应用提供坚实的基础；另一方面，对材料生长过程中缺陷的控制技术也将不断升级。通过优化生长环境、改进生长工艺，尽可能减少晶体中的位错、杂质等缺陷，从而提高材料的整体质量，避免因缺陷导致器件性能大打折扣，如漏电流增大、击穿电压降低等问题。

2）器件结构与工艺创新：当下，全球的科研人员正全身心地投入到新型器件结构与制造工艺的探索中，力求充分挖掘超宽禁带半导体的强大性能优势。在器件结构设计上，通过巧妙的几何形状调整、不同材料层的优化组合等方式，能够有效提高器件的击穿电压。例如，采用超级结结构，在保持器件导通电阻较小的同时，显著提升其耐压能力，使得器件在高电压应用场景中能够稳定工作。同时，减小导通电阻也是关键目标之一，这可以通过优化沟道材料、改进接触电极等手段来实现，从而减少器件在工作过程中的能量损耗，提高功率密度和效率。在制造工艺领域，纳米加工技术的应用让器件的尺寸得以不断缩小，精度大幅提升，实现了更为精细的结构制造，进一步提升了器件的性能。原子层沉积技术则能够精确控制材料的生长厚度，实现原子级别的薄膜沉积，为制造高性能的超宽禁带功率半导体器件提供了有力的技术支持。

超宽禁带功率半导体器件及其封装技术的应用非常广泛，主要应用于以下领域：

1）电力电子领域：在高压、大功率的应用场景中，超宽禁带功率半导体器件展现出了无可比拟的优势。以智能电网为例，其庞大的电力传输网络需要高效、稳定的电力转换和分配设备。超宽禁带功率半导体器件凭借其高耐压、低导通电阻的特性，能够大幅降低电力传输过程中的能量损耗。据研究表明，使用超宽禁带功率半导体器件的电力转换设备，相较于传统硅基器件，能量损耗可降低 30%～50%，这对于节能减排、提高电力系统的运行效率具有重要意义。在电动汽车快充领域，超宽禁带器件更是有望带来革命性的变化。目前，电动汽车充电时间较长是制约其普及的一大瓶颈，而超宽禁带功率半导体器件能够承受更大的电流，实现更快的充电速度。预计在未来几年内，采用超宽禁带功率半导体器件的快充设备可将电动汽车的充电时间缩短至 15～30min，极大地提升用户体验，加速电动汽车的普及进程。

2）微波射频领域：随着 5G 通信技术的广泛应用以及对 6G 通信的前瞻研究，超宽禁带功率半导体器件在微波射频领域的重要性日益凸显。在 5G 通信基站中，射频功率放大器是核心部件之一,它负责将微弱的射频信号放大到足够大的功率,以实现远距离的信号传输。超宽禁带功率半导体器件由于具有优异的高频特性,能够在高频段实现更高的功率输出和效率。与传统的砷化镓(GaAs)器件相比,超宽禁带功率半导体器件的功率附加效率可提高10%～20%,这意味着在相同的功耗下,能够提供更强的信号覆盖范围,提升通信质量。在未来的6G通信中,对更高频段、更大带宽,以及更高速率的需求将更加迫切,超宽禁带功率半导体器件将成为满足这些需求的关键技术之一。此外,在雷达系统中,超宽禁带功率半导体器件能够实现更高分辨率的目标探测和跟踪;在卫星通信领域,其能够在恶劣的太空环境中稳定工作,为卫星与地面之间的高速数据传输提供保障。

3)极端环境应用:超宽禁带半导体凭借出色的耐高温、耐辐射性能,成为航空航天、石油勘探、核能等极端环境下电子设备的不二之选。在航空航天领域,航空发动机的工作环境极其恶劣,高温、强振动以及高辐射等因素对电子设备的可靠性提出了极高的要求。超宽禁带功率半导体器件能够在这样的环境下稳定运行,确保发动机的控制系统精确无误地工作,保障飞行安全。在石油勘探中,油井内部的温度常常高达数百摄氏度,且存在复杂的化学物质和强辐射环境。超宽禁带功率半导体器件可用于高温油井中的传感器和电子设备,能够在恶劣环境下准确采集数据,为石油勘探提供可靠的信息支持。在核能领域,核反应堆周围存在高强度的辐射,超宽禁带功率半导体器件能够承受这种辐射而不发生性能退化,可用于核反应堆的监测和控制系统,提高核能利用的安全性和可靠性。

4)电动汽车与新能源汽车:在电动汽车的动力系统和充电基础设施中,超宽禁带功率半导体及其封装技术的进步将带来革命性的变化。高功率密度封装的器件能够实现更高效的电机驱动和快速充电,大幅提升电动汽车的续航里程和充电速度,满足未来新能源汽车对高性能、轻量化的需求,推动新能源汽车产业向更高水平发展。

5)航空航天与国防领域:航空航天和国防领域对电子设备的可靠性、耐高温、耐辐射性能要求极高。超宽禁带功率半导体及其封装技术能够完美满足这些严苛要求,在航空发动机控制系统、卫星通信系统、雷达等关键设备中发挥重要作用,显著提高系统的性能和可靠性,为国防安全和航空航天任务的顺利执行提供坚实保障。

6)工业自动化与智能电网:在工业自动化领域,超宽禁带功率半导体及其封装技术可用于高效的电机驱动和电源管理系统,提高工业设备的运行效率和可靠性,助力工业生产向智能化、高效化迈进。在智能电网中,能够实现更高效的电力转换和分配,降低输电损耗,提高电网的稳定性和智能化水平,为构建绿色、高效的能源体系做出贡献。

超宽禁带功率半导体主要面临的问题有以下几方面:

1)成本:目前,超宽禁带功率半导体器件的制造成本居高不下,这成为其大规模应用的一大障碍。造成成本高昂的原因主要有材料制备难度大、生产工艺复杂，以及规模化程度低。为了攻克这一难题，首先需要在材料生长技术上进行深度优化。例如，进一步改进 Ga_2O_3 的生长工艺，提高晶体生长的速率和质量，减少材料的浪费，从而降低材料成本。同时，加快工艺研发的步伐，引入先进的自动化生产设备，实现规模化生产。通过规模效应，降低单位产品的生产成本，使其在市场上更具竞争力。

2）技术成熟度：尽管超宽禁带功率半导体在理论上具有巨大的优势，但在实际应用中，其技术成熟度仍有待进一步提高。一方面，器件的稳定性和可靠性需要进一步验证和改进。在长期的工作过程中，超宽禁带器件可能会出现性能漂移、老化等问题，这需要深入研究器件的失效机制，通过改进材料和工艺，提高器件的稳定性和可靠性；另一方面，器件与现有电路系统的兼容性也是一个重要问题。由于超宽禁带功率半导体器件的特性与传统硅基器件存在差异，在将其集成到现有电路系统中时，可能会面临接口不匹配、信号干扰等问题。因此，需要加强相关的电路设计和系统集成研究，开发出适合超宽禁带功率半导体器件的电路拓扑和接口技术，确保其能够与现有系统无缝对接。

3）产业生态建设：超宽禁带功率半导体产业目前尚处于发展初期，产业生态还不够完善。从材料供应、设备制造到器件设计、应用开发等各个环节，缺乏有效的协同合作。为了推动产业的健康发展，政府应发挥引导作用，出台相关的产业扶持政策，鼓励企业加大研发投入。企业之间应加强合作，建立产业联盟，实现资源共享、优势互补。科研机构则应加强基础研究和应用开发，为产业发展提供技术支持。通过产学研的紧密合作，构建完整的产业生态链，促进超宽禁带功率半导体产业的快速发展。

超宽禁带功率半导体，像 Ga_2O_3、金刚石、AlN 等，以其卓越的物理特性脱颖而出。它们在高压、高频、高温等极端工况下展现出巨大的应用潜力，为众多前沿科技领域的突破提供了可能。而在这之中，封装技术作为连接芯片与外部系统的桥梁，对于超宽禁带功率半导体充分释放其性能优势起着至关重要的作用，其未来发展趋势备受行业内外瞩目。以下是对超宽禁带功率半导体器件封装技术方面的展望：

1）高功率密度封装：超宽禁带功率半导体拥有高耐压、大电流密度的突出特点，这对封装技术提出了应对更高功率密度的严苛要求。展望未来，三维（3D）封装技术无疑将成为重要的发展方向。这种技术通过在垂直方向上巧妙堆叠多个芯片，实现芯片间的短距离互联，极大地减少了寄生电感和电容，不仅显著提高了信号传输速度，还大幅降低了功耗。以硅通孔（TSV）技术为例，其通过在芯片间构建垂直电气连接，有效缩短了信号传输路径，让功率密度得到大幅提升，能够很好地满足电动汽车快充、智能电网等领域对高效功率转换的迫切需求，为这些领域的技术升级提供了有力支撑。

2) 散热优化封装：超宽禁带功率半导体在工作时会产生大量热量，如何实现高效散热成为确保其性能和可靠性的关键难题。随着技术的不断演进，新型散热材料和结构不断涌现。比如，金刚石凭借其超高的热导率，成为散热基板的理想选择，其热导率是传统硅基板的数倍之多，能够迅速将芯片产生的热量导出。与此同时，微通道散热结构也逐渐崭露头角，这种结构通过在封装内部精心设计微小的流体通道，利用液体或气体的循环流动带走热量，实现了更高效的散热效果，确保器件在高温环境下依然能够稳定运行，延长了器件的使用寿命。

3) 高频性能优化封装：在5G、6G通信以及雷达等高频应用领域，超宽禁带功率半导体封装的高频性能至关重要。未来，研发低损耗的封装材料和优化封装结构将成为研究的重点方向。采用低介电常数和低损耗角正切的封装材料，能够有效减少信号传输过程中的能量损耗和延迟，保证信号的稳定传输。同时，通过对引脚和布线进行优化设计，降低信号传输的阻抗不匹配，进一步提高信号完整性，确保器件在高频下能够稳定、高效地工作，为高频通信和探测技术的发展提供坚实保障。

封装是一个多物理场交互作用的综合体，超宽禁带功率半导体器件封装技术面临的挑战大体如下：

1) 材料兼容性挑战：超宽禁带半导体材料与传统封装材料在热膨胀系数、化学稳定性等方面存在较大差异，这在封装过程中极易引发应力集中、界面开裂等问题，严重影响器件的可靠性。为解决这一难题，需要研发新型的适配材料，或者采用缓冲层技术来缓解材料间的应力不匹配。在芯片与封装基板之间引入具有梯度热膨胀系数的缓冲层材料，能够逐步过渡热应力，有效提高封装的可靠性，为超宽禁带功率半导体器件封装提供更可靠的解决方案。

2) 成本控制挑战：超宽禁带功率半导体本身制造成本较高，而封装技术的复杂性进一步增加了成本。为了降低成本，一方面需要对封装工艺进行全面优化，提高生产效率，通过规模化生产来降低单位成本；另一方面，积极探索低成本的封装材料和工艺替代方案，在不影响性能的前提下，实现对成本的有效控制。例如，开发新型的封装模具和制造设备，提高封装过程的自动化程度，减少人工成本，从而使超宽禁带功率半导体在市场上更具竞争力。

3) 测试与验证挑战：超宽禁带功率半导体器件封装后的性能测试和可靠性验证面临诸多困难，由于其工作在高压、高频、高温等极端条件下，传统的测试方法和设备难以满足需求。因此，迫切需要研发专门针对超宽禁带功率半导体器件封装的测试技术和设备，建立完善的测试标准和流程。开发能够模拟实际工作环境的多物理场耦合测试平台，对封装后的器件进行全面、准确的性能评估和可靠性验证，为超宽禁带功率半导体的应用提供可靠的数据支持。

总之，超宽禁带功率半导体器件及其封装技术的发展是推动其广泛应用的关键所在。通过持续创新和突破，攻克面临的重重挑战，超宽禁带功率半导体器件及其封装技术必将在未来的能源、通信、交通等领域发挥核心作用，引领各行业实现跨越式的技术进步和发展。超宽禁带功率半导体器件及其封装技术虽然目前面临着诸多挑战，但凭借其卓越的性能优势和广阔的应用前景，有望在未来的半导体领域占据举足轻重的地位。随着技术的不断突破和产业的逐步成熟，超宽禁带功率半导体必将为推动各行业的技术进步和创新发展注入强大的动力，开启一个全新的半导体时代。

思 考 题

1. 第三代宽禁带半导体的定义和特点有哪些？
2. SiC 晶体衬底的主要制备方法有哪些？
3. GaN 晶体的主要制备方法有哪些？
4. SiC 封装的主要关键技术有哪些？
5. SiC 和 GaN 的主要应用场合分别有哪些？

第10章 特种封装/宇航级封装

10.1 特种封装概述

电子器件一般分为商业级、工业级、汽车级、军品级和宇航级,按照使用温度等来分级,分级如下:

1) 商业级(消费级):0~70℃。
2) 工业级:-40~85℃,精密度要求更高。
3) 汽车级:-40~125℃,温度要求更高。
4) 军品级:-55~125℃(或150℃),高强度、抗冲击、气密性要求高、抗盐雾等。
5) 宇航级:-55~150℃,在军品级的基础上增加抗辐射、抗干扰功能等。

从温度等级上可以看出来器件等级依次升高,也就意味着对于器件的可靠性要求依次升高。通常来说,特种器件包含军品级和宇航级,主要是指针对高强度的工作条件需求或者太空环境进行特殊设计的器件。

对于特种器件封装的研究,有着非常重要的意义。宇航级、军工级芯片很早就被西方封锁,众所周知,实现自主可控的特种芯片研制和封装是我国当前的重要战略方向。特种器件尤其是宇航级器件,通常需要非常高的可靠性,因为太空环境非常恶劣,不仅要对抗极端苛刻的高低温等条件,还要能应对无处不在的宇宙辐射。

在太空环境中,微电子器件中的数字和模拟集成电路的辐射效应一般分为总剂量效应(TID)、单粒子效应(SEE)和剂量率(Does Rate)效应。总剂量效应源于由γ光子、质子和中子照射所引发的氧化层电荷陷阱或位移破坏,包括漏电流增加、MOSFET阈值漂移以及双极性晶体管的增益衰减。单粒子效应是由辐射环境中的高能粒子(质子、中子、α粒子和其他重离子)袭击微电子电路的敏感区引发的。在PN结两端产生电荷的单粒子效应可引发软误差、电路闭锁或元器件烧毁。单粒子效应中的单粒子翻转(SEU)会导致电路节点的逻辑状态发生翻转。剂量率效应是由甚高速率的γ或X射线,在极短时间内作用于电路,并在整个电路内产生光电流引发的,可导致电路闭锁和元器件烧毁等破坏。上述几种辐射效应都有可能导致芯片损毁,因此无论是深空探测还是在民用航天方面,抗辐射芯片的意义都非同小可。

对于芯片的辐照加固,可以考虑两部分内容。第一部分是通过增强芯片本身的抗辐射能力,即抗辐照芯片工艺加固来实现,该工艺步骤可以是制造商或军方专有的,也可以是以加固为目的将特殊的工艺步骤加入到标准制造商的晶圆制造工艺中去。抗辐照加固工艺技术具有高度的专业化属性和较高的复杂性,在本书中不再一一说明,有兴趣的读者可以查阅相关资料。第二部分就是从封装的角度对芯片进行保护,尤其是从封装材料、结构等方面进行特殊设计,从而极大地提升芯片的抗辐照能力。

本章主要针对特种芯片中宇航级芯片的封装进行具体阐述,针对宇航级芯片在严苛环境下的封装可靠性问题等给各位读者一一说明。

除了抗辐照问题之外,太空环境常面临以下严苛环境:

1) 高真空环境。在 200~500km 的低轨道空间真空度为 10^{-4} Pa,而在 35800km 的地球同步轨道上真空度则高达 10^{-11} Pa。所以,中国载人航天器都有密封压力舱,为航天员提供与地面相同的 1atm⊖ 和氧气,以及合适的温度、湿度。

2) 高速度环境。在太空中有高速运动的尘埃、微流星体和流星体,它们具有极大的动能,1mg 的微流星体甚至可以穿透 3mm 厚的铝板。另外,随着人类航天活动的日益增多,太空中废弃的人造地球卫星等航天器也随之增多,它们在太空形成了太空垃圾。这些太空垃圾的运行速度与航天器的飞行速度一样高,因而会对正常运行的航天器造成潜在的撞击威胁。图 10-1 所示为中国空间站。

图 10-1　中国空间站

3) 极端温度环境。由于太空中没有空气传热和散热,所以航天器受阳光直接照射的一面可产生高达 100℃ 以上的高温,而背阴的一面,温度则可低至 -200~-100℃。

4) 强振动、大噪声环境。航天器在起飞和返回,即运载火箭和反推火箭等点火和熄火时,会产生剧烈的振动和很大的噪声。为此,上天前航天器都要做振动和噪声试验,看其是否能经受这一考验。

5) 超重环境。航天器在加速上升和减速返回时,正、负加速度会使航天器上的一切物体产生巨大的超重,它是地球重力平均加速度的倍数,尤其对载人飞船影

⊖　1atm = 101.325kPa。

响巨大。

6）失重环境。航天器在太空轨道上做惯性运动时，地球或其他天体对它的引力（重力）正好被它的惯性所抵消，因而舱内处于失重（或叫微重力）环境，其重力加速度仅为地面的 0.001%~1%。在这种环境中，气体和液体中没有对流现象，不同密度引起的组分分离和沉浮现象也消失，液体仅由表面张力约束，润湿和毛细等现象加剧。因此，利用失重环境可在航天器舱内进行许多地面上难以进行的科学实验，生产地面上难以生产的特殊材料。

10.2 特种封装工艺

宇航级产品的封装工艺可以参考第 3 章塑封产品的封装工艺。但是因为宇航级产品对于可靠性的要求更高，目前还是常用气密性的金属或陶瓷封装来实现。常规的金属、陶瓷封装工序流程依次为晶圆切割、管壳清洗、芯片黏结、引线键合、器件密封，与塑封产品相比主要有以下几点区别：

1）支撑芯片的基座是金属或者陶瓷管壳，而非塑封产品的引线框架。
2）芯片黏结工艺主要采用焊料或者共晶焊接法。
3）键合工艺主要采用铝丝键合，常常涉及粗铝丝键合工艺。
4）金属或者陶瓷管壳需要实现密闭性，所以通常要进行密封/封帽处理。

针对宇航级产品封装工艺的区别，接下来将向读者一一解释。

1. 封装外形（金属管壳或者陶瓷管壳，见图 10-2 和图 10-3）

图 10-2 金属管壳示意图

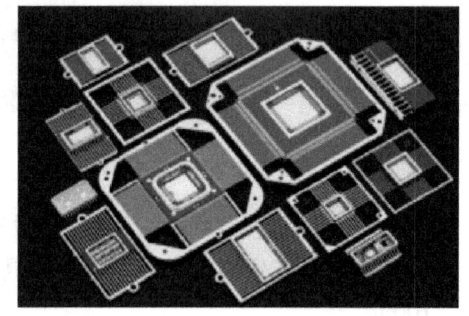

图 10-3 陶瓷管壳示意图

金属因其具有较好的机械强度、良好的导热性及电磁屏蔽功能，并且便于机械加工等优点，较早地应用于电子封装。金属封装是指以金属作为管壳主体材料，直接或通过基板间接将芯片安装在管座上，通过引线连接内外电路的一种电子封装形式。金属封装形式多样、加工灵活，可以和某些部件（如混合集成的 A/D 或 D/A 转换器）融合为一体，适合于低 I/O 数的单芯片和多芯片的用途，也适合于射频、微波、光电、声表面波和大功率器件,可以满足小批量、高可靠性的要求。此外,为解决封装的散热问题,各类封装也大多使用金属作为热沉和散热片。

传统的金属材料有 Cu、Al、可伐合金(铁镍钴合金)、Invar 合金(镍铁合金)及 W、Mo 合金等。

大多数金属封装属于实体封装。金属封装材料为实现对总片的支撑、电连接、热耗散、机械和环境的保护,通常需要满足以下几项要求:①良好的导热、散热性;②良好的导电性,减少传输延迟及能源损耗;③质量轻,同时要求有足够的强度和力学性能;④良好的加工能力以便于批量生产;⑤较低的热膨胀系数,以便满足与芯片的匹配,从而减少热应力的产生;⑥良好的焊接性能、镀覆性能及耐蚀性能,以实现与芯片的可靠结合、密封和环境保护。

陶瓷封装也是气密性封装的一种常见封装形式,主要材料有 Al_2O_3、AlN、BeO 和莫来石(铝硅酸盐矿物 $3Al_2O_3、2SiO_2$),具有耐湿性好、机械强度高、热膨胀系数小和热导率高等优点。陶瓷基封装材料作为一种常见的封装材料,相对于塑料封装和金属封装的优势在于:①低介电常数,高频性能好;②绝缘性好,可靠性高;③强度高,热稳定性好;④热膨胀系数低,热导率高;⑤气密性好,化学性能稳定;⑥耐湿性好,不易产生微裂现象。表 10-1 中列出主要封装材料的特性[1]。

表 10-1 主要封装材料的特性

参数	Al_2O_3	莫来石	AlN	Al	柯瓦 $Fe_{54}Ni_{29}Co_{17}$	$Cu_{80}W$	环氧树脂	聚酰亚胺醇膜
热膨胀系数/(10^{-6}/℃)	7.1	4.2	4.4	23.6	5.2	6.5~8.3	60~80	40~50
热导率/[W/(m·K)]	25	5	175	238	11~17	180~200	0.13~0.26	0.2
相对介电常数(无量纲,常温25℃、低频1kHz条件下)	9.5	6.4	8.9	—	—	—	3.5~5.0	3.4
介电损耗/(10^{-4})(1MHz 条件下)	4	20	4	—	—	—	2~10	2
抗压强度/MPa	420	196	320	137~200		1172	—	140~200
密度/(g/cm³)	3.9	2.9	3.3	2.7	8.1	15.7~17.0	0.98	1.3

2. 焊料片烧结、共晶焊

前面的 3.3 节提到,功率半导体器件封装的主要黏片方式有三种,分别为胶联装片(分导电胶或非导电胶)、软钎焊焊接(铅锡合金为主)、共晶焊接。

在功率半导体电路中,对可靠性要求较高的功率芯片的组装要求是热阻小,传统的芯片组装方法如胶联装片不能满足这项要求。虽然常用的胶联装片具有工艺简单、速度快、成本低、可修复、低温黏结、对管芯背面金属化无特殊要求等优点,但在大功率器件封装中,由于胶黏结的电阻率大、热导率小,容易造成功率器件损耗大、结温高,进而对其功率性能、寿命及可靠性等方面产生影响。通常,对于宇航级要求的功率半导体电路或芯片封装来说，芯片黏结主要采用的是软钎焊焊接或共晶焊接。

由表10-2可以看出，软钎焊焊接和共晶焊接所用材料的热性能、电性能及机械性能大大优于环氧胶。因此在频率较高、功率较大、可靠性要求较高的情况下，应当采用软钎焊焊接或者共晶焊接工艺进行芯片装配。表10-2是软钎焊焊接、共晶焊接与胶联装片材料性能比较。

表 10-2 装片材料性能对比

贴片材料	热导率/[W/(m·K)]	电阻率/($10^{-6}\Omega\cdot cm$)	剪切强度/MPa
环氧胶	2~8	100~500	6.8~40
Au/Sn	251	35.9	185
Au/Si	293	77.5	116
PbSn	50	14.5	28.5

在功率半导体器件封装中，PbSnAg（铅锡合金）、$Au_{80}Sn_{20}$等焊料被广泛用作芯片与基板间的黏结材料。从传统的功率器件封装结构来看，该焊料层处于器件导电、导热的主要通道上，对器件的性能和可靠性起着至关重要的作用。但是在芯片黏结过程中，由于焊料和各种工艺因素的影响，在焊料层中很容易形成空洞，并且在器件的服役过程中，由于热应力的作用，焊料层的质量会发生退化，空洞增大，出现裂纹甚至是分层，从而降低了器件的导热和导电性能，使一些电、热参数出现漂移。

虽然可采用新型的焊接方式及散热方式，但对于高度集成化的大功率器件或系统仍然不够，焊接空洞仍然是影响芯片散热的主要因素之一。如在大功率芯片真空共晶焊时，降温速率过大会增大焊点空洞率高，芯片焊接面空洞会导致接触热阻变大，芯片产生的热量不能及时散发出去，从而可能引起器件烧毁失效等。《微电子器件试验方法和程序》（GJB 548B—2005）中规定，焊接接触区空洞超过整个长度或宽度范围，并且超过整个预定接触面积的10%为芯片的不可接受标准。因此，应用于大功率芯片的真空共晶焊的焊点空洞率应低于10%，这就需要对真空共晶焊工艺参数进行优化，以满足大功率芯片的散热需求。

功率芯片的焊接不同于其他焊接，除考虑如何获得较低空洞率的焊接效果，还必须综合考虑如何获得剪切强度高的焊接，以及芯片的最高耐受温度等因素，为此在进行焊接温度曲线设计时应重点关注以下几个参数[2]：

1）最高焊接温度：一般情况下要获得好的焊接质量，焊接温度要高于焊料合金的共晶温度30~40℃，同时又需要考虑芯片的最高耐受温度。

2）熔融状态时间：熔融状态时间及最高焊接温度直接决定了焊料在焊接过程中与被焊接面反应生成金属间化合物（IMC）的厚度，最高焊接温度越高、熔融状态时间越长，IMC越厚。而IMC厚度与焊点剪切强度密切相关，IMC厚度在合适范围内时剪切强度较大，且剪切强度随厚度改变变化不大，一旦 IMC 厚度超过这个合理范围则剪切强度会急剧下降。因此可通过不同熔融状态时间下焊接的剪切强度来确定合适的 IMC 厚度范围及熔融状态时间范围。

3）真空度和气体环境：为降低氧化及因残留气体造成的空洞缺陷，可在焊接过程中进行抽真空和惰性气体保护处理。但工艺过程真空环境和气体环境需要根据情况进行调控。

4）冷却速率：焊接完成后应尽快冷却，这样更易形成结晶细腻、接触角小的优良焊点。

基于上述考虑，对于焊接曲线的设计，要设置升温区、保温区、焊接区、冷却区，同时根据需要在各段采取抽真空或惰性气体保护等工艺手段。

3. 键合工艺

功率半导体器件封装的主要内互联方式是铝线超声波冷压焊，具体工艺技术特点可以参考第 3 章。

键合工艺的失效和可靠性研究被认为是最重要的部分，是因为键合工艺是功率半导体器件封装中最为重要的工序，其工艺的可靠性直接影响了器件的整体可靠性。针对目前功率半导体器件经常出现的键合失效问题，总结其产生的原因，概括来说可从原材料质量问题及键合工艺问题两个方面入手。原材料质量问题可分为芯片质量问题、键合丝质量问题及外壳质量问题三个方面；键合工艺问题可分为操作不当、设备状态不良、工艺参数不良，以及键合环境不良四个方面。因此提高功率半导体器件键合的可靠性，关键是预防和控制图 10-4 中所列的若干问题。

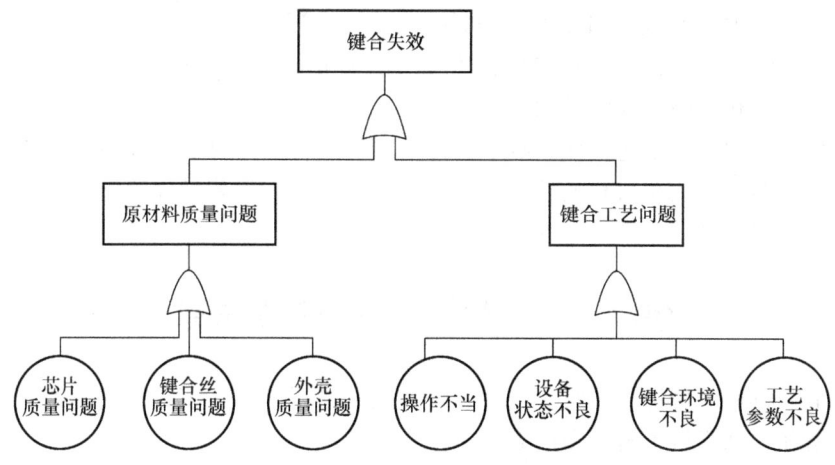

图 10-4　半导体器件键合失效分析故障树

4. 密封工艺（封帽工艺）

宇航级功率半导体器件密封主要采用的是平行缝焊和储能焊两种工艺[3-4]，其中平行缝焊主要用于方形管壳，储能焊主要用于圆形管壳。

平行缝焊是借助于平行缝焊系统，通过两个圆锥形电极与盖板接触，给电流提供了一个闭合的回路。当两电极沿着金属盖板边缘滚动时，两电极间经过一系列短的高频功率脉冲信号，在电极与盖板接触点处产生极高的局部热量，使盖板熔化、回流，从而形成一个完整、连续的缝焊区域。图10-5是平行缝焊工作示意图。

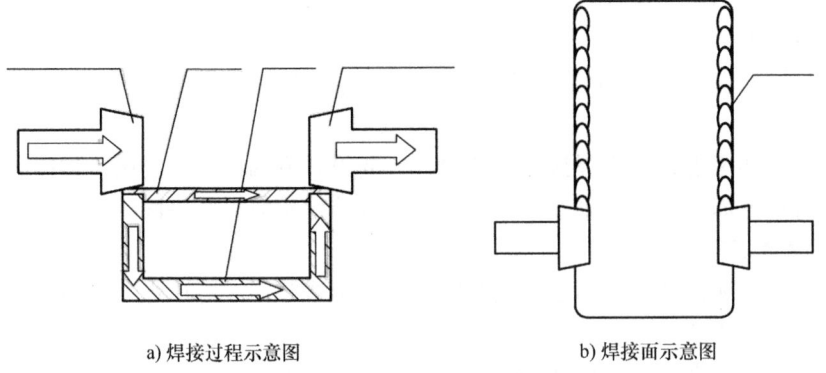

a) 焊接过程示意图　　　　b) 焊接面示意图

图 10-5　平行缝焊工作示意图

储能焊的工作原理是把金属管帽、管座分别置于相应规格的上、下焊接模具中并施加一定的焊接压力，利用把电荷存储在一定容量的电容里，使焊炬通过焊材与工件瞬间以 2~3 次/s 的高频率脉冲放电，从而使焊材与工件在瞬间接触点部位达到冶金结合的一种焊接技术。储能焊的样机和结构示意图见图 10-6。

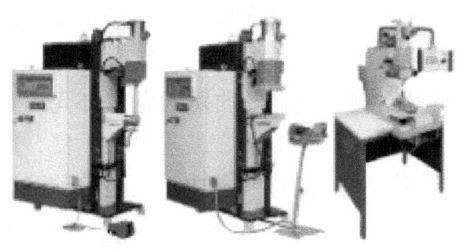

图 10-6　储能焊样机和结构示意图

功率器件的密封工艺直接影响了器件的密封性，同时对于器件内部气氛有着非常重要的影响。必须在材料的选用、工艺参数的设置、工艺过程的控制等方面下功夫，器件的密封对于器件可靠性影响深远。

10.3　特种封装常见的封装失效

本节中将针对特种封装常见的封装失效问题进行说明，感兴趣的读者可以阅读相关书籍和文献资料了解更多内容。

1. 气密性失效

目前，金属—陶瓷外壳因其各种优良的性能（如散热性、气密性、抗电磁干扰性等）而被广泛应用于军品或特种封装的电子产品中。随着电子元器件应用范围的不断扩大，对于金属—陶瓷外壳各方面的性能要求越来越严苛，其中气密性是其高可靠性的基本保证之一。

金属—陶瓷外壳泛指金属外壳、陶瓷外壳或者金属与陶瓷组合外壳，通常都是由金属管壳、绝缘片、陶瓷垫片、盖板等构成，由多个金属或陶瓷零件进行钎焊组装而成。原则上要求金属—陶瓷外壳必须是气密性的，但在生产加工过程中，有多种原因可能导致器件漏率失效，其一，材料自身缺陷主要是陶瓷空洞或裂纹和金属壳体空洞或裂缝。由于外壳的陶瓷部位是将一层一层的陶瓷片叠加，通过外部作用力紧密结合在一起的，所以在陶瓷片层与层叠加的过程中可能会在表面产生杂质、水分子附着或其他物质，当叠加好的陶瓷片放入温度极高的炉中进行烧制时，这些杂质或水分子等受高温影响进而分解，在陶瓷件上形成细小的漏孔，从而造成漏气；其二，金属—陶瓷外壳是经过多个部分组装钎焊形成的，各个配件表面在焊接前处理不彻底，有粘污、油污残留、氧化膜均会影响钎焊过程，导致焊料的流动不均匀，或在处理过程中温度控制不当使得焊料无法充分填充或是溢出过多会导致各层零件之间的间隙无法被焊料致密地填充，从而造成焊接部位出现或大或小的缝隙。此外还需要对组成管壳的各个零部件的尺寸进行严格要求，避免装配过程出现间隙增大等问题。

器件的密封性常通过氦质谱检漏来监测其密封程度。氦质谱检漏技术是在真空检漏技术领域里应用最为广泛的一种，这种检漏方法的优点是检漏灵敏度高（可以检漏到 10^{-12} Pa·m/s 的数量级）、仪器响应速度快、操作简便、安全高效、成本较低、用途广泛等，所以氦质谱检漏仪在许多领域里得到广泛的应用。

氦质谱检漏仪是以氦气作为示漏气体，对真空设备及密封器件的微小漏隙进行定位、定量和定性检测的专用检漏仪器。它具有性能稳定、灵敏度高、操作简便、检测迅速等特点，是在真空检漏技术中用得最普遍的检漏仪器，其测量工作原理如下。氦质谱检漏仪是根据质谱学原理制成的磁偏转型的气密性质谱检漏仪器，用氦气作为示漏检测气体，其结构主要由进样系统、离子源、质量分析器、收集放大器、冷阴极电离真空计等组成。离子源是气体电离后形成一束具有特定能量的离子。质量分析器是一个均匀的磁场空间，不同离子的质荷比不同，在磁场中就会按照不同轨道半径运动而进行分离，在设计时只让氦离子飞出分析器的缝隙，打在收集器上。收集放大器收集氦离子流并送入到电流放大器，通过测量离子流就可知漏率。冷阴极电离真空计指示质谱室的压力及用作保护装置。

2. 内部水汽超标

对于气密封装而言，有一个指标是大家常常忽视的，那就是器件的内部水汽含量。在《微电子器件试验方法和程序》（GJB 548A—1996）中，有内部水汽含量测试的程序和标准，规定了水汽含量的测试设备、检验方法和失效判据。为了获得高可靠性的元器件，我们在封装过程中需要注意微电路内部水汽含量，根据国家标准，质量等级为 S、B 级的微电路内部水汽含量不大于 5000ppm[⊖]。

⊖ ppm 即百万分之一（parts per million），1ppm = 1×10^{-6}。

研究表明，水汽含量大于 5000ppm 的电路内部通常含有大量杂质气体，包括水汽、氮气、氧气、氩气、二氧化碳、氦气等。金属—陶瓷封装电路的失效，很大程度上是由于封装腔体内的水汽及杂质气体超标引起的。水汽及杂质气体超标会对电路的性能、寿命、可靠性产生重大影响。较高的水汽含量可能导致芯片或电路表面的结霜（结露）现象，从而造成产品漏电流的增大，从而影响器件电参数的稳定性。在可靠性方面，水汽聚集于金线或铝线与器件的键合点处，将导致双金属间的腐蚀作用，产生空洞、剥落，甚至断裂现象，造成器件失效[5]。

空封器件内部水汽主要是由以下三种情况造成的：一是气密性密封差，水汽在放置、环境试验等场合渗入引起，尤其是密封口被涂覆了有机涂层等，使漏气孔不易被正常的检漏筛选掉，而最易引起器件可靠性变差；二是密封气氛中的水汽被密封入内腔中引起的，因密封气氛未有效控制或密封台与周围环境密封不良而被周围环境的湿气所扩散渗透；三是内部吸附（束缚）的水汽在烘焙过程中释放出来的，如玻璃绝缘子、内腔壁（瓷体、金属、焊料等）、芯片黏结材料（环氧导电胶、聚合物导电胶、银玻璃、玻璃）等。

针对水汽超标问题，常采取的控制方案有：①金属、陶瓷封装采用的管壳及导电胶原材料等应为不易释放气体或释放气体中水汽含量不超过 5000ppm；②封装使用的原材料表面清洁、干燥；管壳内部无吸附的气体；管壳和盖板的边缘不能有毛刺，否则在焊接状态下会产生金属微粒；③装片材料选用无助焊剂焊料、聚合物导电胶、银浆等，控制黏片材料的使用量，确保导电胶溢出量符合国标规范并保证材料充分固化；④封帽工艺时，在放置盖板前将电路放在烘箱内烘烤一段时间，使有机物挥发后再进行封帽。总而言之，水汽含量控制是一个系统工程，需要从材料、工艺等各方面统筹考虑。

3. 粒子碰撞噪声检测（PIND）失效

封装过程需要关注封装腔体内的自由粒子的数量，规定了对内部的可动微粒进行粒子碰撞噪声检测（PIND）试验。

当腔体内存在自由粒子，即存在可动多余物时，当器件处于高速变相运动、剧烈振动时，这些自由粒子会不断碰撞。自由粒子为金属等导电性物质时，可能会干扰和影响电路的正常工作，使电路时好时坏，严重时则使电路完全不能正常工作；即使自由粒子是非导电性的颗粒，当其足够大时也可能使电路的内部键合丝等发生形变[6]。

PIND 的原理是通过对有内腔的密封器件施加适当的机械冲击应力，使黏附在密封器件腔体内的多余物成为可动多余物，同时再施加一定的振动应力，使可动多余物产生位移和振动，让它与腔体内壁相撞击产生噪声，再通过换能器来检测产生的噪声，判断腔体内有无多余物存在。

高可靠性元器件筛选时必须做 PIND。为了控制电路封装腔体内的自由粒子的大小和数量，以减小粒子对电路可靠性带来的危害，在电路的封装工艺过程中需要对内腔内的可动颗粒和在试验或使用中可能脱落下来成为颗粒的情况进行全面的控制。在实际控制中需要根据不同外壳的具体生产情况、不同的封帽工艺等，在封装工艺过程中采取不同的预防措施对其进行控制。

试验过程中，我们发现微小颗粒一般包括以下几种可能：①管壳内腔衬底或陶瓷垫片等配件表面有小的瓷粉颗粒或粉尘，这些小的颗粒在机械试验后，因与瓷体基体黏接不牢固可能会脱落下来；②因划片工艺产生的芯片边沿的铝层及钝化层翘曲翻卷，在试验中受到应力作用，极易脱落下来而成为自由粒子，或芯片存在裂纹，在机械试验中亦可能会有小的硅碎片掉落下来；③在封帽过程中，平行封焊熔化的封口金属有时会飞溅出来，如果这些飞溅的金属进入封装腔体内，就很容易成为自由粒子。在某些情况下，熔封中合金焊料会飞溅，若焊料飞溅入密封内腔中，这些飞溅的焊料可能会造成电路短路或受到振动后掉下来成为自由粒子；④其他外来物，尤其在封帽前，腔体较长时间暴露在环境中，尽管封装环境采取了一定的净化措施，封装过程中封装腔体也贮存于氮气柜中待加工，但电路封装腔体内仍然有可能会掉入一些外来物。

4. 热阻超标问题

在10.2节中关于焊料片烧结、共晶焊接部分的内容中，我们提到芯片黏结的空洞率控制是高可靠性封装的一个重要因素。

从传统的功率器件封装结构来看，焊料层处于器件导电、导热的主要通道上，对器件的性能和可靠性起着至关重要的作用。但是在芯片黏结过程中，由于焊料和各种工艺因素的影响，在焊料层中很容易形成空洞，空洞率会直接影响功率器件的热阻。若器件的热阻过大，在器件的服役过程中，由于热应力的作用，焊料层的质量会发生退化，空洞增大，出现裂纹甚至是分层，从而降低了器件的导热和导电性能，使一些电、热参数出现漂移。

5. 金铝键合失效问题

在第3章我们提到了金铝键合的可靠性，金属间化合物的产生和柯肯德尔效应是讨论金铝键合可靠性的重要因素。

键合工艺的失效和可靠性研究是功率器件封装中最重要的部分之一，近年来很多学者都对这部分进行了相关的研究，感兴趣的读者可以查阅相关书籍。

10.4 特种封装可靠性问题

随着我国军事、航天、航空、机械等各个行业的不断发展，整机也向着多功能、小型化方向发展，这就对元器件的封装提出更大挑战，封装在技术、品种、数量上，特别是对质量、可靠性、寿命、小型化和低功耗等技术指标提出了更新、更高的要求；与此同时电子元器件的封装技术的好坏直接影响其电学性能及可靠性水平。

下面我们对可靠性这一概念做简要介绍。

可靠性的定义是指产品在规定的条件下和规定的时间内，完成规定功能的能力。所谓规定的条件，主要指使用条件和环境条件。使用条件是指那些将进入到产品或材料内部而起作用的应力条件，如电应力、化学应力和物理应力。环境条件是指那些只在产品外部周围起作用的应力条件。通常将规定条件分为以下几类：

1) 工作（或自然气候）条件，如温度、湿度、气压、辐射、日照、霉菌、盐雾、风、沙、工业气体等。

2) 机械环境，如冲击、振动（变频振动）、离心、碰撞、跌落、摇摆、引线疲劳等。

3) 负荷条件，如电压、电流、功率等。

4) 工作方式，如连续工作、间断工作等。

这些规定条件涉及产品内部、外部的条件，它对产品可靠性产生很大影响。所谓规定功能，主要是指产品的技术性能指标，不同类别的电子元器件各有不同的技术性能指标。即使是同一类产品，不同小类或用于不同的设备中，所要求的主要性能指标也不尽相同，对于现场使用，不管哪类电子元器件，必须满足产品的规定功能，完成规定功能就是指产品满足工作状态要求而无失效（故障）地工作。

产品的可靠性可以是针对产品完成某种功能，也可以是针对多种功能的综合，产品丧失规定的功能就称为失效。

所谓"规定时间"是泛指寿命单位。例如，指"年""天""小时""里程"等。"时间"对评价产品的可靠性极为重要，一般来说，产品的可靠性会随着"时间"的延长而降低。

电子元器件的广义质量包括产品的外部特征、技术性能指标、可靠性、经济性和安全性等诸多方面，其中，技术性能指标是产品质量的一个最基本的要求，所以，一般来说，狭义的质量仅指其技术性能指标。

产品可靠性与其质量特性的最大区别是：质量特性是确定性概念，能用仪器测量出来，而产品的可靠性是不确定性概念，是遵循一种概率统计规律，不能用仪器测量出来的。对某一具体产品在没有使用到寿命终止或发生失效之前，它的真实寿命或可靠性是不知道的，只有通过对同类产品进行大量试验和使用，经过统计分析和评定后才能做出预估。总之，产品的可靠性实际上就是其性能随时间的保持能力，或者说，要长时间地保持性能在某一规定的范围内不失效，这是产品很重要的质量特性。

随着电子系统的发展，电子设备和系统的复杂程度在不断提高，所用元器件数量也在不断增多，电子设备的复杂性和可靠性成了尖锐的矛盾。系统越复杂，所用的元器件越多，失效的概率就越大，可靠性问题就越突出。对于一个串联系统，只要一个元器件失效，就会导致整个系统出故障，往往价值百万、千万乃至上亿美元的电子系统，因价值几美元的元器件失效而全部化为灰烬，造成无法挽回的政治和经济损失。电子设备的可靠度为所用各元器件可靠度的乘积，假定每个元器件的可靠度为 0.995，用 10 个这样的元器件组成的设备，它的可靠度就为 $(0.995)^{10}$ = 95.1%，假如某系统包含 40000 只晶体管，为了确保系统的可靠度为 95%，则要求每个元器件的可靠度为 0.9999987。因此，电子设备越复杂，使用的元器件数目越多，对元器件可靠性的要求就越高。

可靠性工程是一种包含了可靠性技术和可靠性管理的综合技术，可靠性试验是可靠性工程中的一个重要组成部分。尽管可靠性试验本身并不能提高产品的可靠性，但却能够暴露问题，找到影响产品可靠性的薄弱环节，以便有方向、有目的地采取改进措施，以提高产品的可靠性。可靠性试验可以促使产品可靠性水平的提高，是对产品进行可靠性评定的重要手段，在可靠性工程中占有很重要的地位。因此，可靠性试验是可靠性工作的重要组成部分，是保证和提高产品可靠性的必要手段。可靠性试验的数据和理论是合理使用产品、正确设计产品结构、选择制造工艺和实施工艺控制的重要依据。

为评价、分析电子元器件的可靠性而进行的试验称为电子元器件的可靠性试验，其目的是考核电子元器件在运输、使用等情况下的可靠性。因此试验条件必须是模拟电子元器件在运输、使用时的客观条件，这就要求实验时对受试样品施加一定的应力，诸如电气应力、气候应力和机械应力等。所谓应力，是指在某一瞬时，外界对器件施加的部分或者全部影响，例如温度、湿度、酸碱度、机械力、电流、电压、频率、射线强度等，这些都是应力。从广义上来讲，时间也是一种应力，所以电子元器件一旦制造好，就已经在受到一定应力的作用。其中每个应力可看作一个应力矢量，各种应力矢量组成一个应力空间。在应力空间内，各个应力矢量线性组合而成一个新的应力矢量。这些应力可以单独作用，也可以几种应力综合作用。试验目的是要看在这些应力的作用下，电子元器件反映出的性能是否稳定，其结构状态是否完整或是否有变形，从而判别其产品是否失效。

常见的可靠性测试主要有以下几种：

1) 机械冲击。机械冲击试验的主要目的是为了模拟产品或者设备在运输过程中可能会遭遇到的冲击（冲击效应为主），并透过冲击波瞬间暂态能量的交换，分析产品承受外界冲击环境的能力。试验的目的在于了解其结构弱点以及功能退化情况，有助于了解产品的结构强度以及外观抗冲击、跌落等特性，并且能够有效地评估产品的可靠性同时监控生产线产品的一致性。图 10-7 所示为机械冲击试验原理图。

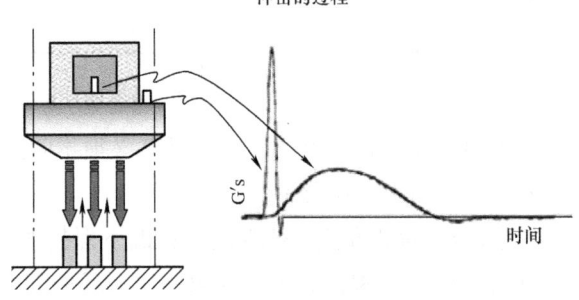

图 10-7　机械冲击试验原理图

机械冲击试验主要是通过可控的加速度和脉宽的冲击,来衡量产品耐受冲击的能力,也可以通过专业的冲击分析,结合相应的跌落数据,去衡量产品包装的强度。图 10-8 所示为机械冲击测试设备示意图。

2)温度循环。电子产品在实际使用的过程中经常会遇到温度急剧变化的环境条件。例如,飞机从地面起飞,迅速爬升至高空,或从高空俯冲着地时,机载电子元器件就会遇到大幅度的温度变化环境;又如在严寒的冬天,将电子产品从室内移到户外工作,或从户外移到室内工作,元器件也会经历温度的大幅度变化。因此,通常要求电子元器件具有承受温度迅速变化的能力,所以对元器件进行温度循环试验是非常有必要的。

图 10-8 机械冲击测试设备示意图

温度循环试验是模拟温度交替变化环境对电子元器件的机械性能及电气性能影响的试验。温度循环试验的严格度等级由以下因素确定:组成循环的高、低温温度值,平衡时间,高、低温转换时间及温度循环次数等。主要是控制产品处于高温和低温时的温度、时间及高、低温状态转换的速率。温度循环试验箱内气体的流通情况、温度传感器的位置、夹具的热容量等都是保证试验条件的重要因素。温度控制的原则是:试验所要求的温度、时间和转换速率等都是指被试样品,不是指试验的局部环境。

根据半导体分立器件试验方法 GJB 128B—2021《半导体分立器件试验方法》的试验标准,温度循环试验可分为七个等级,如图 10-9 所示。

步骤	时间/min	试验温度/℃						
		A	B	C	D	E	F	G
1 低温	≥10	55^{+0}_{-10}	55^{+0}_{-10}	55^{+0}_{-10}	65^{+0}_{-10}	65^{+0}_{-10}	65^{+0}_{-10}	55^{+0}_{-10}
2 高温	≥10	85^{+10}_{-0}	125^{+15}_{-0}	175^{+15}_{-0}	200^{+15}_{-0}	300^{+15}_{-0}	150^{+15}_{-0}	150^{+15}_{-0}

图 10-9 温度循环试验条件

由步骤 1 和步骤 2 组成的一次循环必须不间断地完成,才记作一次循环。一次循环的过程如图 10-10 所示。

其中,T_A 为低温值;t_1 为高、低温下保持时间;T_B 为高温值;t_2 为高、低温转换时间;T_0 为室温值;A 点为第一次循环的起点。

温度循环试验中电子元器件在短期内反复承受温度变化,其结果是使电子元器件反复承受热胀冷缩变化，热胀冷缩会产生交变应力，这个交变应力会造成材料开裂、接触不良、性能变化等有害的影响。

对于半导体器件，温度循环试验主要是检验不同结构材料之间的热匹配性能是否良好。它能有效地检验黏片、键合、内涂料和封装工艺等潜在的缺陷，能加速硅片潜在裂纹的暴露。

3）老炼试验。电子元器件的有些缺陷可能是本身固有的缺陷，有些则可能是由于对制造工艺的控制不当而产生的缺陷。这些缺陷可能会造成器件与时间和应力有关的失效。如果不进行老炼

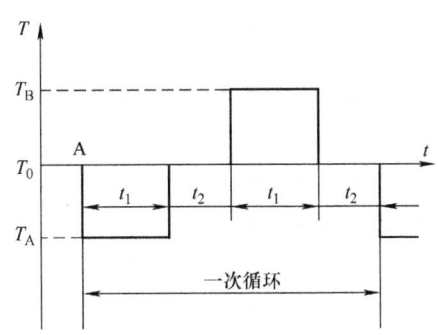

图 10-10 温度循环过程

试验，这些有缺陷的元器件在使用条件下就会出现初期致命失效或早期寿命失效。

老炼试验的目的是为了筛选或剔除那些勉强合格的元器件。试验样品在规定的温度下贮存或工作较长的一段时间，如果试验前后其有关电性能的变化超过允许值，则该元器件为不合格品，应被剔除掉。

功率老化通常是将集成电路产品置于高温条件下，施加最大的电压，以获得足够大的筛选应力，达到剔除早期失效产品的目的。所施加的电应力，可以是直流偏压，也可以是脉冲功率老化，使电路内的元器件在老化时能经受工作状态下的最大功耗和应力。

4）高温贮存试验。高温贮存试验简便、经济，同时对稳定元器件的电性能有良好的影响，它是有效的筛选手段之一。

通常大气温度只是为元器件提供一个所在环境温度的基数，而元器件的应用过程中更重要的是考虑各种微气候条件，如舰艇的机舱内，夏天可达 60℃；停开的坦克，车内温度可达 45℃。高温贮存试验主要用来考核高温对电子元器件的影响，确定电子元器件在高温条件下工作和贮存的适应性。

有严重缺陷的电子元器件通常处于一种非平衡态，这种状态是不稳定的，由非平衡态向平衡态的过渡过程也是诱发有严重缺陷产品失效的过程，这种过渡一般情况下是物理变化。对元器件施加高温应力的目的是为了加速这种变化，缩短变化的时间，促使元器件由非平衡态向平衡态转化。所以高温贮存试验又可以视为一项稳定产品性能的工艺。

通常高温贮存试验的试验方法为：将试验样品放置在正常大气条件下，使之达到温度稳定。然后对试验样品进行电性能测试。使元器件在规定的环境下（通常是最高温度）贮存一定时间，结束后把样品从规定的环境条件下移开，并使其达到试验的标准大气条件，进行电性能测试。

10.5 特种封装的应用

特种封装（宇航级封装）技术主要用于保护电子产品在极端环境中的性能和可靠性。特种封装的电子产品广泛应用于航天、军事、通信、医疗和高性能计算等领域，10.1节中我们介绍了特种封装在航天领域的应用，接下来，我们将探讨其他的应用领域以及相关技术的发展和面临的挑战。

1. 军事领域应用

军事设备，如导弹、潜艇和雷达系统等在复杂的作战环境中会经受电磁干扰等各种物理干扰，特种封装技术在此发挥着至关重要的作用，其能够保证电子设备在高压、高湿和极端温度变化的环境下正常工作的能力。此外，军事设备往往要求极高的数据保密性和抗干扰能力，特种封装技术可以有效地减少信号泄露并提高电子设备的信息安全性。例如在军事上的惯性微系统中采用一种基于封装的抗辐射设计技术，该技术通过一系列手段，如抗辐射高分子封装材料、在封装层中引入抗辐射屏蔽材料（金属或合金）等来达到降低辐射对敏感元器件的直接影响，提高系统在高辐射环境下的稳定性和可靠性。

2. 通信领域应用

在全球通信网络中，尤其是卫星通信和海底光缆系统等，特种封装技术能更好地确保通信设备在恶劣环境下的可靠性。这包括保护设备免受深海高压和极端温度的影响，以及在太空中抵抗微流星体撞击和宇宙辐射的能力。高可靠性的封装不仅提高了信号的传输质量，也延长了设备的使用寿命。特种封装常采用耐高温、抗辐射和机械强度高的材料进行设计，以确保电子设备的长期稳定性和可靠性。例如，采用金、银、铜和铝等金属作为封装材料，这些材料不仅具有优良的导电性能，还能有效屏蔽辐射影响。

3. 医疗领域应用

医疗设备，尤其是植入式医疗设备，如心脏起搏器和神经刺激器，其封装技术需确保长期的生物兼容性和机械稳定性。特种封装材料能够提供足够的抗化学腐蚀和生物降解性，保护设备免受体液的侵蚀，同时确保设备不会对人体产生毒性反应。此外，这些封装材料还必须能够承受高强度的消毒和灭菌过程。例如，氮化铝是一种具有高导热率、低密度的材料，并与芯片材料有着良好的热膨胀匹配性，在医疗领域常应用于一些高端的医疗影像设备，如MRI、CT等的核心电子部件封装中，利用氮化铝的优良性能，可以有效散热，保证设备在长时间运行过程中电子元器件的稳定性和可靠性，从而提升影像的质量和设备的使用寿命。

4. 高性能计算领域应用

在高性能计算领域，如数据中心的服务器和超级计算机，通常需要在高温和高湿环境下稳定运行。特种封装技术可以提供更好的散热性能和防潮功能，保证计算设备的持续运行和数据完整性。特种封装也能降低由环境因素引起的硬件故障率，从而降低维护成本并提高系统的整体性能。

综上所述，特种封装技术在现代科技中的应用前景广阔。随着技术的不断进步和新材料的开发，其在民用和非民用领域的应用将更加广泛，为各种高可靠性电子产品的性能提升和可靠性保障提供重要支持。

10.6 特种封装未来发展

1. 无铅焊料及无铅环保问题

铅锡合金作为软钎焊材料，因其成本低廉、良好的导电性、优良的力学性能和可焊性，一直以来是微电子封装领域最主要的钎焊材料。然而，铅及含铅物质是危害人类健康和污染环境的有毒、有害物质，长期大量地使用含铅焊料会给人类环境和安全带来不容忽视的危害。同时，随着微电子封装的迅速发展，焊接点越来越小，而所需承载的力学、电学和热学负荷越来越重，对钎焊的性能要求也不断提高。传统的铅锡焊料由于抗蠕变性能差，导致焊点过早失效，已不能满足电子工业对其可靠性的要求。所以，需要研发更高性能的无铅焊料来替代传统的锡铅焊料，以提高焊接产品的可靠性。

国际上对无铅焊料的定义如下：以 Sn 为基，添加 Ag、Cu、Zn、Bi 等元素构成的二元、三元甚至四元的共晶合金，其中铅的含量应小于 0.1%。通过近 20 年的研究开发，各国都取得了一定研究成果，在有限改变工艺条件的前提下，无铅焊料已可部分取代 SnPb 焊料。目前开发出的无铅焊料有百余种，且多数为二元、三元无铅合金。国内目前生产的多为不涉及专利的二元合金，以 SnAgCu 三元合金为主流的无铅产品主要靠进口。表 10-3 列出了主要无铅焊料系列及性能优缺点。这些合金系列相对于 SnPb 共晶焊料整体的力学性能、焊接接头的可靠性以及成本等方面还有一些差距，目前只能应用于一些特殊的领域。必须在研制新型无铅焊料的同时，对与其匹配的系统工艺及焊剂进行开发，还要对焊料本身的力学性能以及焊接接头的力学性能和可靠性进行研究，这样才能圆满地解决好无铅焊料的替代问题。

表 10-3 无铅焊料系列及性能优缺点

种类	熔点/℃	特点
SnAg 系列	220~245	优点：蠕变特性、强度、耐疲劳程度、力学性能等方面优于 SnPb 缺点：熔点高，润湿性不良

(续)

种类	熔点/℃	特点
SnCu 系列	200~237	优点：高强度、焊接性好、制造成本低 缺点：抗拉强度较低、熔点高
SnAgCu 系列	217~221	优点：良好的物理和力学性能，良好的可靠性，熔点低，可焊性好 缺点：价格偏高
SnZn 系列	195~200	优点：熔点低，价格低 缺点：易被氧化
SnBi 系列	140~180	优点：润湿性好 缺点：耐热性差、强度差
SnAgCuBi 系列	208~213	优点：润湿性好、强度高 缺点：价格高

微电子封装无铅化技术的开发和利用，不仅有利于环境保护，还担负着提高电子产品质量的重要任务。

与传统的含铅工艺相比，无铅化焊接由于焊料的差异和工艺参数的调整，必然会对焊点可靠性带来一定的影响。首先，一般无铅焊料合金的熔点相对较低，在服役条件下，电路的周期性通断和环境的周期性变化容易造成封装材料间的热膨胀失配。所以在微电子封装中，无铅焊料的焊点将产生周期性的应力应变过程，容易导致焊点裂纹的萌生和扩展，最终使焊点失效。其次，由于焊料不含铅，焊料的润湿性能较差，容易导致产品焊点的自校准能力、抗拉强度、剪切强度等不能满足要求。

鉴于无铅焊料可靠性方面目前仍存在许多问题，有必要在无铅焊料的研发和使用过程中加深对于可靠性知识的了解，结合功率器件实际应用进一步提高无铅焊料的可靠性。

随着功率半导体芯片的不断发展和广泛应用，器件功率不断增高，黏结材料面临着散热、环保等多方面的挑战，需要新的封装材料来满足其可靠性需求。相信未来无铅焊料等新型材料是迫切需要拓展的一个重要方向。

2. 轻量化、小型化（塑封可能性）

近年来，越来越多的塑封器件被应用于军用和宇航级高可靠性领域中。塑封器件具有各种优势，主要表现在以下三个方面：

1) 尺寸小、质量小。宇航产品对质量都有严格的限制要求。塑封器件的这种特性能够充分地满足卫星、飞船等空间飞行器对质量和体积的要求。而质量等级较高的军用产品一般都采用金属或陶瓷密封结构。这种可靠性设计本身决定了产品的尺寸和质量较小，因此，运用在其上面的器件的尺寸和质量也应较小，塑封器件恰好能够满足这方面的要求。

2）性能好。微电子器件飞速发展，先进的技术、设计方案的研发最初都是塑封形式。其基本性能（例如集成度、工作速度、容量和功耗等）远远地优于宇航用的高等级器件，从而让它有条件满足空间任务高性能的需求。

3）采购周期短、成本低。低等级器件有广泛的市场需求，也有稳定的生产工艺，在连续、稳定的生产线上批量化生产、组装，因而其制造成本低廉。采购方不需要支付高昂的研制费用，生产方也无须进行耗时且繁杂的试验，因而其采购周期也较短，有些产品在市场上即可买到现货，采购相对容易。

虽然塑封器件拥有不少优势，但塑封器件由于其固有的结构特点，其可靠性水平较低，主要存在的问题：

1）工作温度范围较窄。塑封器件的工作温度范围一般为 $-40 \sim 85℃$，而宇航用高等级器件的工作温度范围一般为 $-55 \sim 125℃$。塑封层在高温时容易变软，低温时容易变脆，当外部环境温度高于塑封器件的额定工作温度范围或高于塑封料的玻璃转换温度时，就会导致塑封料的性能快速地退化。此外，塑封料的散热性能差，温度过高有可能导致芯片被烧毁，这也限制了塑封器件的工作温度范围。

2）塑封器件的塑封层与元器件分层现象较普遍。塑封器件因各种材料的膨胀系数不同，当温度变化时，塑封料与基片及引线框架之间可能会发生分层、开裂现象。尤其是在低温下，分层现象更为严重。此外，在分层和开裂的过程中，塑封料与芯片之间会产生相对的移动，从而会划伤芯片表面的金属化层及钝化层，进而导致电路出现开路或短路，并且潮湿环境会加速分层现象的发生。分层的另一个问题是器件的散热能力会变差，从而导致局部温度升高，最终导致器件烧毁。

3）吸潮问题。塑封器件为非气密性器件，它的模塑材料本身也存在吸湿性和透水性，这种特性会导致两种失效：腐蚀失效和爆米花效应。腐蚀失效是由于潮气通过塑封料与引线框架的界面和内引线与塑封料的界面到达管芯，或通过塑封料的吸湿进入管芯表面，从而使芯片的金属化层发生腐蚀而引起的；爆米花效应是指由于塑封料吸收了足够的潮气，在再流焊过程中，塑封料中的水分迅速地汽化，当压力过大时，封装产生开裂的现象。

4）挥发问题。塑封器件的包封料是模塑化合物，在真空中其会挥发，它的挥发物有可能会污染某些电子成像设备，导致设备的图像分辨率等参数性能下降。

因此在宇航产品中使用塑封器件的风险非常高，必须在使用之前全面地掌握其优缺点，采取包括结构分析（SA）、破坏性物理分析（DPA）、筛选试验和鉴定考核试验等在内的一系列的保证措施后才能将其应用于宇航产品中。

早在20世纪90年代，国际上就开展了塑封器件应用于卫星等高可靠性领域的研究。据报道，美国国防部、美国航空航天局（NASA）和欧洲航天局（ESA）等机构每年都拨巨款支持这方面的研究。美国于1996年颁布的MIL-STD-883E版标准第一次将塑封器件的试验方法列入其中。这为我国高可靠性领域提供了启示，有必要加强对塑封微电路（PEM）的研究，克服其缺点，从而使其在高可靠性系统中应用时能够充分地发挥其优点。根据研究成果，各个机构陆续发布了关于塑封器件用于高可靠性领域的文件，例如，美国的喷气推进实验室（JPL）在2005年发布了《空间应用的塑封微电路可靠性和使用指南》；NASA在2003年颁布了《塑封微电路选用、筛选和鉴定指南》（PEM-INST-001），归纳总结了多年来在航天领域高可靠性系统中应用塑封微电路的大量实践经验，以及取得的成果，并在此基础上为塑封微电路在高可靠性领域的应用提供了一个共性平台。PEM-INST-001对塑封器件鉴定涉及的筛选、考核、破坏性物理分析和辐射效应评价等多个方面给出了指导性建议，感兴趣的读者可以参阅相关资料。

10.7 高温封装的展望

特种封装技术涵盖了多种复杂环境下的封装需求，其中耐高温封装常常被单独重点讨论，这主要是因为高温环境对封装材料和工艺提出了极为严苛的要求，同时也因为耐高温封装在许多关键领域具有不可替代的重要性。本节我们将探讨高温封装的材料选择、设计挑战及未来的发展方向。

1. 高温封装的重要性

随着技术的进步，对电子设备的性能要求越来越高，尤其是能够耐受高温环境的设备。高温封装能够保护电子组件免受高温的直接影响，延长设备的使用寿命并保持其性能稳定。此外，高温封装也有助于防止热衰退现象，这是由于材料在高温环境中长时间使用后性能下降的一种现象。

2. 材料的选择与挑战

选择合适的封装材料是高温封装技术中的一个关键因素。目前，常用的高温封装材料包括陶瓷、高温塑料和金属合金等。这些材料不仅需要具备良好的热稳定性，还应具备良好的机械强度和化学稳定性以抵抗腐蚀。

陶瓷材料由于其优异的热稳定性和电绝缘性，成为了高温封装的首选材料之一。然而，陶瓷的脆性和加工难度是其主要的局限性。为了克服这些挑战，研究人员正在开发新型复合材料，如碳纳米管增强的陶瓷等新材料，以提高其韧性和加工性。

3. 设计上的考虑

在设计高温封装时，除了材料的选择，还需要考虑封装的结构设计。有效的热管理设计是确保封装性能的关键。设计师需考虑如何通过封装结构来保证热散布效率最高，例如通过增加散热片或使用热管理技术。此外，封装的密封性也极为重要。不仅要防止热损失，还要确保封装内部的微环境与外界隔离，避免潮湿和其他环境因素影响封装内部的电子元器件。

4. 未来展望

未来的高温封装技术将越来越依赖于材料科学的进步和创新设计理念。随着纳米技术和微机电系统技术的发展，有望开发出更小型、更高效、更耐高温的封装解决方案。这些技术的进步将使高温封装在更广泛的应用领域中变得可能，特别是在那些传统电子设备无法承受的极端环境中。

通过上述的探讨，我们可以看到高温封装技术不仅是一门科学，更是一门艺术，它要求设计师在保证性能的同时，也要兼顾封装的实用性和经济性。随着新材料和新技术的不断涌现，未来的高温封装将变得更加多样化和更可靠。

思 考 题

1. 芯片抗辐照工艺加固有哪些方法？
2. 从材料角度来看，器件的水汽含量如何控制？
3. 无铅技术可靠性提高的手段有哪些？
4. 塑封技术是否有可能应用于宇航器件？

参 考 文 献

[1] 汤涛，张旭，许仲梓. 电子封装材料的研究现状及趋势［J］. 南京工业大学学报，2010，32（4）：105-110.

[2] 贾耀平. 功率芯片低空洞率真空共晶焊接工艺研究［J］. 中国科技信息，2013（8）：125-126.

[3] 薛静静，李寿胜，侯育增. 平行缝焊工艺对金属管壳玻璃绝缘子裂纹的影响［J］. 电子与封装，2015，15（2）：1-4.

[4] 黎小刚，许健. TO 型封装的真空储能焊密封工艺研究［J］. 电子与封装，2016，16（6）：10-13.

[5] 丁荣峥. 气密性封装内部水汽含量的控制［J］. 电子与封装，2001（1）：34-38.

[6] 赵鹤然，田爱民. 长方形封口器件储能焊的 PIND 控制［J］. 电子与封装，2019，19（9）：1-4.

[7] 范昶. 军用高精度惯性微系统集成技术展望［J］. 电子元件与材料，2024，43（10）：

1181-1189.

[8] 陈红胜，沈炼，王作佳. 异向介质电磁理论及应用［M］. 北京：科学出版社，2024.

[9] 陈寰贝，庞学满，胡进，等. 航空航天用电子封装材料及其发展趋势［J］. 电子与封装，2014，14（05）：6-9.

[10] Y. Y. DAI, M. Z. NG, P. ANANTHA, et al. Enhanced copper micro/nano-particle mixed paste sintered at low temperature for 3D interconnects［J］. Appl. Phys. Lett. 2016, 108（26）：263103.

[11] 詹为宇. 特种模块封装工艺研究［D］. 成都：电子科技大学，2008.

附录　半导体术语中英文对照

英文术语及缩略语	英文全称	中文术语	解释说明
5M＋E	Man，Machine，Material，Method，Measurement，Environment	过程输入要素	过程基本要素，分析不良时按此展开分析
Ag EPOXY	—	银浆	一种特殊的树脂，类似于黏结剂，连接芯片与框架基岛，主要由银制成
AIAG	Automotive International Action Group	国际汽车行动小组	成立于1982年，由美国三大汽车公司通用、福特和克莱斯勒共同创建，是全球公认的著名的非营利性汽车行业组织
AIR SHOWER	—	风淋	在进入有较高清洁度等级（一般小于10000）的洁净室前，为了清除附着在防尘服/防尘鞋上的灰尘，在一个密闭的通道中，通过吹压缩空气的方式来消除灰尘
AMD	Advanced Micro Devices	美国超威半导体公司	美国超威半导体公司成立于1969年，专门为计算机、通信和消费电子行业设计和制造各种创新的微处理器（CPU、GPU、主板芯片组、电视卡芯片等），以及提供闪存和低功率处理器解决方案
APQP	Adavanced Product Quality Plan	先期产品质量计划	汽车行业专有的一种用来确定和制定确保某产品使顾客满意所需步骤的结构化项目管理方法
AQL	Acceptable Quality level	可接受质量等级	当一个连续系列批次被提交收时，可允许的最差过程平均质量水平。在AQL抽样时，抽取的数量相同，而AQL数值越小，允许的瑕疵数量就越少，说明品质要求越高，检验就越严格
Assembly	—	组装或封装	半导体行业统称封装
BCD	Bipolar，CMOS，DMOS	单片集成工艺技术	一种能够在同一芯片上集成了Bipolar、CMOS和DMOS器件的芯片制造工艺。具有高效率、高强度、高耐压和高速开关的特性
BentL ead	—	弯脚	引脚弯曲变形，通常是受到外力引起的不良

(续)

英文术语及缩略语	英文全称	中文术语	解释说明
BGA	Ball Grid Array	球栅阵列封装	一种表面贴装封装技术，此技术常用来永久固定如微处理器之类的装置。整个装置的底部表面可全作为接脚使用，而不是只有周围可使用，比起周围限定的封装类型还能具有更短的平均导线长度，以具备更佳的高速效能
Blade	—	刀片	专指划片用工具
BLT	Bond Line Thickness	焊料厚度	装片后的焊料厚度，是一个重要的质量指标
Bond Ability	—	焊接能力	指键合完成后的焊点结合力，可用推拉力树脂来表征
Bonding Diagram	—	简称 BD 图	用来显示如何内互联的图纸
Bonding Pad	—	焊盘	通常指芯片上的键合区域
BSOB	Bond Stick On Ball	叠层键合技术	一种键合技术，通常的做法是先在焊盘上打一个凸起，在凸起上再把第二焊点键合上，常用于一些特殊要求的场合
Bur	—	毛刺	一种封装过程不良，毛刺多发生在塑封体或者引脚间
C. L	Center Line	中心线	SPC 专用中心线
Capillary	—	劈刀，金铜合金线用	一种内互联键合工具
Certification	—	资格证	是质量控制系统中的一条，对作业人员进行资格认定
Chip Out	—	芯片暴露	由于受到外力，芯片内层暴露破损
Chipping	—	崩角	切割后芯片边缘的起伏程度
Class	—	清洁度单位	Class1000 的定义是 $1\text{ft}^{3\ominus}$ 的范围内，灰尘颗粒度大于 $0.5\mu\text{m}$ 的个数不大于 1000 个
Clean Paper	—	清洁纸	用于无尘室中的无尘、无异物的特殊纸张
Clean Room	—	无尘室	一个特殊的工作室，其中的温度、湿度、清洁度都被控制在一个特殊的标准之下
COF	Chip On Flex	柔性基板封装	—
COG	Chip On Glass	玻璃基板封装	—
Collet	—	橡胶嘴	在装片时，将芯片从晶圆贴到框架基岛上的工具，一般多为橡胶成分

⊖ $1\text{ft}^3 = 0.0283168\text{m}^3$。

(续)

英文术语及缩略语	英文全称	中文术语	解释说明
Container	—	盒子	储存一个批次的料盒的盒子
C_{pk}	Process capability index	过程能力指数	用来衡量过程稳定性的指标
Copper Clip	—	铜片、铜夹	一种内互联材料和方法
CPU	Central Processing Unit	中央处理器	—
Crack	—	裂纹	特指在芯片或封装体上的裂痕
CSP	Chip Scale Package	芯片尺寸级封装	特指和芯片面积之比在 1~1.2 倍的封装体
CTE	Coefficient of Thermal Expansion	热膨胀系数	材料受温度变化而有胀缩现象,一般金属的热膨胀系数单位为 1/℃
DA/DB	Die Attach/Die Bonding	装片/固晶	特指装片工艺,即将芯片从晶圆贴到指定的材料上的过程
DBC	Direct Bonded Copper	双面覆铜陶瓷基板	特指功率封装专用的基板材料,又称 DCB
Delamination	—	分层	一种失效现象,特指材料界面分离的现象
Device	—	器件或产品	半导体器件的统称,在半导体行业中特指产品
DFMEA	Design Failure Mode and Effect Analysis	设计失效模式与影响分析	在一个设计概念形成之时或开始之前,或者在产品开发各阶段中,当设计有变化或得到其他信息时及时不断地修改,并在图样加工完成之前结束。其评价与分析的对象是最终的产品以及每个与之相关的系统、子系统和零部件。为过程控制提供良好的基础
DFN	Dual Flat No-leads Package	双面扁平无引脚封装	—
DI Water	De-Ionized Water	去离子水	又称 Semiconductor Grade water,用于清洗灰尘、异物或用于晶圆切割,去离子水的电阻率极高,可达到十几兆欧,呈现绝缘状态
Die	—	芯片	同 Chip,半导体工业中统称芯片
DST	Die Shear Test	芯片推力测试	装片后芯片推力,破坏性试验
DIP	Dual Insert Package	双列直插式封装	—

(续)

英文术语及缩略语	英文全称	中文术语	解释说明
Dotter	—	布胶头	专指装片过程中用于点胶或者焊料的工具
DRAM	Dynamic Random Access Memory	动态随机存取存储器	—
Dry Box	—	干燥盒	干燥盒,内充 N_2 气体,并可存储材料
DS	Die Saw	晶圆切割	—
Dummy	—	试验材料	不良的材料,用于试验
EDA	Electronic Design Automation	电子设计自动化	是指利用计算机辅助设计(CAD)软件,来完成超大规模集成电路(VLSI)的功能设计、综合、验证、物理设计(包括布局、布线、版图、设计规则检查等)等流程的设计方式
EMC	Epoxy Molding Compound	塑封料	塑封材料,由树脂和填充剂等混合而成
ESD	Electro-Static Discharge	静电放电	—
EFO	Electronic Frame-Off	电子打火	产生电子火花的硬件,熔化金线末端,形成金球
FAB	Fabilication	芯片制造工艺	在半导体行业中统称前道芯片制造
FC	Flip Chip	倒装芯片	
FCBGA	Flip Chip Ball Grid Array	倒装球栅阵列式封装	采用芯片倒装内互联的球珊阵列封装
FIB	Focused Ion Beam	聚焦离子束	常用于芯片表面处理,如电路修改和切层失效分析
Final Test	—	终测	成品测试,测试产品的电性能。也称 Fuction Test
Finger Cot	—	指套	半导体专用
Flash	—	溢料	塑封体毛边
FMEA	Failure Mode and Effect Analysis	失效模式与影响分析,又称费马	失效模式与影响分析,是在产品设计阶段和过程设计阶段,对构成产品的子系统、零件,以及构成过程的各个工序逐一进行分析,找出所有潜在的失效模式,并分析其可能的后果,从而预先采取必要的措施,以提高产品的质量和可靠性的一种系统化的活动

(续)

英文术语及缩略语	英文全称	中文术语	解释说明
FRD	Fast Recover Diode	快恢复二极管	—
FVI	Final Visual Inspection	终检	又称成品目检
GPU	Graphics Processing Unit	图形处理单元	—
GTO	Gate Turn-off Thyristor	门极关断晶闸管	—
GTR	Giant Transistor	电力晶体管	—
Handler	—	机械手	测试专用机械手
HEMT	High Electron Mobility Transistor	高电子迁移率晶体管	这种器件及其集成电路能够工作于超高频（毫米波）、超高速领域
IC	Integrated Circuit	集成电路	—
IDM	Integrated Design and Manufacture	半导体垂直整合型公司	IDM 公司的经营范围涵盖了 IC 设计、IC 制造、封装测试等各个环节，甚至也会延伸到下游电子终端
IGBT	Insulated Gate Bipolar Transistor	绝缘栅双极型晶体管	由 BJT（双极性晶体管）和 MOS（绝缘栅型场效应晶体管）组成的复合全控型电压驱动式功率半导体器件，兼有 MOSFET 的高输入阻抗和 GTR 的低导通压降两方面的优点
IGCT	Integrated Gate-Commutated Thyristor	集成门极换流晶闸管	—
Intel	—	美国英特公司	英特尔公司是半导体行业和计算创新领域的全球领先厂商，创始于 1968 年。英特尔与合作伙伴一起，推动人工智能、5G、智能边缘等转折性技术的创新和应用突破
IP	Intellectual Property	知识产权	—
IPM	Integrated Power Module	集成功率模块	—
JEDEC	Joint Electron Device Engineering Council	联合电子设备工程委员会或固态技术协会	是微电子产业的领导标准机构。JEDEC 成立于 1958 年，作为电子产业协会联盟（EIA）的一部分，为新兴的半导体产业制定标准。1999 年，JEDEC 成为一家独立协会，并更名为固态技术协会

（续）

英文术语及缩略语	英文全称	中文术语	解释说明
JEITA	Japan Electronics and Informatioin Technology Industries Association	日本电子及信息技术产业协会	—
LCL	Lower Control Limit	最低控制线	—
Lead Frame	—	框架	封装主材料，通过冲压或腐蚀等工艺加工而成，由铜或合金材料制造
Lead Pitch	—	引脚间距	—
Lot	—	批	封装中产品的批次，晶圆制造中也叫 Lot，为区别分别叫 Wafer Lot 和 Assembly Lot
Lot Card	—	批流转单	在流水作业中，为了保持产品的连续性和有效管理，随产品一起流动的记录卡
Magazine	—	料盒	专指半导体封装过程中装载框架或产品的工具，由铝或其他材料制成
MBD	Meshed Ball Diameter	键合球径	压焊后焊球变形成椭圆柱的直径
MCM	Multi Chip Module	多芯片模组	—
MD	Mold	塑封	塑封的简写
MEMS	Micro-Electro-Mechanical System	微机电系统	微机电系统是集微传感器、微执行器、微机械结构、微电源、微能源、信号处理和控制电路、高性能电子集成器件、接口、通信等于一体的微型器件或系统
mil	—	密尔	英制长度计量单位，$1\text{mil}=25.4\mu\text{m}$
MK	Marking	打标	打标的简写
MoldDie	—	塑封模	塑封过程中使用的模具，塑封料注入后成型，分为上模和下模
MOS	Metal Oxidiased Semiconductor	金属氧化物半导体	—
MOSFET	Metal-Oxide-Semiconductor Field-Effect Transistor	金属-氧化物-半导体场效应晶体管	—
MSA	Measurement System Analysis	测量系统分析	通过统计分析的手段，对构成测量系统的各个影响因子进行统计变差分析和研究，以得到测量系统是否准确可靠的结论

(续)

英文术语及缩略语	英文全称	中文术语	解释说明
O/S	Open/Short	开路/短路	—
OEM	Original Equipment Manufacuturing	原厂制造	—
OSAT	Outsourced Semiconductor Assembly and Testing	外包半导体（产品）封装和测试	—
Package	—	封装	
Pallet	—	料盘	用来装成品封装体的工具，一盘用于大尺寸表面贴装器件
Particle	—	灰尘	有时专指测清洁度的仪器
PCB	Print Circuit Board	印制电路板	—
Peeling	—	剥离	一种失效现象
PFMEA	Process Failure Mode and Effect Analysis	过程失效模式与影响分析	—
PI Tape	—	聚酰亚胺胶带	一种刻有印刷线路的胶片，主要成分是聚酰亚胺（Polyimide），具有绝缘特性
Plasma	—	等离子	用于清除表面有机物
PLCC	Plastic Leaded Chip Carrier	塑封周边内弯引脚封装	—
PM	Prevent Maintenance	预防保全	指为了保证设备能正常动作，产品质量稳定，在设备开动前对设备进行预防性地检查、上油、清洗、调整等
PPAP	Production Part Approve Procedure	量产件批准程序	规定了包括生产材料和散装材料在内的量产件批准的一般要求。目的是用来确定供应商是否已经正确理解了顾客工程设计记录和规范的所有要求，以及其生产过程是否具有潜在能力，在实际生产过程中按规定的生产节奏满足顾客要求的产品
PT	Plating	引脚电镀	电镀的简称，在产品引脚表面附着一层金属薄膜
Q.A	Quality Assurance	质量保证	通过对完成的产品进行各种测试和检查，以保证产品质量
Q.C	Quality Control	质量控制	在每个生产步骤上评价和监测产品的质量

(续)

英文术语及缩略语	英文全称	中文术语	解释说明
QFN	Quad Flat No-leads Package	方形扁平无引脚封装	—
QFP	Quad Flat pack Package	方形引脚外展封装	—
Qualification	—	考核	简称 Qual，质量的考核认证
Reject	—	不良的统称	不良或失效器件
Run	—	晶圆批号	晶圆的批号也叫 wafer lot，Run 更强调的是动作或过程本身
SAW	—	划片	用刀具将产品分离的过程
SIP	System In Package	系统级封装	—
SMT	Surface Mount Technology	表面贴装技术	—
SOC	System On Chip	系统级芯片	—
SOP	Small Outline Package	小外形表面贴装封装	—
SPC	Statistic Process Control	统计过程控制	是一种借助数理统计方法的过程控制工具。对生产过程进行分析评价，根据反馈信息及时发现系统性因素出现的征兆，并采取措施消除其影响，使过程维持在仅受随机性因素影响的受控状态，以达到控制质量的目的
SPEC	Specification	规格，标准	—
Street	—	划片道	特指晶圆上相邻芯片之间的间隙
TAB	Tape Auto Bond	载带自动焊	—
TF	Trim Form	剪切成型	—
THT	Through Hole Technology	通孔直插技术	—
TO	Transistor Outline	晶体管封装外形	—
Tray	—	料盘	用来搬运物料的一种工具，根据用途来分类，如 chip tray 是用来装分离的芯片
Tube	—	料管	用来放一般插件封装成品及部分贴装器件
U.C.L	Upper Control Limit	控制上限	—
Untitily	—	动力	动力的总称，也称 Facility，包括气体、真空、纯水、电能等

(续)

英文术语及缩略语	英文全称	中文术语	解释说明
UPEH	Unit Per Equipment Hour	设备每小时产量	每小时每台机器的产量
UPH	Unit Per Hour	每小时产量	每小时的产量
UPOH	Unit Per Operator Hour	作业员每小时产量	每小时每个操作工的产量
U.S.G	Ultra Sonic Generator	超声发生器	—
UV	Ultra Violet	紫外线照射	—
Vacuum Pencil	—	真空笔	用于吸取芯片的工具
VDMOS	Vertical Double-diffused Metal Oxide Semiconductor field effect transistor	垂直双扩散金属氧化物半导体场效应晶体管	—
Visual Inspection	—	肉眼检查，又称目检	根据规范，检查产品在外观上是否有不良
Wafer	—	晶圆	切割成片的晶圆
Wafer Carrier	—	晶圆盒子	用来装 Wafer 的盒子，有蓝、白和金属盒
WB	Wire Bonding	内互联键合	键合的简称
Wire Pull Test	—	绑线拉力测试	又称 BPT，Bond Pull Test
Wire Shear Test	—	绑线推力测试	又称 BST，Bond Shear Test
Wisherk Test	—	晶须测试	晶须测试用来确认经过长期环境应力状态后，引脚上镀层金属生长的晶须长度对器件功能的影响
WLP	Wafer Level Package	晶圆级封装	—
WM	Wafer Mounting	晶圆贴膜	—
Yield	—	良率	良品/投入数×100%